中华传世藏书

【图文珍藏版】

茶經

[唐]陆羽⊙原著

王艳军⊙主编

第六册

綫裝書局

茶经

余甘子

味甘、酸、涩，性凉

归脾、胃经

来源　大戟科植物余甘子的果实。于冬季至次年春果实成熟时采收，除去杂质，开水烫透或用盐水浸后，晒干。

别名　滇橄榄、橄榄、土橄榄、庵摩勒、油甘子、牛甘子、喉甘子、鱼木果。

成分　含十余种氨基酸及大量的维生素 C，同时还含有维生素 B、维生素 E、胡萝卜素、鞣酸、葡萄糖、没食子苷、没食子酸及人体必需的微量元素等。

用量　取 3~9 克煎水代茶饮。

惯常配伍　常与柠檬、金银花、玄参等配伍饮用。

功效

清热凉血，消食健胃，生津止咳。用于血热血瘀，消化不良，腹胀，咳嗽，喉痛，口干等症。

饮法

将余甘子置入锅中，以清水煎煮后，取汤水代茶饮用。可加入冰糖、蜂蜜调味。

余甘子

茶养

适合感冒发热、咳嗽、支气管炎、支气管哮喘、咽喉肿痛、急性咽喉炎、扁桃体炎、白喉、烦热口渴者以及高血压、胃炎、维生素 C 缺乏症者饮用。

茶忌　脾胃虚寒者慎服。

现代研究　余甘子含有的维生素 C、没食子酸、还原精、鞣质等具有清除自由基、抗氧化的作用，还具有降脂、减肥、防治动脉硬化、抗肝损伤、抗炎、抗肿瘤等作用。

特别推荐　余甘子功同橄榄，均具有清咽利喉的作用，因此在云南地区有着橄榄使用者，故又称“滇橄榄”。其选用以个大、肉厚、回甜味浓者为佳。《本草纲目》中早有记载，称其“久服轻身，延年长生”。

香橼

味辛、苦、酸，性温

归肝、肺、脾经

来源　芸香科植物枸橼或香圆的成熟果实。于 9~10 月果实变黄成熟时采摘，趁鲜切片，晒干或低温干燥。亦可整个或对剖两半后，晒干或低温干燥。

别名　枸橼、钩缘干、香圆、香泡树、香橼柑。

成分　含橙皮苷、柠檬酸、苹果酸、鞣质、枸橼酸、维生素 C、维生素 P 及挥发油等。

用量　取鲜品 12~15 克（干品 3~9 克）泡饮。

惯常配伍　常与佛手、川贝、柴胡等配伍饮用。

功效

疏肝理气，宽中，化痰。用于肝胃气滞，胸胁胀痛，脘腹痞满，呕吐噫气，痰多咳嗽等症。

饮法

切碎后置入杯中，加入适量饴糖，冲入沸水泡 10 分钟后即可饮用。

茶养

适合肝郁气滞所引起的胸胁脘腹胀满疼痛患者，肝气犯胃所引起的胃痛嗳气，食欲不振，消化不良，呕吐等，如慢性胃炎，神经性胃痛（胃气痛）患者，气管炎咳嗽痰多患者饮用。

茶忌　阴虚血燥及孕妇气虚者慎服。

现代研究　香橼果肉中含大量维生素 C，具有防癌抗癌的作用。所含挥发油可刺激神经中枢，起到振奋精神的作用，还对胃肠道有温和刺激作用，能促进肠胃蠕动和消化液分泌，排除肠内积气。另外，香橼对慢性胃炎、神经性胃痛疗效较佳，还具有抗炎、抗病毒、平喘、止咳、祛痰等功效。

茶品　香橼是枸橼或香圆的成熟果实，二者略有区别。枸橼呈长椭圆形或卵网形，表面呈黄色或黄绿色，多为横切或纵切的薄片，其质柔韧，气清香，味初甜而后酸苦；香圆呈球形或矩圆形，直径比枸橼小得多，表面呈黑绿色或黄绿色，可对剖两半后或直接整个使用，其质坚，气香，味酸而苦。古代《本草》所载的香橼多指枸橼而言，但目前的香橼来源，以香圆产量为多，且使用亦较广。其幼果及近成熟果实，在少数地区亦作枳实、枳壳入药。

特别推荐　枸橼选购时以片大色黄白、香气浓者为佳；香圆选购时以个大，皮粗、色黑绿、质坚、香气浓者为佳。香橼与佛手功效相似，二者食用宜忌也基本相同，故常搭配使用。

龙眼

味甘，性温

归心、脾经

龙眼

来源　无患子科植物龙眼的假种皮。于 7~9 月果实充分成熟后采收。晒至半干后再焙干到 7~8 成干时，剥取假种皮，继续晒干或烘干，干燥适度为宜。或取其假种皮直接鲜用。

别名　桂圆、益智、比目、荔枝奴、木弹、圆眼等。

成分　含葡萄糖、蔗糖、酒石酸、蛋白质、氨基酸、脂肪、腺嘌呤、胆碱等。

用量　取 9~15 克泡饮。

惯常配伍　常与红枣、姜、莲子、枸杞子、薏苡仁等配伍饮用。

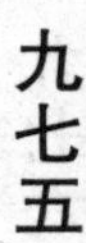

功效

补益心脾，养血安神。用于心脾两虚，气血不足所致的惊悸，怔忡，失眠，健忘，血虚萎黄，月经不调，崩漏等症。

饮法

冲入沸水泡约10分钟后即可饮用，也可放入几颗冰糖或些许蜂蜜调味饮用。

茶养

适合贫血、老年气血不足、产后体虚乏力、营养不良、心脾两虚所致的神经衰弱、失眠、健忘者以及神经官能症、心慌心悸、头晕者饮用。

茶忌　内有痰火及湿滞者停饮，或阴虚内热，症见大便干爆、小便黄赤、口干舌燥者忌用。少年及体壮者不宜多用。

现代研究　龙眼煎剂在体外对痢疾杆菌具有抑制作用；另有临床证实本品可刺激造血系统，起到增加红细胞、白细胞以及升高血小板的作用。临床常将之用于神经衰弱、心悸、失眠、再生障碍性贫血、血小板减少性紫癜等症的治疗。

茶品　龙眼其形似荔枝，在《八闽通志》中也曾有记述："龙眼树似荔枝，而叶微小，皮黄褐色。荔枝才过，龙眼即熟，故南人曰为荔枝奴。"但二者性味不同，《纲目》中云："食品以荔枝为贵，而资益则龙眼为良，盖荔枝性热，而龙眼性和平也。"

特别推荐　自古我国便有南方"桂圆"，北方"人参"之称，可见其滋补功效之佳。选购时干品应以肉厚片大、色棕黄、甘味浓、干燥洁净者为佳；鲜龙眼应以果皮新鲜、饱满，果柄鲜活不萎，果肉白润纽嫩，饱满、透明、多汁，用手指微按果实感觉紧硬，味道香甜可口者为佳。

枳椇子

味甘，性平

归心、脾、肺经

来源　鼠李科植物枳椇的带有肉质果柄的果实或种子。于10~11月果实成熟时将果实连果柄一并采摘，晒干，碾碎果壳，筛出种子。

别名　木蜜、木饧、白石木子、蜜屈律、鸡距子、木珊瑚、鸡爪子、鸡椇子、万寿果等。

成分　含枳椇苷、多量葡萄糖、苹果酸、枳椇酸、生物碱、脂肪酸、黄酮及钙等。

用量　取6~15克泡饮。

惯常配伍　常与葛花、沙参、半夏、茯苓等配伍饮用。

功效

解酒，止渴除烦，止呕，利大小便。用于醉酒，烦渴，呕吐，二便不利等症。

饮法

冲入沸水闷泡约10分钟后即可饮用。

茶养

适合饮酒过量，醉酒烦渴，酒精中毒，慢性酒精中毒性肝硬化者饮用。

茶忌　脾胃虚寒者忌用。糖尿病人不可多用。

现代研究　枳椇子中含有的葡萄糖、有机酸，可扩充人体的血容量，解酒毒，起到醒酒安神的作用；含有的大量水分、葡萄糖、有机盐、脂类物质，具有促进尿液排泄，加速肠道蠕动等作用。钙和枳椇子皂苷，具有中枢抑制作用，能够抗惊厥，防止手足抽搐痉挛，可治疗风湿痹痛麻木等疾病。此外，枳椇子还具有抗脂质过氧化、降血压、抗溃疡、增强机体的抵抗力等功效。

特别推荐　枳椇子选购应以粒大、饱满肥厚、棕红色者为佳。枳椇子与葛花都可解酒毒，可配伍饮用，相得益彰。民间还有以枳椇子泡酒饮用的习惯，可达到舒筋活络的功效，用于治疗风湿麻木、偏瘫等。

红枣

味甘，性温

归脾、胃经

来源　鼠李科植物枣的成熟果实。秋季果实成熟时采收。拣净杂质，晒干。或烘至皮软，再行晒干。或先用水煮一滚，使果肉柔软而皮未皱缩时即捞起，晒干。

别名　大枣、木蜜、干枣、美枣、良枣、干赤枣、胶枣、南枣、刺枣。

成分　含蛋白质、糖类、有机酸、粘液质及维生素A、维生素B、维生素C及钙、磷、铁等微量元素，以及皂苷、生物碱、黄酮、氨基酸、烟酸、胡萝卜素、苹果酸、酒石酸等。

用量　取6~15克泡饮。

惯常配伍　常与小麦、甘草、人参、芹菜根、枸杞子、菊花、花生等配伍饮用。

功效

补中益气，养血安神。用于脾虚食少，乏力便溏，妇人脏躁等症。

饮法

冲入沸水闷泡10分钟后即可饮用，也可在茶杯中放入几颗冰糖或些许蜂蜜调味。

红枣

茶养

适合脾胃虚弱，症见食少便溏、体倦乏力、营养不良以及气血两亏、心悸失眠、神经衰弱、妇人脏躁（癔病）、贫血头晕、白血球减少、血小板减少、心血管疾病患者饮用；适合慢性肝病、肝硬化者饮用；适合癌症患者以及放、化疗后出现不良反应者饮用；适合过敏体质及过敏性疾病，如支气管哮喘、过敏性紫癜、过敏性鼻炎、荨麻疹等患者饮用。

茶忌　痰湿偏盛，腹部胀满，慢性湿疹，肥胖病者不宜多用。糖尿病患者、急性黄疸肝炎证属湿热内热盛者、小儿疳积、有寄生虫病者忌用。

现代研究　红枣具有中枢神经镇静、催眠、抗过敏、平喘、保肝升高血小板、抗癌及增强抵抗力等作用。

茶品　红枣按其加工的方法不同，有红枣和黑枣之分。黑枣的来源要求等级较高，是枣经沸水烫过后，再熏焙至枣皮发黑发亮，枣肉半熟，干燥适度而制成的。其功效与红枣相似，但滋补之功更佳。入药一般以红枣为主。根据产地不同，又有南枣与北枣之分，南枣大，而北枣甜。

特别推荐　红枣选购时以个大、色紫红、肉厚、饱满、油润、核小、味甜者为佳。比较有名的枣有山东乐陵的金丝枣、河北的无核枣、北京的大糖枣、山西运城的相枣、河南的灵枣、浙江兰溪的蜜枣等。其中尤以山东乐陵的金丝枣和浙江兰溪的蜜枣最为有名，分别有“枣王”和“金丝琥珀蜜枣”的美称。

覆盆子

味甘、酸，性温

归肾、膀胱经

来源　蔷薇科植物掌叶覆盆子的未成熟果实。于7~8月间果实已饱满呈绿色未成熟时采收，将摘下的果实拣净梗、叶，用沸水烫过后，置于烈日下晒干。

别名　覆盆、乌藤子、小托盘、山泡、竻子、树莓。

成分　含有机酸、糖类及少量维生素C，及没食子酸、β-谷甾醇、覆盆子酸等。

覆盆子

用量　取6~12克泡饮。

惯常配伍　常与桑葚、菟丝子、沙苑子、山茱萸等配伍饮用。

功效

益肾，固精，缩尿。用于阳痿早泄，遗精滑精，宫冷不孕，带下清稀，尿频遗溺，目昏暗，须发早白等症。

饮法

冲入沸水泡2~3分钟后饮用，也可在茶杯中放入几颗冰糖，这样喝起来味更甘。

茶养

适合肾虚症见阳痿、遗精、早泄、小便频数、夜间多尿或遗尿，女子带下病，肝虚症见目暗晕花、视物不清者饮用。

茶忌　肾虚有火，小便短涩者慎服。

现代研究　本品有抑制细菌、雌激素样作用、增强免疫力、抗衰老、抗诱变等功效。

特别推荐　覆盆子果实于夏秋季节成熟，气味清香，甜美多汁，选购时应以个大、饱满、粒整、结实、色灰绿、无叶梗者为佳。食养的作用突出在“补肾固精”上，坚持服用，可达到养生及抗衰老的功效。

橄榄

味甘、酸、涩，性平

归肺、胃经

来源　橄榄科植物橄榄的果实。于8~9月果实外皮呈绿色带微黄时采摘，洗净，鲜用或用微火烘干。

别名　橄榄子、忠果、青果、青子、谏果。

成分　含钙、磷、铁、维生素C等有益成分。鲜果中含挥发油，油中主要含酸性成分，如丁酸、五碳酸、辛酸、癸酸等。

用量　取3~5枚煎水代茶饮。

惯常配伍　常与甘草等配伍饮用。

功效

清肺利咽，生津止渴，解毒。用于咳嗽痰血，咽喉肿痛，暑热烦渴，醉酒，鱼蟹中毒等症。

饮法

置入锅中煎水，煮沸待温后，代茶饮用。

茶养

适合咽喉肿痛，咳嗽且痰中带血，饮酒过量，鱼蟹、河豚中毒者饮用；还可用于夏季防暑解渴。

橄榄

茶忌　表证初起者慎用。

现代研究　橄榄中含有大量鞣酸、挥发油、香树脂醇等，具有滋润咽喉、抗炎消肿的作用，同时还可用于解河豚、毒蕈中毒等。其中所含有的大量水分及多种营养物质，能有效地补充人体的体液及营养成分，具有生津止渴之效。另外，橄榄含有的大量碳水化合物、维生素、鞣酸、挥发油及微量元素等，能帮助解除酒毒，安神定志。

特别推荐　橄榄以个大、坚实、色灰绿、肉厚、味先涩后甜者为佳。其优良的品种有主产于福州的檀香、惠圆、长营、羊矢；主产于广东省广州市的茶橄榄及增城的油橄榄等。橄榄还有“蜜渍”“盐藏”等多种加工办法，作为小吃也颇受人们的喜爱。另外，以橄榄所榨制的橄榄油，因其极佳的天然保健、美容功效和理想的烹调用途，更被西方誉为“液体黄金”“植物油皇后”和“地中海甘露”。

（三）其他

蜂蜜

味甘，性平

归脾、肺、大肠经

来源　蜜蜂科动物中华蜜蜂或意大利蜜蜂所酿的蜜糖。

别名　石蜜、食蜜、白蜜、白沙蜜、蜜糖、沙蜜、蜂糖等。

成分　主要含葡萄糖、果糖、蔗糖、糊精、有机酸、蛋白质、挥发油、花粉粒、维生素、多种活性酶、胡萝卜素以及钙、硫等无机元素等。

用量　取15~30克泡饮。煎水用量加倍。

惯常配伍　常作调味品与其他花草茶配伍饮用。

功效

补中，润燥，止痛，解毒。用于脘腹虚痛，肺燥干咳，肠燥便秘；外治疮疡不敛，水火烫伤。

饮法

冲入温水调匀后即可饮用。

茶养

适合脘腹虚痛，肺燥咳嗽，肠燥便秘，目赤，口疮，溃疡不敛，风疹瘙痒，水火烫伤，手足皲裂等患者饮用。

茶忌　痰湿内蕴、中满痞胀及大便不实者禁用。

蜂蜜

现代研究　蜂蜜有抗炎，润滑性祛痰和轻泻等作用。可用于胃肠道疾病，如便秘、十二指肠溃疡、结肠炎、儿童痢疾等；神经系统疾病，如失眠、头痛等；感染性创伤、烧伤、冻伤等；美容、养生保健等。另外还对心脏病、肝脏病、高血压、肺病、眼病、糖尿病、痢疾、贫血、关节炎等症也有不同程度的疗效。

茶品　蜂蜜可按不同的方式划分。按采集季节的不同可分为冬蜜、夏蜜、春蜜，其中以冬蜜最好。按采花的不同可分为枣花蜜、荆条花蜜、槐花蜜、梨花蜜、葵花蜜、荞麦花蜜、紫云英蜜、荔枝蜜等，其中以枣花蜜、紫云英蜜、荔枝蜜质量较好，为上等蜜。

特别推荐　在购买蜂蜜时为鉴别假蜂蜜，可以通过简单的口尝鼻嗅及水分含量鉴别来选择。首先观察蜂蜜是否有油味或异味，质量好的蜂蜜味甜且具有清淡的气息，与花香一致，如果香气太浓郁，则有可能掺入香精，质量差的蜂蜜则带有苦味、涩味、酸味甚至臭味。其次，质量好的蜂蜜含水量少，黏稠性大，用消毒玻璃棒将蜂蜜挑起，蜂蜜会成丝状，极为绵长。含水量高的蜂蜜感觉则很稀。

生姜

味辛，性微温

归肺、脾、胃经

来源　姜科植物姜的新鲜根茎。于10~12月茎叶枯黄时采收。挖起根茎，去掉茎

叶、须根。

别名　姜、姜根、百辣云、勾装指、因地辛、鲜生姜、蜜炙姜等。

用量　取3~9克泡饮。或捣汁服。

惯常配伍　常与姜半夏、桂枝、杏仁、陈皮等配伍饮用。

生姜

功效

解表散寒，温中止呕，化痰止咳。用于风寒感冒，恶寒发热，头痛鼻塞，呕吐，痰饮喘咳，胀满，泄泻等症。

饮法

将生姜切丝或捣汁后，冲入沸水泡约5分钟后即可。

茶养

适合外感风寒所引起的感冒、发热、痰多咳嗽、头痛、咽喉肿痛、鼻塞流涕以及胃寒呕吐者饮用。

茶忌　阴虚内热及实热证者忌用。

现代研究　生姜对消化道有轻度刺激作用，可使肠张力、节律及蠕动增加，有时继之以降低，可用于因胀气或其他诱因引起的肠绞痛，可促进消化液分泌，帮助增进食欲；生姜可兴奋血管运动中枢及呼吸中枢，对心脏也有直接兴奋作用；另外，生姜还具有抗菌、抗原虫及降血压等作用。

茶品　姜除生用外，还可制成干姜、炮姜、煨姜及生姜汁。生姜善降逆止呕；干姜温中散寒，回阳通脉，长于温脾寒；炮姜味辛苦走里不走表，长于温下焦之寒；煨姜苦温，长于温肠胃之寒，生姜汁功同生姜，长于开痰止呕。

特别推荐　生姜使用又有嫩生姜与老生姜之分，做酱菜都用嫩姜，而药用则以老姜为佳。在中医药用上姜历来用以治疗恶心、呕吐，又有“呕家圣药”的美誉。另外，将一片生姜贴于肚脐，外贴一张伤湿止痛膏，对晕车晕船有明显的缓解作用。

小茴香

味辛，性温

归肝、肾、脾、胃经

来源　伞形科植物茴香的果实。8~10月果实呈黄绿色，并有淡黑色纵线时，选晴天割取地上部分，脱粒，扬净；亦可采摘成熟果实，晒干。

别名　蘹香、茴香子、土茴香、野茴香、谷茴香、谷香、香子、小香等。

用量　取3~6克泡饮。

惯常配伍　常与青皮、高良姜、橘核、山楂、枳壳等配伍饮用。

功效

散寒止痛，理气和胃。用于寒疝腹痛，睾丸偏坠，脘腹冷痛，食少吐泻，胁痛，肾虚腰痛，痛经等症。

小茴香

饮法

冲入沸水泡约5分钟后即可饮用。

茶养

适合寒疝腹痛，睾丸偏坠胀痛，受寒之少腹冷痛，痛经及胃寒气滞，症见脘腹胀痛、呕吐食少者饮用。

茶忌　阴虚火旺者禁服。

现代研究　茴香油能增强胃肠蠕动，在腹气胀时，可促进气体排出，减轻疼痛。另外小茴香还具有灭菌、抗溃疡、抗肿瘤、利胆、松弛气管平滑肌、性激素样作用、中枢神经麻痹等作用。

茶品　另有一种大茴香，又称八角茴香，为木兰科植物八角茴香的成熟果实。其性味功效与小茴香相似，但不如小茴香，主要作食物调味品。

特别推荐　小茴香原产于地中海地区，现在我国各地均有栽培，主产于山西、内蒙古、甘肃、辽宁等地。其选购应以粒大饱满、黄绿色、气味浓者为佳。

第五节　四季饮茶保健

一、春季饮茶疏肝解春困

春天内应于肝，此时肝气升发，体质较差的人，常会因肝血不足而出现春困的现象。所以，此时常饮疏肝、护肝茶，可呵护肝脏健康。此外，肝阳升发，较易伤害脾胃，所以在茶饮保健上也应注意健脾和胃。

甘蔗清热生津茶

茶饮材料　甘蔗200克，红茶5克。

泡饮方法　甘蔗去皮，切碎，放入砂锅中，加水煎煮。煮沸后，去渣取汁，与红茶一同放入茶壶中，加适量沸水冲泡。闷泡10分钟后，代茶饮用。

茶饮功效　清热生津，醒酒和胃。适于春天因气候干燥所致的咽干口渴、喉痒咳嗽、过食肥腻等人群饮用。

相关禁忌　脾胃虚寒、胃腹寒疼者不宜饮用。

菊花清热绿茶

茶饮材料　菊花10克，绿茶5克，白糖适量。

泡饮方法　将菊花和绿茶一同放入茶壶中，加适量沸水冲泡。盖上杯盖，闷泡20分钟后，调入适量白糖，代茶饮用即可。

茶饮功效　散风清热，宁神明目。适于春季忽冷忽热、气候干燥所致的肝火目赤头痛及伤风等人群饮用。

相关禁忌　脾胃虚寒者不宜饮用。

葛根石斛生津和胃茶

茶饮材料　葛根5克，石斛、香橼各3克，红茶10克。

泡饮方法　将上述四味茶材一同放入砂锅中，加水煎煮。煮沸后，去渣取汁，代茶饮用。

茶饮功效　清热生津，和胃消食，对排除春困有较显著的效果。

相关禁忌　脾胃虚寒者不宜饮用。

百合莲子养肝和胃茶

茶方组成；百合、莲子（干）、银耳、红枣各4克，白糖适量。

泡饮方法　将百合、银耳放入温水中，泡发；红枣洗净；莲子放入砂锅中，加水煎煮至半熟透，沥掉水分，在锅中放入百合和红枣，再重新加水煎煮。待三种茶材都煮烂后，放入银耳和白糖，煮至银耳熟透，代茶饮用。

茶饮功效　养肝和胃，润肺止咳，适于春季饮用。

相关禁忌　风寒咳嗽、虚寒出血者不宜饮用。

人参麦冬补虚茶

茶饮材料　人参、麦冬各10克，五味子5克。

泡饮方法　将上述三味茶材分别用清水洗净，然后一同放入砂锅中，加水煎煮。煮沸后，去渣取汁，代茶饮用。

茶饮功效　补脾益肺，生津止渴，补肾宁心。适于体质虚弱、疲劳倦怠、气血不足等人群饮用。

相关禁忌　实证、热证而正气不虚者不宜饮用。

黄芪枸杞子益气养肝茶

茶饮材料　黄芪50克，枸杞子、菊花各25克，红枣15克，冰糖适量。

泡饮方法　将上述四味茶材分别用清水洗净，然后一同放入砂锅中，加水煎煮。煮沸后，调入冰糖，代茶饮用。

茶饮功效　益气生津，养肝明目，可提升人体免疫力，预防感冒，适于春季饮用。

相关禁忌　急性炎症或高血压患者不宜饮用。

柴胡香附疏肝茶

茶饮材料　柴胡、香附、甘草、川芎、白芍、枳壳、生麦芽各30克，冰糖适量。

泡饮方法　将上述七味茶材一同放入砂锅中，加入适量清水，开大火煎煮。煮沸后，改小火继续煎煮片刻，去渣取汁，调入冰糖，代茶饮用。

茶饮功效　疏肝解郁，理气宽中。适于春季养肝护肝饮用。

相关禁忌　肝阳上亢、肝风内动、阴虚火旺及气机上逆者不宜饮用。

枸杞子女贞清肝茶

茶饮材料　枸杞子5克，女贞子、黄芪、菊花各15克，蜂蜜适量。

泡饮方法　在砂锅中加入适量清水，开火煎煮。煮沸后，放入女贞子和黄芪，继续煎煮。待茶材出味后，放入菊花和枸杞子，继续煎煮至沸腾，最后调入蜂蜜，代茶饮用。

茶饮功效　清肝补气，可提高机体免疫力，预防感冒，应对春季早晚温差较大的天气。

相关禁忌　脾胃虚寒泄泻者不宜饮用。

太子参理气和胃茶

茶饮材料　太子参15克，红枣5颗，陈皮3克。

太子参理气和胃茶

泡饮方法　将太子参、红枣分别用清水洗净，然后与陈皮一同放入砂锅中，加水煎煮。煮沸后，去渣取汁，代茶饮用即可。

茶饮功效　理气和胃，益气生津。适于脾气虚弱、胃阴不足、精神疲乏等人群饮用。

相关禁忌　表实邪盛者不宜饮用。

薄荷疏风解表茶

茶饮材料　薄荷6克，红茶3克，冰糖适量。

泡饮方法　将上述三味茶材一同放入茶壶中，加适量沸水冲泡。盖上杯盖，闷泡20分钟后，代茶饮用。

茶饮功效　疏风解表，清利头目。适于感冒初起咽喉疼痛、头痛者饮用。

相关禁忌　阴虚血燥体质不宜饮用。

佛手疏肝健脾茶

茶饮材料　佛手6克。

泡饮方法　将佛手捣碎，然后放入茶壶中，加适量沸水冲泡。盖上杯盖，闷泡20分钟后，代茶饮用。

茶饮功效　疏肝健脾，理气止痛。适于春季肠胃胀闷、右胁不适、恶心等人群饮用。

相关禁忌　阴虚血燥、气无瘀滞者不宜饮用。

苏叶陈皮理气消滞茶

茶饮材料　苏叶、炒莱菔子各6克，陈皮、炒山楂各3克。

泡饮方法　将上述四味茶材一同放入茶壶中，加适量沸水冲泡。盖上杯盖，闷泡30分钟后，代茶饮用。

茶饮功效　解表化湿，消食化滞。适于胃肠不适、胃脘胀闷，及外感寒湿、内有积滞的感冒人群饮用。

相关禁忌　温病及气弱者不宜饮用。

灯芯竹叶安神茶

茶饮材料　灯芯草、鲜竹叶各60克。

泡饮方法　将上述两味茶材分别用清水洗净，然后放入砂锅中，加适量清水，开大火煎煮。煮沸后，改用小火继续煎煮片刻，去渣取汁，代茶饮用。

茶饮功效　安神定志，清心镇惊。适于春季心胆气虚型失眠患者饮用，能够缓解心慌不寐、寐易惊醒、多梦等症状。

相关禁忌　下焦虚寒、小便不禁者不宜饮用。

茉莉花甘草清热祛湿茶

茶饮材料　茉莉花、甘草、金银花各3克，陈皮、玫瑰花各5克，绿茶8克。

泡饮方法　将上述茶材分别用清水洗净，然后一同放入茶壶中，加适量沸水冲泡。盖上杯盖，闷泡30分钟后，代茶饮用。

茶饮功效　清热祛湿，调畅胃肠气机。适于春季体倦乏力、脘腹胀满、口干、口苦等人群饮用。

相关禁忌　脾胃虚寒者不宜饮用。

紫罗兰桂花清肝茶

茶饮材料　紫罗兰3朵，桂花、薰衣草各少许，蜂蜜适量。

泡饮方法　将上述三味茶材一同放入茶壶中，加适量沸水冲泡。盖上杯盖，闷泡20分钟后，调入蜂蜜，代茶饮用即可。

茶饮功效　清肝润肺，适于喉咙痛、支气管炎、便秘、口腔异味等人群饮用。

相关禁忌　脾胃湿热者不宜饮用。

决明子枸杞子清肝明目茶

茶饮材料　决明子10克，枸杞子12克，绿茶8克。

泡饮方法　将决明子、枸杞子分别用清水洗净，然后与绿茶一同放入茶壶中，加适量沸水冲泡。盖上杯盖，闷泡20分钟后，代茶饮用。

茶饮功效　清肝明目，降低血脂。适于双眼干涩、头晕及身体肥胖人群饮用。

相关禁忌　脾胃虚寒、脾虚泄泻及低血压患者不宜饮用。

二、夏季饮茶解渴去暑热

夏天，阳热已盛，天气炎热，人们最易中暑。另外，夏天内应于心，闷热的天气常令人心情烦躁，心神受伤。此时常饮清热解暑茶，能消除暑热，养心怡情，让您轻轻松松度过炎炎夏日。

香兰食盐祛暑茶

茶饮材料　绿茶5克，食盐2克。

泡饮方法　将绿茶放入茶壶中，加入适量沸水冲泡。闷泡30分钟后，加入食盐，搅拌均匀，凉凉后饮用。

茶饮功效　止渴、解热、除烦。适于夏季中暑人群饮用，可缓解头晕、恶心等症状。

相关禁忌　慢性胃炎患者不宜过量饮用。

五花消暑茶

茶饮材料　葛花、金银花、槐花、木棉花、鸡蛋花各20克，罗汉果1个。

泡饮方法　将罗汉果切碎，然后与五花一同放入纱布袋内，用清水冲洗三遍，扎紧袋口。将纱布袋放入砂锅中，加水煎煮。煮沸后，改用小火继续煎煮30分钟，代茶饮用。

茶饮功效　清热、解毒、凉血，适于夏季饮用，可消暑祛湿，预防感冒。

相关禁忌　不可饮用过量，每周以2杯为宜。

绿豆清热消暑茶

茶饮材料　绿豆50克，车前草25克。

泡饮方法　将上述两味茶材用清水洗净，沥干水分，然后放入砂锅中，加水煎煮30分钟，去渣取汁，代茶饮用。

茶饮功效　清热解毒，消暑利尿。适于小便不利、烦热中暑人群饮用。

相关禁忌　脾胃虚寒者不宜饮用。

佩兰藿香祛暑凉茶

茶饮材料　佩兰、藿香各9克，茶叶6克，冰块适量。

泡饮方法　将佩兰和藿香两味茶材用清水洗净，然后和茶叶一起放入茶壶中，加入适量沸水冲泡。闷泡10分钟后，凉凉，代茶饮用。

茶饮功效　祛暑解表、化湿和胃。适于夏季感冒、寒热头痛、呕吐泄泻人群饮用。

相关禁忌　阴虚火旺者不宜饮用。

青蒿薄荷防暑茶

茶饮材料　青蒿、薄荷各15克，生石膏12克，甘草3克。

泡饮方法　将上述茶材研成细末，放入茶壶中，加适量沸水冲泡。盖上杯盖，闷泡10分钟后，代茶饮用。

茶饮功效　清凉解暑，生津止渴。适于夏季饮用，可缓解因中暑引起的头晕、发热等症状。

相关禁忌　体虚者不宜饮用。

薄荷荷叶祛暑茶

茶饮材料　薄荷12克，荷叶1张，茶叶8克。

泡饮方法　将荷叶洗净切碎，然后与薄荷、茶叶一同放入茶壶中，加适量沸水冲泡。盖上杯盖，闷泡20分钟后，代茶饮用。

茶饮功效　清热解毒，祛湿防暑。适于暑热烦渴、暑湿泄泻、脾虚泄泻等人群饮用。

相关禁忌　体瘦，气血虚弱者不宜饮用。

薄荷西瓜解暑茶

茶饮材料　薄荷10克，西瓜皮800克，绿茶8克。

泡饮方法　将西瓜皮切碎，然后与薄荷、绿茶一同放入砂锅中，加水煎煮。煮沸后，改小火继续煎煮5分钟，去渣取汁，代茶饮用。

茶饮功效　清暑解热，止渴，利小便。适于暑热烦渴、小便短少、食欲不振等人群饮用。

相关禁忌　中寒湿盛者不宜饮用。

二花解暑茶

茶饮材料　金银花5克，菊花8克。

泡饮方法　将上述两种茶材一同放入砂锅中，加水煎煮。煮沸后，取汁，代茶饮用。

茶饮功效　宣散风热，清心解毒，消暑除烦，适于暑热、风热感冒、泻痢、急慢性扁桃体炎等人群饮用。

相关禁忌　脾胃虚寒及疮疡属阴证者不宜饮用。

茉莉花荷叶消暑茶

茶饮材料　茉莉花、绿茶各 3 克，荷叶 1 张。

泡饮方法　将荷叶切碎，然后与茉莉花、绿茶一同放入砂锅中，加水煎煮。煮沸后，取汁，代茶饮用。

茶饮功效　化湿和中，生清化湿。适于夏季感冒暑湿、发热头胀、脘闷少食、小便短少人群饮用。

相关禁忌　火热内盛，燥结便秘者不宜饮用。

柠檬解暑茶

茶饮材料　柠檬汁、茶叶各 12 克，蜂蜜适量。

泡饮方法　将茶叶放入茶壶中，用沸水冲泡，然后兑入柠檬汁、蜂蜜，凉凉后，即可饮用。

茶饮功效　化痰止咳，生津开胃，清热解暑。适于夏季中暑烦渴、食欲不振、支气管炎等人群饮用。

相关禁忌　胃溃疡、胃酸分泌过多及患有龋齿和糖尿病者不宜饮用。

丝瓜解暑茶

茶饮材料　丝瓜汁 120 克，绿茶、盐各适量。

泡饮方法　将丝瓜洗净，去皮，切成薄片，然后放入砂锅中，加水煎煮。煮沸后，改小火继续煎煮 5 分钟，最后放入绿茶和盐，代茶饮用。

茶饮功效　清暑凉血，解毒通便，祛风化痰。适于身热烦渴、痰喘咳嗽等人群饮用。

相关禁忌　体虚内寒、腹泻者不宜饮用。

荷叶甘草清热消暑茶

茶饮材料　鲜荷叶 100 克，甘草 5 克，白糖适量。

泡饮方法　将荷叶用清水洗净，切碎，然后与甘草一同放入砂锅中，加水煎煮。煮沸后，去渣，调入白糖，代茶饮用即可。

茶饮功效　清热解暑，利尿止渴。适于中暑热致头昏脑涨、胸闷烦渴、小便短赤等人群饮用。

相关禁忌　孕妇及体瘦气血虚弱者不宜饮用。

生地麦冬清热生津茶

茶饮材料　生地黄5克，麦冬、天冬、绿茶各3克。

泡饮方法　将上述四味茶材一同放入茶壶中，加适量沸水冲泡。盖上杯盖，闷泡20分钟后，代茶饮用。

茶饮功效　清热生津，适于热病后伤津、烦渴、汗出、消渴等人群饮用。

相关禁忌　脾虚泄泻，胃寒食少者不宜饮用。

二瓜消暑除热茶

茶饮材料　黄瓜200克，冬瓜150克，蜂蜜适量。

泡饮方法　将上述两味茶材分别用清水洗净，去子，切碎，然后放入榨汁机内榨汁。将汁液放入茶杯中，调入蜂蜜，代茶饮用。

茶饮功效　清热利水，生津止渴。适于暑热烦渴、咽喉肿痛、小便不利等人群饮用。

相关禁忌　脾胃虚寒者不宜饮用。

白茅根生津止渴茶

茶饮材料　白茅根、茶叶各8克。

泡饮方法　将白茅根和茶叶一同放入砂锅中，加水煎煮。煮沸后，改小火继续煎煮5分钟，取汁，代茶饮用。

茶饮功效　清热利尿，消暑止渴。适于热病烦渴、肺热咳嗽、肾炎等人群饮用。

相关禁忌　脾胃虚寒、腹泻便溏者不宜饮用。

洋参麦冬清热强心茶

茶饮材料　西洋参、麦冬、菊花各1克，玉竹2克。

泡饮方法　将上述四味茶材一同放入茶壶中，加适量沸水冲泡。盖上杯盖，闷泡20分钟后，代茶饮用。

茶饮功效　补气养阴，清热强心。适于心肌失养、内热火旺、咽喉干渴等人群饮用。

相关禁忌　脾虚便溏、痰湿内蕴者不宜饮用。

三、秋季饮茶润燥不上火

秋高气爽，湿气减少，气候变燥，另外，秋天内应于肺，人体最易出现肺燥伤津、口鼻干燥、皮肤干燥、肠燥便秘等症状。此时应多喝具有养阴润燥、滋阴润肺的茶饮，以养护内脏，维系身体健康。

桑叶杏仁润肺茶

茶饮材料　桑叶、北杏仁、象贝母、豆豉、沙参各8克，山栀5克，梨皮30克。

泡饮方法　将北杏仁、象贝母、沙参放入温水中浸泡，10分钟后捞出，与桑叶、豆豉、山栀、梨皮一同放入砂锅中，加水煎煮。30分钟后，即可代茶饮用。

茶饮功效　润肺止咳，尤其适于秋燥时节饮用，可缓解干咳无痰的症状。

相关禁忌　患有风寒感冒者不宜饮用。

麦冬枸杞子润燥茶

茶饮材料　麦冬、枸杞子各15克，板蓝根10克，甘草6克，茅根5克，白糖适量。

泡饮方法　将上述除白糖以外的所有茶材都一同放入砂锅中，加水煎煮。30分钟后，关火，去渣取汁，最后调入白糖，代茶饮用。

茶饮功效　清热去火，润燥消渴。

相关禁忌　虚寒泄泻、湿浊中阻、风寒或寒痰喘者不宜饮用。

芝麻木耳去燥茶

茶饮材料　黑芝麻8克，黑木耳4克，白糖适量。

泡饮方法　将黑木耳放入温水中，泡发，备用。黑芝麻放入炒锅中，炒香。将此两味茶材一同放入砂锅中，加水煎煮。煮沸后，调入白糖，代茶饮用。

茶饮功效　具有补肝肾，润五脏的功效。适于秋季肺燥人群饮用。

相关禁忌　有出血性疾病及腹泻者不宜饮用。孕妇也不宜多饮。

雪梨润肺茶

茶饮材料　雪梨 3 个，蜂蜜适量。

泡饮方法　雪梨用清水洗净，带皮切成块状，然后将其放入砂锅中，加水煎煮。煮沸后，调入蜂蜜，代茶饮用。

雪梨润肺茶

茶饮功效　生津止渴，润肺清心，消痰止咳。适于热病伤津烦渴、消渴症、口渴失音等人群饮用。

相关禁忌　脾胃虚寒、畏冷食少者不宜饮用。

花生蜂蜜茶

茶饮材料　鲜花生 25 克，蜂蜜适量。

泡饮方法　将花生剥皮，研成粉末，然后放入茶壶中，加适量沸水冲泡。盖上杯盖，闷泡 30 分钟后，调入蜂蜜，代茶饮用。

茶饮功效　润肺化痰，滋养补气，清咽止痒。适于脾虚少食、久咳肺虚、肺痨咳嗽、大便燥结等人群饮用。

相关禁忌　痰湿较甚或肠滑腹泻者不宜饮用。

杏仁蜂蜜润肺清燥茶

茶饮材料　杏仁 15 克，蜂蜜适量。

泡饮方法　将杏仁用清水洗净，去皮，研成粉末，放入茶壶中，加适量沸水冲泡。盖上杯盖，闷泡30分钟后，调入蜂蜜，代茶饮用。

茶饮功效　苦温宣肺，润肠通便。适于风邪、肠燥等实证人群饮用。

相关禁忌　阴亏、郁火者不宜饮用。

枇杷桑叶润燥茶

茶饮材料　枇杷叶、桑叶各5克，菊花10克。

泡饮方法　将上述三味茶材研成粉末，然后一同放入茶壶中，加适量沸水冲泡。盖上杯盖，闷泡30分钟后，代茶饮用。

茶饮功效　清肺润燥，散风清热。适于因秋燥犯肺引起的发热、咽干唇燥、咳嗽等人群饮用。

相关禁忌　肺寒咳嗽及胃寒呕吐者不宜饮用。

薰衣草柠檬提神茶

茶饮材料　薰衣草花蕾（干品）5朵，柠檬汁适量。

泡饮方法　将薰衣草花蕾放入茶壶中，加适量沸水冲泡。盖上杯盖，闷泡10分钟后，放入柠檬汁，代茶饮用。

茶饮功效　舒缓神经，消除胃肠胀气，消除疲劳。适于烦躁不眠、情绪紧张、肠胃不适等人群饮用。

相关禁忌　孕妇及低血压患者不宜饮用。

银耳滋阴润肺茶

茶饮材料　银耳20克，茶叶5克，冰糖适量。

泡饮方法　银耳用清水洗净，然后与冰糖一起放入砂锅中，加水煎煮。煮沸后，将茶叶放入锅中，继续煎煮5分钟，代茶饮用。

茶饮功效　滋阴降火，润肺止咳。适于秋季肺热咳嗽、肺燥干咳等人群饮用。

相关禁忌　外感风寒、糖尿病患者不宜饮用。

人参菊花驱除疲劳茶

茶饮材料　人参15克，菊花（干品）4朵。

泡饮方法　将人参洗净切碎，然后与菊花一同放入茶壶中，加适量沸水冲泡。盖上杯盖，闷泡20分钟后，代茶饮用即可。

茶饮功效　祛火明目，消除疲劳，提高人体免疫力。适于劳伤虚损、倦怠食少、精神不振等人群饮用。

相关禁忌　高血压患者不宜饮用。

菊花青叶润肺茶

茶饮材料　菊花3克，大青叶2克。

泡饮方法　将上述两味茶材一同放入茶壶中，加适量沸水冲泡。盖上杯盖，闷泡20分钟后，代茶饮用。

茶饮功效　润肺凉血，抗菌消炎。适于秋季气喘、口干舌燥等人群饮用。

相关禁忌　脾胃虚寒者不宜饮用。

鱼腥薄荷祛风茶

茶饮材料　鱼腥草、薄荷各3克。

泡饮方法　将上述两味茶材一同放入茶壶中，加适量沸水冲泡。盖上杯盖，闷泡30分钟后，代茶饮用。

茶饮功效　清热化脓，驱除风邪。适于秋季感冒初起者饮用，可改善喉咙痛、咳嗽、咽干、黄痰、鼻涕等症状。

相关禁忌　体质虚寒者不宜饮用。

防风黄芪强身茶

茶饮材料　防风10克，黄芪15克，沙参25克，菊花7.5克，桂圆50克。

泡饮方法　将上述五味茶材一同放入砂锅中，加适量清水，开大火煎煮。煮沸后，改用小火继续煎煮片刻，代茶饮用。

茶饮功效　补虚强身，驱除风寒，增强免疫力。适于气血虚弱的感冒患者饮用，可缓解怕冷、头痛鼻塞、全身酸痛等症状。

相关禁忌　血虚痉急者不宜饮用。

党参桔梗健脾祛痰茶

茶饮材料　党参、桔梗、百合、茯苓各10克，白术5克。

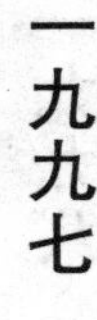

泡饮方法　将上述五味茶材一同放入茶壶中，加适量沸水冲泡。盖上杯盖，闷泡30分钟后，代茶饮用。

茶饮功效　健脾祛痰，适于因肺阳虚所致的咳喘患者饮用，可缓解咳嗽带痰症状。

相关禁忌　肺阴虚患者不宜饮用。

桔梗百合滋阴润燥茶

茶饮材料　百合15克，桔梗、麦冬、白芍、甘草各10克。

泡饮方法　将上述五味茶材一同放入茶壶中，加适量沸水冲泡。盖上杯盖，闷泡30分钟后，代茶饮用。

茶饮功效　滋阴润燥，适于因肺阴虚所致咳喘患者饮用，可缓解干咳无痰、嗓子干痒等症状。

相关禁忌　肺阳虚患者不宜饮用。

麦冬生地滋阴止咳茶

茶饮材料　麦冬、生地黄各15克。

泡饮方法　将上述两味茶材一同放入砂锅中，加适量清水，开大火煎煮。煮沸后，改小火继续煎煮片刻，代茶饮用即可。

茶饮功效　滋阴生津，清热润燥。适于津液缺少型咳嗽患者饮用，可缓解口干、眼干、皮肤干燥等症状。

相关禁忌　脾胃虚寒泄泻、胃有痰饮湿浊及暴感风寒咳嗽者不宜饮用。

四、冬季饮茶暖身防冬寒

冬天，天寒地冻，万物蛰伏，寒邪袭人，人体最易受寒患病，所以平时应多喝一些具有解表驱寒功效的茶饮。另外，冬天内应于肾，此时最应该补养肾精，特别是那些肾气较弱的人，更应该多喝补肾茶饮，以达到养肾强身的目的。

姜糖驱寒茶

茶饮材料　生姜10片，红茶适量，红糖少许。

泡饮方法　将红茶与生姜一同放入砂锅内，加入适量的水煎煮10~15分钟，直至形成浓汁，加入红糖调味，搅拌均匀即可。

茶饮功效　驱寒暖胃，非常适宜于寒意凝重、气温骤降的冬季饮用。

苏叶生姜驱寒茶

茶饮材料　苏叶、生姜各3克。

泡饮方法　生姜切成细丝，苏叶用清水洗净，然后将生姜和苏叶一同放入茶壶中，加适量沸水冲泡。盖上杯盖，闷泡30分钟后，代茶饮用。

茶饮功效　散寒解表，理气宽中。适于风寒感冒、头痛、咳嗽、胸腹胀满等人群饮用。

相关禁忌　温病及气弱者不宜饮用。

姜枣驱寒茶

茶饮材料　生姜4片，红枣8颗。

泡饮方法　将生姜和红枣一同放入砂锅中，加水煎煮。煮沸后，取汁，代茶饮用。红枣可食用。

茶饮功效　发汗解表，温中止呕，养血生津。适于外感风寒、头痛、痰饮、胃寒呕吐等人群饮用。

相关禁忌　阴虚内热及热盛之症者不宜饮用。

白萝卜理气消食茶

茶饮材料　白萝卜30克，红茶5克。

泡饮方法　将白萝卜用清水洗净，切成片状，放入砂锅中，加水煎煮至烂。茶叶放入茶壶中，加适量沸水冲泡5分钟，然后倒入萝卜汁中，代茶饮用。

茶饮功效　清热化痰，理气消食。适于冬季多食肥甘厚味所致的饮食不化、内郁化热者饮用。

相关禁忌　脾胃虚弱者不宜饮用。

款冬紫苑温肺止咳茶

茶饮材料　款冬花10克，紫苑6克，炙甘草5克，绿茶1克，蜂蜜适量。

泡饮方法　将上述几味茶材一同放入砂锅中，加适量清水煎煮。煮沸后，去渣取汁，调入蜂蜜，代茶饮用。

茶饮功效　温肺止咳，适于肺虚久嗽、肺寒痰多等人群饮用。

相关禁忌　有实热证者不宜饮用。

款冬百合润肺止咳茶

茶饮材料　款冬花15克，百合花30克，冰糖适量。

泡饮方法　将上述两味茶材用清水浸泡30分钟，将泡好的茶材放入砂锅内加适量清水，开大火煎煮。煮沸后，改小火继续煎煮片刻，取汁。如此反复煎煮两次，将两次的汁液混合，最后调入冰糖，代茶饮用。

茶饮功效　润肺止咳，适于秋冬咳嗽、支气管炎、哮喘等人群饮用，可缓解咳嗽、咽喉干痛等症状。

相关禁忌　肺火燔灼及肺气焦满者不宜饮用。

巴戟牛膝补肾茶

茶饮材料　巴戟天20克，怀牛膝15克。

泡饮方法　将上述茶材研成粉末，放入茶壶中，加适量沸水冲泡。盖上杯盖，闷泡30分钟后，代茶饮用。

茶饮功效　温补肾阳，强腰健膝。适于冬季因虚寒症所致的腰酸冷痛、四肢无力、阳痿早泄等人群饮用。

相关禁忌　阴虚火旺者不宜饮用。

桂枝杏仁驱寒止咳茶

茶饮材料　桂枝4克，杏仁、陈皮、绿茶各5克，红枣10颗，生姜3片。

泡饮方法　将上述几味茶材一同放入茶壶中，加适量沸水冲泡。盖上杯盖，闷泡30分钟后，代茶饮用。

茶饮功效　散寒止痛，温经通脉。适于冬季外感风寒所致的鼻塞、咳嗽、胃寒腹痛等人群饮用。

相关禁忌　温热病及阴虚阳盛、血热妄行、孕妇胎热者不宜饮用。

人参冬令进补茶

茶饮材料　人参片5克。

泡饮方法　将人参片放入茶壶中，加适量沸水冲泡。盖上杯盖，闷泡30分钟后，代茶饮用。

茶饮功效　大补元气，补脾益肺，生津安神。适于神疲乏力、饮食减少、心悸等脾肺气虚人群饮用。

相关禁忌　实证、热证而正气不虚者不宜饮用。

参麦暖胃安神茶

茶饮材料　西洋参、麦冬各2克，红茶适量。

泡饮方法　将以上茶材放入茶壶中，用90℃左右的开水冲泡。闷泡10分钟即可，此茶很适合男士饮用。

茶饮功效　有滋阴养肾、暖胃安神的保健效果。

桑叶芝麻冬令进补茶

茶饮材料　嫩桑叶、芝麻各5克，蜂蜜适量。

泡饮方法　将嫩桑叶、芝麻分别用清水洗净，沥干水分，并研成粉末，然后一同放入茶壶中，加适量沸水冲泡。盖上杯盖，闷泡30分钟后，代茶饮用。

茶饮功效　补益肝肾，滋阴止血。适于肝肾阴虚所致的眩晕耳鸣、咽干鼻燥、腰膝酸痛、烦热失眠、头昏目眩等人群饮用。

相关禁忌　脾胃虚寒溏泄者不宜饮用。

芝麻核桃补脏养生茶

茶饮材料　黑芝麻、核桃仁各30克，豆浆、牛奶、蜂蜜各适量。

泡饮方法　将黑芝麻和核桃仁分别用清水洗净，研成粉末，备用；豆浆和牛奶放入锅中加热。然后将黑芝麻、核桃仁粉末一同放入锅中，最后调入蜂蜜，代茶饮用。

茶饮功效　滋润肝肺，延缓衰老。适于肝肾不足、身体虚弱、贫血、习惯性便秘等人群饮用。

相关禁忌　患有热燥性咳嗽、咽喉肿痛、肠胃炎、牙痛者不宜饮用。

松子花生健胃茶

茶饮材料　松子仁2颗，花生5颗，核桃仁3颗，乌龙茶2克。

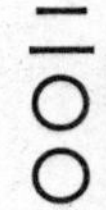

泡饮方法　将松子仁、花生、核桃仁分别用清水洗净。花生放入炒锅中，炒熟，去皮。将松子仁、花生、核桃仁研成粉末，然后与乌龙茶一同放入茶壶中，加适量沸水冲泡。盖上杯盖，闷泡10分钟后，代茶饮用。

茶饮功效　健脾和胃，滋养身体，增强身体抵抗力。适于年老体弱、腰痛、便秘、眩晕等人群饮用。

相关禁忌　肥胖及患有腹泻、咳嗽者不宜饮用。

紫苏解表散寒茶

茶饮材料　紫苏、绿茶各5克，白芷4克。

泡饮方法　将上述三味茶材一同放入茶壶中，加适量沸水冲泡。盖上杯盖，闷泡30分钟后，代茶饮用。

茶饮功效　散寒解表，理气宽中。适于风寒感冒、恶寒发热、咳嗽、胸腹胀满等人群饮用。

相关禁忌　温病及气弱表虚者不宜饮用。

党参苏叶抗感冒茶

茶饮材料　党参15克，苏叶10克。

泡饮方法　将上述两味茶材一同放入茶壶中，加适量沸水冲泡。盖上杯盖，闷泡30分钟后，代茶饮用。

茶饮功效　散寒解表，补中益气。适于风寒感冒、头痛、咳嗽、胸腹胀满等人群饮用。

相关禁忌　温病及怒火盛者不宜饮用。

苏木黑豆活血补身茶

茶饮材料　苏木10克，黑豆100克，红糖适量。

泡饮方法　将黑豆洗净，与苏木一同放入砂锅中，加水煎煮。待黑豆煮熟后，去渣取汁，调入红糖，代茶饮用。

茶饮功效　活血补身，补肾乌发，延缓衰老。适于肾虚消渴、肝虚眩晕、阴虚盗汗、闭经等人群饮用。

相关禁忌　消化功能较差者不宜饮用。

天冬桂枝温阳茶

茶饮材料　天冬、牛蒡各15克，桂枝7.5克。

泡饮方法　将上述三味茶材一同放入砂锅中，加适量清水，开大火煎煮。煮沸后，改小火继续煎煮片刻，代茶饮用即可。

茶饮功效　补元气，温阳强身。适于畏寒怕冷、四肢冰冷、精神萎靡或易腹泻等阳虚怕冷人群饮用。

相关禁忌　温热病及阴虚阳盛者不宜饮用。

甘草杞子补血茶

茶饮材料　甘草3片，枸杞子10粒，红枣3颗，红茶包1个，冰糖适量。

泡饮方法　将甘草、枸杞子、红枣分别洗净，与红茶包一同放入茶壶内，用热水冲泡，闷10分钟左右。加入冰糖调味即可（可多次加水冲泡后饮用）。

茶饮功效　口味甘甜，有暖胃、补血的功效，适合女性在冬季饮用。

川芎红糖祛风茶

茶饮材料　川芎6克，红糖适量。

泡饮方法　将川芎放入砂锅中，加适量清水，开大火煎煮。煮沸后，改小火继续煎煮片刻，最后调入红糖，代茶饮用。

茶饮功效　活血行气，祛风止痛。适于风寒头痛、血虚头痛等人群饮用。

相关禁忌　身体有出血现象者不宜饮用。

第六节　体质不同的饮茶保健

一、热性体质

热性体质者最明显的症状就是喜冷喜寒，多穿一件衣服就燥热出汗；喜欢吃冰凉的东西或饮料，喜爱喝水但仍觉口干舌燥；爱吹风，喜空调；脸色通红、面红耳赤，脾气差且容易心烦气躁，全身经常发热又怕热；经常便秘或粪便干燥，尿液较少且偏黄，女性月经常提早来；失眠，脉搏多较快，体味较重。热性体质的人一般会有抽烟喝酒的习惯，经常食用辛辣、刺激性食物，且体形较胖，高温天气容易上火。

热性体质的人最宜饮用寒凉属性的茶，这样能起到清热去火的作用，同时能排除体内毒素，防止热毒在体内堆积，可润肠通便、缓和急躁情绪。热性体质茶饮可以做成凉茶，这样去热效果更好，跟有去火效果的食物结合起来，能大大缩短调理体质的时间。适合用清热去火的茶材，如绿茶、决明子、荷叶、金银花、绿豆等。

薏米蒲公英茶

茶饮材料　薏米、蒲公英干品各30克。

泡饮方法　薏米、蒲公英分别洗净，放入锅中，倒水烧沸，小火煮20分钟。把汤汁倒入杯中，饮用即可。

茶饮功效　清热解毒，可去除热性体质常有的青春痘。

薄荷甘草茶

茶饮材料　薄荷叶、甘草各6克，白糖适量。

泡饮方法　将薄荷叶、甘草放入杯中；锅中加水1升左右，烧沸。把烧沸的水缓缓注入薄荷甘草杯中，并闷泡5分钟左右。最后加入适量的白糖搅拌均匀即可。

决明菊楂茶

茶饮材料　决明子20克，山楂、菊花各12克。

泡饮方法　将决明子、山楂洗净备用；菊花用凉水稍冲一下备用。锅中放入800毫升水，煮沸后加入决明子、菊花和山楂煎煮10分钟即可。

茶饮功效　此款茶饮能够降血脂、降血压，同时可以促进消化。

金银花绿茶

茶饮材料　金银花5克，甘草1片，绿茶3克，冰糖适量。

泡饮方法　将金银花、甘草洗净，沥干备用。将金银花、甘草、绿茶放入茶壶中，冲入沸水，闷泡5~10分钟。倒入杯中，可依个人口味适量加入冰糖调味。

茶饮功效　此款茶饮有清热解毒、消除肿痛、利尿、抗菌消炎之功效。

六味青草茶

茶饮材料　薄荷、桑叶、白茅根、仙草，六角英、菊花、冰糖各适量。

泡饮方法　将除冰糖外的所有茶材洗净，放入锅中，加水淹没茶材。大火煮沸后以小火慢煮30分钟，过滤去渣取汁，加入冰糖调味即可。

茶饮功效　此款茶饮清凉退火、消暑解渴，有改善肾脏疾病的功效，使人浑身舒畅。

枸杞菊花茶

茶饮材料　黄菊花3~5朵，枸杞子10克，桑葚2~3粒，干红枣5颗，蜂蜜15毫升。

枸杞菊花茶

泡饮方法　锅中放水，加入黄菊花、枸杞子、桑葚、干红枣煮沸后，小火烹煮30分钟后，加适量蜂蜜即可。

决明枸杞茶

茶饮材料　决明子、绿茶各5克，枸杞子12~15粒，蜂蜜适量。

泡饮方法　将枸杞子、决明子分别洗净，与绿茶一起放入杯中。将准备好的沸水冲入杯中，并盖好杯盖闷泡，10分钟后调入蜂蜜即可。

苹果菊花茶

茶饮材料　苹果1个，白菊花3~5朵，蜜枣5~8颗，蜂蜜适量。

泡饮方法　将苹果洗净，去皮、去核，切成小块；白菊花、蜜枣洗净备用。锅中加入适量水，将苹果块、蜜枣放入，大火煮沸后转小火慢煮30分钟，加入菊花继续煮10分钟，调入蜂蜜即可。

藕汁生地茶

茶饮材料　鲜藕300克，蜂蜜40毫升，生地黄10克。

泡饮方法　将藕洗净，去皮后切成小丁。生地黄放入砂锅中，加适量水煎取80毫升药汁。将藕汁、蜂蜜、地黄汁混合后放入干净砂锅中，用微火稍煎即可。

茶饮功效　生地黄清热消炎、养阴生津，用于阴虚内热、骨蒸劳热、内热消渴、吐血、发斑发疹等症。

二、寒性体质

寒性体质最明显的特征是：身体的阳气不足，表现为畏寒怕冷、怕吹风、喜暖喜热、腹泻便溏、四肢容易冰冷等。寒性体质的人身体内部阴气过剩，导致阴阳失调，从而使人体对营养物质消化和吸收功能减弱，以致身体对热量吸收减少，身体呈寒性。寒性体质调理首要注意的是保暖，而热性的茶材能从根本上调理人体内的寒证，滋阴补阳，祛寒温中，散寒解表，使心肾阳气充足，气血充盈，促进发汗，有效减轻畏寒症状。脾胃虚寒的人应喝中性茶或温性茶，乌龙茶属于中性茶，红茶、黑茶属于温性茶。推荐茶材，还有玫瑰花、茉莉花、桂花、红茶、熟普洱茶、枸杞子、杏仁、生姜、人参、桂圆、桑葚、红枣、当归等。

桂香姜奶茶

茶饮材料　肉桂棒1小根，姜5片，红茶5克，鲜牛奶300毫升，蜂蜜适量。

泡饮方法　将肉桂棒、姜片、红茶及鲜牛奶放入锅中，小火煮3~5分钟，同时搅匀。待姜和肉桂的香味散出后，将茶渣过滤，倒入杯中，再加入蜂蜜调味即可。

茶饮功效　有效缓解感冒初期的不适症状，促进血液循环，改善四肢冰冷的现象。

人参保健茶

茶饮材料　人参、红茶各 5 克，五味子 10 克。

泡饮方法　将人参、五味子洗净、捣烂，与红茶一起放入茶壶中。倒入沸水冲泡 5 分钟后，滤渣取汁。

茶饮功效　此茶有补中益气、补五脏、明目、益智、补身强体的功效。

八宝茶

茶饮材料　杏仁 3 克，红茶 5 克，栗子、花生仁、红枣、枸杞子、核桃仁各 10 克，白糖适量。

八宝茶

泡饮方法　将杏仁、栗子、花生仁、红枣、枸杞子、核桃仁洗净，沥干后放入研钵中，加入红茶及白糖研磨成粗末。锅中加水煮沸，加入研磨好的粗末煮约 5 分钟后，过滤去渣取汁即可。

黄芪红枣茶

茶饮材料　黄芪 10 克，红枣 5~8 颗，冰糖适量。

泡饮方法　将红枣洗净后与黄芪放入杯中，并用 200 毫升沸水冲泡，盖好杯盖闷 5~10 分钟，加入适量冰糖，搅拌均匀即可。

茶饮功效　健脾益气，调和营卫。适用于自汗症。黄芪补气，红枣补血，两者用于气血亏损，适合实性体质饮用。偶尔喝一点红枣茶还有利于保持容光焕发。

人参茶

茶饮材料　人参 35 克。

泡饮方法　将人参洗净切片，放入杯中，倒入适量沸水，加盖闷泡 10 分钟左右，浸泡出人参汁即可。

茶饮功效　补脾益肺，有益气活血之功效，适宜体弱多病的人饮用。

生姜红茶

茶饮材料　生姜 4 片，红糖 1 勺，小袋装红茶 1 包。

泡饮方法　将生姜洗净切片，放小锅中加适量水，煮沸即可。取红茶包放入杯中，倒入姜汤泡 4 分钟左右，其间反复提拉红茶包几次，加入红糖搅拌均匀即可饮用。

茶饮功效　生姜有活血化瘀、辛温散寒等作用，尤其适合寒性体质。

黄芪当归茶

茶饮材料　黄芪 15 克，当归 5 克。

泡饮方法　将黄芪和当归放入锅中，加适量水，反复煎煮 2 次。合并 2 次所煎汁液，频饮，每日 1 剂。

茶饮功效　当归可补血，常用于血虚头晕、虚寒腹痛、久咳虚喘及血虚肠燥的便秘等。平时可将当归切成薄片，取 5~10 克煮水或泡水当茶饮，对寒性体质的人有良好的补益作用。

桂圆红枣茶

茶饮材料　干桂圆 200 克，红枣 5~8 颗，蜂蜜适量。

泡饮方法　将桂圆去壳；红枣洗净备用。锅中加水，放入桂圆肉、红枣与 2 升左右的水，一起熬煮。待桂圆肉膨胀即可盛出，调入适量蜂蜜饮用。

桂圆莲子茶

茶饮材料　莲子 10 粒，桂圆干 20 克，红枣 5 颗，乌龙茶、蜂蜜各适量。

泡饮方法　将莲子放入锅中，用水煮熟，加入桂圆干、红枣和乌龙茶，稍稍加热即可。滤出茶汁，待水温稍降加入适量蜂蜜调味即可。

茶饮功效　安神，补血养颜，较适用于虚寒体质或贫血者。

三、实性体质

实性体质最明显的特征是：身体的排毒功能较差，内脏有积热，小便为黄色、量少且经常便秘，火气大；身强体壮，体力充沛而无汗，对病邪仍具有扑灭能力，抗病力强；活动量大、声音洪亮、精神佳、肌肉有力。实性体质的人选择的茶饮要以能排毒的寒凉性茶饮为首选，温性的茶饮也可以。适时适量地补充水分对实性体质的人来说非常重要，喝茶则是一个既能排毒，又能补水的好方法。有润肠通便作用的茶饮也很适合实性体质的人饮用，能改善便秘状况，加强排毒效果。推荐苦寒属性茶材，如绿茶、苦丁茶、黄连、金银花、蒲公英、仙草、芦荟、洋甘菊、柠檬草、菊花、荷叶、番泻叶、鼠尾草、洛神花、薄荷、山楂、绿豆、薏米等。

车前草绿豆茶

茶饮材料　绿豆60克，车前草30克。

泡饮方法　将绿豆用水泡2小时洗净，沥干备用；车前草冲洗干净。将绿豆和车前草放入锅中加600毫升水熬煮。待茶汤熬煮至剩一半后熄火，去渣取汁，倒入杯中，代茶饮用即可。

茶饮功效　此款茶饮清热解毒、去火利水，更具有明目去痰、润喉止渴的功效。

蒲公英茶

茶饮材料　蒲公英25克，冰糖适量。

泡饮方法　将蒲公英洗净放入锅中，加入适量清水煎煮15分钟。煮好后加入适量冰糖即可。

茶饮功效　可去除身体的热气，改善感冒头痛与发热症状。长期饮用，有提神醒脑、降低胆固醇的作用。

薏米冬瓜仁茶

茶饮材料　薏米、冬瓜仁各30克，冰糖适量。

泡饮方法　将薏米洗净，凉水浸泡8小时；冬瓜仁洗净，沥干备用。锅中加500毫升水烧至沸腾，将薏米、冬瓜仁放入，待薏米煮烂后，加入适量冰糖稍煮片刻，过滤，代茶饮用即可。

茶饮功效　此道茶饮有降血压、降血糖、消除水肿及利尿的作用。

莲心甘草茶

茶饮材料　莲心 2 克，生甘草 3 克，蜂蜜 10 毫升。

泡饮方法　将莲心、生甘草放入杯中。锅中置水，大火烧沸，并倒入放莲心的杯中，盖好盖子闷泡 10 分钟后调入蜂蜜，搅拌均匀即可。

野生苦丁茶

茶饮材料　野生苦丁 3 克，蜂蜜 20 毫升。

泡饮方法　锅中放入清水，烧沸。将苦丁放入杯中，并用刚刚煮沸的水冲泡 1~2 分钟，调入蜂蜜即可饮用。第二次冲泡时也可只泡 1~2 分钟，但从第三次冲泡开始，应将冲泡时间延长为 3~5 分钟。

绿豆薏米茶

茶饮材料　绿豆 100 克，薏米 50 克，冰糖 20 克。

泡饮方法　绿豆、薏米分别洗净；锅中加水烧沸。将洗好的绿豆和薏米一起放入烧沸的水中，大火烧沸后，改小火慢慢熬煮，直到熟烂。绿豆薏米茶煮好后，倒入碗中，加入适量冰糖，慢慢搅拌溶化即可。

干莲花绿茶

茶饮材料　干莲花 6 克，绿茶 3 克。

泡饮方法　将所有材料放入茶壶中，注入 500 毫升沸水，浸泡 2 分钟后装杯饮用。可重复回冲至茶味渐淡。

茶饮功效　此茶有清心消烦、抑制口舌生疮等功效，为夏季消暑上佳饮品。

洋甘菊菩提茶

茶饮材料　菩提叶 1 茶匙，干燥的洋甘菊 2 茶匙，红糖或蜂蜜适量。

泡饮方法　将菩提叶和干燥的洋甘菊放入杯中，用滚烫开水冲泡。闷约 10 分钟后即可，可酌情加红糖或蜂蜜饮用。

茶饮功效　洋甘菊味微苦、甘香，不仅有明目、退肝火，治疗失眠，降低血压的功效，还可增强活力、提神。菩提与洋甘菊的搭配，适合入夜时轻啜，让全身在茶香中轻轻漂浮。

二仁通幽汤

茶饮材料　桃仁、郁李仁各9克，当归、小茴香各5克，藏红花2克。

泡饮方法　将以上茶料置入砂锅内，加水煎沸。15分钟后去渣取汁，代茶饮用即可。

茶饮功效　此方具有润肠通便、行气化瘀、消胀的功效。桃仁、当归活血祛瘀，润肠通便；郁李仁润燥、滑肠、下气、利水；小茴香行气化瘀；藏红花活血。

四、阳虚体质

阳虚体质的人怕冷，这个特点和寒性体质的人接近，这主要是因为人体阳气不足造成的。阳虚体质的人尤其是背部和腹部特别怕冷，耐夏不耐冬，易感湿邪，一到冬天就手冷过肘，足冷过膝，四肢冰冷，唇色苍白。阳气虚损，寒从中生，病理产物得不到代谢，脏腑易受损害。

温阳当从脾肾入手，推动阳气在体内生长、交通，使气血周流顺畅。性质温热、补益肾阳、温暖脾阳作用的茶饮最适合阳虚体质的人饮用。温热的茶饮可以去寒气、护脾胃。推荐补阳的茶材，如冬虫夏草、人参、核桃、生姜、肉桂、红枣、山药等。

山药蜜茶

茶饮材料　山药400克，蜂蜜适量。

泡饮方法　将山药洗净，去皮，切丁，与适量水一起放入锅中煮沸。煮沸后，改用小火煮3分钟左右。关火后，闷5分钟，然后倒入杯中，加入蜂蜜调匀即可。

杜仲绿茶

茶饮材料　杜仲6克，绿茶3克。

泡饮方法　将杜仲洗净，研成末。绿茶用沸水冲泡好。把杜仲粉放到杯中，倒入冲泡好的绿茶，浸泡3~5分钟即可。

茶饮功效　此茶能滋补肝肾，有降血压、降低血脂的功效，适合阳虚体质者饮用。

干姜暖身茶

茶饮材料　干姜2克，白芍7克，香附5克，蜂蜜适量。

泡饮方法　将干姜、白芍、香附洗净，沥干备用。将所有材料（除蜂蜜）放入茶壶中，加入500毫升沸水，闷泡15分钟。倒入杯中饮用时可以根据口味酌情添加蜂蜜，搅匀后饮用。

茶饮功效　手脚冰冷的人最宜饮用此款干姜暖身茶，既可驱寒暖身，又可使脸色红润、精神饱满、恢复精力。

乌龙戏珠茶

茶饮材料　松子仁2粒，花生仁5粒，核桃仁3颗，乌龙茶3克。

泡饮方法　将松子仁、花生仁、核桃仁洗净，沥干备用；花生仁炒熟后去皮；三仁一起研成细末，壶中放入乌龙茶以水略洗，冲去杂质后倒出水分备用。将研磨好的细末加入放乌龙茶的壶中，倒入250毫升沸水，2分钟后即可饮用。

茶饮功效　该茶具有健脾胃的效果，适合食欲不振、脾胃虚弱的人饮用。

人参花茶

茶饮材料　人参花5克，红糖适量。

茶饮功效　将人参花放入杯中，锅中放水烧沸。用刚刚烧沸的水冲泡人参花，并盖好杯盖，闷泡10分钟左右。在泡好的茶中，加入少许红糖，搅拌均匀，即可饮用。

虫草首乌茶

茶饮材料　冬虫夏草、人参、灵芝草、何首乌、山葡萄各适量。

泡饮方法　将所有材料洗净沥干，置于茶壶中。将800毫升沸水加入后，闷泡15分钟，倒入杯中饮用。

茶饮功效　此款茶饮能有效增强免疫力、预防病毒侵害，可补肺肾、定喘嗽、助肾阳。

党参红枣茶

茶饮材料　党参15~30克，红枣5~10克。

泡饮方法　将两味茶材加水煎汤，取汁代茶饮用，每日一剂。

茶饮功效　党参可温补益气；红枣甘温，可补脾生津，并可养血安神。阳虚者长期饮用，可改善怕冷体质。

首乌杞枣茶

茶饮材料　何首乌 20 克，枸杞子 15 克，红枣 5~8 颗，冰糖适量。

泡饮方法　将何首乌、枸杞子、红枣分别洗净；用沸水将枸杞子烫软，沥水备用。锅中加入适量水，放入洗净的何首乌煮 5~8 分钟至沸，然后放入红枣继续煮 1 分钟左右取汁。过滤何首乌红枣水，并将水冲入放枸杞子的杯中，调入少许冰糖搅拌均匀即可。

肉桂苹果茶

茶饮材料　肉桂粉少许，苹果 30 克，苹果汁 100 毫升，红茶包 1 个，蜂蜜 1 大匙。

泡饮方法　先将苹果洗净，切成薄片备用。再将苹果汁加 200 毫升水煮沸，倒入茶壶中，加入苹果薄片及红茶包闷泡 5 分钟。加入蜂蜜及肉桂粉，搅拌均匀即可。

茶饮功效　肉桂散寒，苹果柔和，愉悦的芳香在沸水中翻腾升华，特别适合阳虚体质的人在春寒料峭的时候饮用。

五、阴虚体质

阴虚体质的人，由于体内津液精血等阴液亏少，阴虚内热，表现为阴血不足、有热象。引起阴虚的原因主要有阳邪耗伤阴液，劳心过度致阴血暗耗，久病导致的精血不足。

体内阴液的亏损，容易导致虚火的产生，这时如果单纯泻火，则会耗伤元气变生他病，适得其反。因此，调养阴虚火旺体质应以滋阴为主，体内阴液充足阳气有根，才不会变生虚火。阴虚体质的人关键在于补阴清热、滋养肝肾。在五脏中，肝藏血，肾藏精，因此滋养肝肾是饮茶的重点。推荐补阴的茶材，如西洋参、百合、芝麻、黑豆、五味子、乌梅、桑葚、黑芝麻、银耳、陈皮等。

百合枣仁茶

茶饮材料　鲜百合 50 克，生枣仁、熟枣仁各 15 克，蜂蜜适量。

泡饮方法　将鲜百合洗净，用水浸泡 8~12 小时；锅中放入水与生、熟枣仁，煎煮。待水沸后，改小火继续煮 5~10 分钟，关火，过滤掉枣仁渣。将枣仁水倒回锅内，加入浸泡好的鲜百合，继续煮，直至百合煮熟。将煮好的汤稍凉，调入蜂蜜即可。

乌龙芝麻茶

茶饮材料　黑芝麻、白芝麻各 5 克，乌龙茶 3 克。

泡饮方法　将乌龙茶用热水略冲去杂质后，沥干备用。锅中放入黑芝麻、白芝麻炒至香味四溢后，盛出略放凉，研磨成粗末。杯中加入芝麻粗末与乌龙茶，注入热水，浸泡 1~2 分钟后饮用即可。

茶饮功效　此茶有润肠排便的功效。

西洋参莲子茶

茶饮材料　西洋参 5 克，莲子 10 粒，冰糖适量。

泡饮方法　将西洋参和莲子分别洗净，再沥干水备用。在砂锅中加入水，放入西洋参和莲子炖煮 1 小时。最后加入冰糖再炖煮 10 分钟，倒出后可将莲子捞起食用，并饮用茶汤即可。

茶饮功效　此款茶饮最适合脾虚体弱的高血压患者饮用。

菊楂陈皮茶

茶饮材料　山楂 10 克，白菊花、陈皮各 5 克。

泡饮方法　将所有材料洗净，放入杯中，冲入沸水。闷泡 5 分钟即可。

茶饮功效　健脾燥湿，清热去火，理气宽心，健胃消食，促进食欲。

滋阴养荣茶

茶饮材料　金盏花、康仙花各 2 克，西洋参 1 克，甜叶菊 2 片。

泡饮方法　将西洋参洗净，沥水后放入砂锅中，加入水，煮沸后转小火炖煮 1 小时，加入金盏花、康仙花、甜叶菊稍煮，饮用茶汤即可。

茶饮功效　有滋阴润燥、补气生津的功效。

第七节　美容强身茶疗方

一、减肥瘦身

饮茶不仅有促进体内脂肪代谢的功效，还能有效提高人体胃液和其他消化液的分泌量，帮助消化和促进脂肪分解。茶叶中所含有的肌醇、叶酸、泛酸等化合物，都具有调节脂肪代谢的本领。茶叶中的黄烷醇还对人体胃、肝脏等起到特殊的净化作用，能有效地防治消化道疾病，从而增强人体对脂肪的代谢，达到消脂减肥的作用。

乌龙消脂减肥茶

茶饮材料　乌龙茶6克，何首乌30克，槐角、冬瓜皮各18克，山楂5克。

泡饮方法　将除乌龙茶以外的四味茶材研成细末，放入茶杯中，加适量沸水冲泡。盖上盖浸泡半小时后，放入乌龙茶，再继续盖闷10分钟，即可饮用。

茶饮功效　消脂减肥，益寿延年。适于肥胖症患者及高血压、高血脂、冠心病人群饮用。

相关禁忌　患有胃及十二指肠溃疡病症者不宜饮用。

玫瑰川芎减肥茶

茶饮材料　玫瑰花、茉莉花、玳玳花各3克，川芎8克，荷叶7克。

泡饮方法　将上述各种茶材搓碎，放入茶杯中，加适量沸水冲泡。盖上盖浸泡20分钟，代茶饮用即可。

茶饮功效　芳香化浊，行气活血。适于形体肥胖且懒于活动人群饮用。

相关禁忌　阴虚口渴者不宜饮用。

泽泻首乌减肥茶

茶饮材料　泽泻、何首乌、丹参、绿茶各10克。

泡饮方法　将上述四味茶材一同放入砂锅中，加入适量的清水煎煮。煮沸后，去渣取汁，代茶饮用即可。

茶饮功效　利水渗湿，润肠通便，降脂减肥。适于肥胖症人群饮用。

相关禁忌　大便清泄及有湿痰者不宜饮用。

山楂黄芪降脂茶

茶饮材料　山楂、黄芪各15克，荷叶8克，生大黄5克，甘草3克，生姜2片。

泡饮方法　将上述六味茶材分别用清水洗净，然后一同放入砂锅中，加水煎煮。煮沸后，取汁，代茶饮用。

茶饮功效　益气降脂，促进消化，降低胆固醇。适于消化不良、肥胖症人群饮用。

相关禁忌　孕妇，表实邪盛及阴虚阳亢者不宜饮用。

绞股蓝减肥茶

茶饮材料　绞股蓝15克，生山楂30克。

泡饮方法　上述两味茶材分别用清水洗净，切碎，然后将其放入砂锅中，加入适量的清水煎煮。煮沸后，去渣取汁，代茶饮用。

茶饮功效　益气安神，化痰导滞，活血降脂。适于失眠、高血压、肥胖症等人群饮用。

相关禁忌　孕妇不宜饮用，胃酸分泌过多者不宜空腹饮用。

山楂益母降脂茶

茶饮材料　山楂30克，益母草10克，茶叶5克。

泡饮方法　将上述三味茶材分别用清水洗净，沥干水分后研成粗末。然后将其放入茶杯中，加入沸水，浸泡半小时后，代茶饮用。

茶饮功效　活血化瘀，防治心血管疾病，降低血压、胆固醇。适于高血脂、肥胖症、消化不良、浮肿等人群饮用。

相关禁忌　孕妇、无瘀滞及阴虚血少者不宜饮用。

菊花普洱降脂减肥茶

茶饮材料　白菊花2克，普洱茶3克。

泡饮方法　将上述两味茶材一同放入茶杯中，加适量沸水冲泡。盖上杯盖，浸泡10分钟后，代茶饮用。

菊花普洱降脂减肥茶

茶饮功效　健脾和胃，降脂减肥。适于热性体质、身体肥胖、血脂血压较高的人群饮用。

相关禁忌　孕妇及经期女性，不宜饮用。

三草消脂化痰茶

茶饮材料　马鞭草、迷迭香、柠檬草各 3 克，蜂蜜适量。

泡饮方法　将上述三味茶材一同放入茶杯中，加适量沸水冲泡。盖上杯盖，浸泡 10 分钟后，调入蜂蜜，代茶饮用。

茶饮功效　消脂化痰，适于下半身脂肪堆积过多、营养过剩、消耗过少等人群饮用。

相关禁忌　孕妇不宜饮用。

香茅红枣茶

茶饮材料　马郁兰、柠檬香茅各 2 克，红枣、桂圆干各 5 颗，葡萄干 10 粒，冰糖适量。

泡饮方法　将红枣、桂圆干和葡萄干洗净沥干，桂圆干戳破备用。将红枣、桂圆干和葡萄干放入锅中，加 700 毫升水煮沸后转小火煮 5 分钟关火。加入马郁兰和柠檬香茅，闷泡 5 分钟，加入适量冰糖后饮用即可。

茶饮功效　此款茶饮能够提高人体消化功能，帮助净化肠胃，达到健胃消脂的作用。

荷叶茶

茶饮材料　干荷叶 50 克，白糖适量。

泡饮方法　干荷叶洗净，撕碎，与 2 升凉水一起放入锅中，小火慢煮 20 分钟。去渣取汁，加入白糖搅匀，放入冰箱冰镇后即可饮用。

塑身美腿茶

茶饮材料　马鞭草、迷迭香、柠檬草、薄荷叶各 3 克。

泡饮方法　将马鞭草揉碎备用。将迷迭香、柠檬草、薄荷叶和揉碎的马鞭草混合均匀，缝入纱布袋中做成茶包。将茶包放入茶壶中，冲入 500 毫升沸水，闷泡 3~5 分钟至散发香味后饮用即可。可反复冲泡至茶味变淡。

茶饮功效　此款茶饮能减少体内多余水分，净化肠胃，促进消化，分解脂肪，轻松去除肥肉。

玲珑消脂茶

茶饮材料　柠檬马鞭草 3 克，柠檬香茅 1 克，甜菊叶 5 片，老姜适量。

泡饮方法　将柠檬马鞭草、柠檬香茅、甜菊叶洗净备用；柠檬香茅剪成小段，老姜切成片备用。将所有材料放入茶壶中，冲入沸水闷泡 5 分钟后饮用即可。

茶饮功效　此款茶饮能迅速分解体内脂肪，达到消脂塑身的效果。

银耳瘦身绿茶

茶饮材料　干银耳 20 克，绿茶 3 克，冰糖适量。

泡饮方法　将绿茶缝入纱布袋做成茶包放入杯中，用沸水冲泡 5 分钟左右，即可取出绿茶包。将干银耳洗净，放入清水中泡发，取出放入锅中，加少量清水与冰糖，入锅炖熟。再把绿茶水倒入银耳汤中，搅拌均匀即可饮用。

茶饮功效　银耳可助胃肠蠕动，减少脂肪吸收。

茉莉减肥茶

茶饮材料　干茉莉花、薰衣草各 5 克，蜂蜜适量。

泡饮方法　杯中放入茉莉花、薰衣草，并将 500 毫升的沸水冲入杯中。立即盖好杯盖，闷泡5分钟。从闷泡好的茶中取出茉莉花、薰衣草渣，调入蜂蜜，搅拌均匀即可。

玫瑰薄荷茶

茶饮材料　干玫瑰花蕾4~5朵，白茅根1克，薄荷2片。

泡饮方法　将干玫瑰花蕾、白茅根与薄荷一同放入杯中，加入适量沸水冲泡。加盖闷10分钟，待茶凉后饮用提神效果更佳。

茶饮功效　玫瑰花具有活血化瘀，舒缓情绪的作用；薄荷可驱除疲劳，使人感觉焕然一新。玫瑰花的甘甜纯香可以冲淡薄荷中的苦涩味，一举两得。

茉莉香草茶

茶饮材料　茉莉干蕾、柠檬马鞭草干品、胡椒薄荷干叶各1克。

泡饮方法　把茉莉干蕾、柠檬马鞭草干品、胡椒薄荷干叶放入杯中。倒入沸水300毫升，闷泡3~5分钟，至散发出香味即可。

茶饮功效　饮用茉莉香草茶可解油腻，消解脂肪。

二、乌发养发

头发的主要成分是角质蛋白，头发的颜色跟黑色素含量直接相关。头发发质变差、干枯、无光泽、分叉、脱落等问题一直困扰着很多人。花茶、药茶有补益人体气血的功效，可促进人体整体功能的和谐运转，使人体的各种营养物质能够及时送达头发，治疗因体弱多病、气血不足等原因造成的头发脱落、干枯等症状。茶饮清甜甘醇的香气能够舒缓人的神经，可以改善人体内分泌，缓和人的情绪，促进睡眠，补充有益于发质的各种微量元素，从而为头发的生长创造一个良好的环境，使头发滋润、柔顺、光亮、有韧性，还能促进头发黑色素的形成，使头发黑亮，减轻头发干枯、脱落等情况。

饮用时采用煮沸的方式，茶材中的养发成分才能更好地溶解在水里，利于头发吸收。泡着饮用要把茶材研成粉末，在喝茶水的时候尽量把粉末一起吃下去，这样效果最好。养发茶饮要持续不断喝才有效，至少要2个月才能改善发质状况。

首乌生发茶

茶饮材料　何首乌、菟丝子、柏子仁各2克，牛膝、生地黄各1克，红茶3克，蜂

蜜适量。

泡饮方法　将何首乌、菟丝子、柏子仁、牛膝、生地黄放入锅中，加入清水400毫升煮沸。倒出后滤渣取汁备用，将红茶用沸水冲泡3分钟后加入汁中。搅匀后稍凉，加入蜂蜜饮用即可。

茶饮功效　此款茶饮能补心脾、润肝肺、治疗失眠，并有利于头发生长。

淮山芝麻饮

茶饮材料　淮山药5片，燕麦片1匙，黑芝麻2匙，冰糖适量。

泡饮方法　将淮山药研成细末。将淮山药细末与燕麦片、黑芝麻一起放入杯中。冲入沸水调匀后加入冰糖调味即可。

三、护眼明目

茶叶含有对眼睛有益的维生素A和维生素C，以及一些微量元素，能降低眼睛晶体混浊度，经常饮茶，对减少眼疾、护眼明目均有积极的作用。许多茶材还有益肾的功效，间接对眼睛起到了滋养作用。另外，用茶水来洗眼，可起到明目和缓解视疲劳的作用。茶叶中的茶多酚具有杀菌消炎的作用，如果早上醒来发现眼睛布满红血丝，用茶水清洗双眼，可消除红血丝，这是简便又有效的好方法。用于明目的茶，多适合随时饮用，可每天定时饮用一两杯。而且大部分茶还适合混合冲泡，不仅好喝，且疗效更佳。部分护眼茶材性寒，体质虚寒、肠胃不好的人应注意少喝，或者选择性温的茶。

决明双花茶

茶饮材料　决明子10克，金银花、玫瑰花各3克。

泡饮方法　将决明子稍微冲洗一下，沥干备用。将决明子、金银花和玫瑰花一同放入茶壶中，冲入500毫升沸水，加盖浸泡5分钟。散发香气后，倒入杯中饮用即可。

茶饮功效　此款茶饮不仅能清肝明目、清心去火，还可治疗口干舌燥、眼睛干涩。

五味子茶

茶饮材料　五味子4~5克，绿茶3克，蜂蜜20毫升。

泡饮方法　将五味子用小火炒焦。锅中加水、绿茶及炒焦的五味子，煮沸。用纱布过滤掉五味子与茶叶，待茶汁稍凉，调入蜂蜜搅匀即可。

龙井白菊茶

茶饮材料　龙井茶 3 克，杭白菊 10 克。

泡饮方法　茶壶中加入龙井茶与杭白菊，注入约 150 毫升的热开水，略摇晃清洗茶材后，倒出茶汤。再加入 450 毫升的热开水，浸泡 2 分钟后，即可饮用。也可重复回冲至茶味渐淡。

茶饮功效　此款茶饮不仅有降血压、镇静神经的作用，还能预防心血管疾病。

杞菊决明茶

茶饮材料　枸杞子 15~30 克，杭白菊 10 克，决明子 5 克，绿茶 3 克，冰糖适量。

泡饮方法　将枸杞子、决明子洗净，沥干备用。将枸杞子、决明子、绿茶、杭白菊一起放入茶壶中，冲入沸水，加盖闷泡约 10 分钟。倒入杯中，依据个人口味加冰糖调味即可。

茶饮功效　此款茶饮不仅可清热去火、清肝明目，还能够抗疲劳和降血压。

枸杞子茶

茶饮材料　枸杞子 10~15 粒，冰糖适量。

枸杞子茶

泡饮方法　枸杞子洗净备用；壶中加入适量清水，大火烧沸。待水沸后，用沸水冲泡枸杞子，闷泡 10 分钟左右，加入适量冰糖搅拌均匀饮用即可。

决明子茶

茶饮材料　绿茶 3 克，决明子 5 克，蜂蜜适量。

泡饮方法　用干锅小火将决明子炒香，盛出凉凉备用。将绿茶缝入纱布袋做成茶包，把炒过的决明子与绿茶包一起放入茶杯中，用沸水冲泡 5 分钟左右。将冲泡好的决明子茶调入蜂蜜饮用即可。

何首乌茶

茶饮材料　绿茶 3 克，何首乌、泽泻片、丹参各 10 克，蜂蜜适量。

泡饮方法　将绿茶缝入纱布袋做成茶包，锅中加入 1000 毫升清水，放入绿茶包、何首乌、泽泻片、丹参，小火煮沸后，继续煮 15~20 分钟。停火后，捞出绿茶包、何首乌、泽泻片、丹参渣，将茶汤倒入杯中，调入适量蜂蜜即可。

茶饮功效　何首乌代茶饮可以明目益智、乌发延年。

芝麻绿茶

茶饮材料　黑芝麻 30 克，绿茶 3 克，红糖 10 克。

泡饮方法　将黑芝麻放入锅中炒至香味四溢后盛出备用。茶壶中加入绿茶，加入沸水 250 毫升略泡，2 分钟后加入黑芝麻同泡。最后加入红糖拌匀饮用即可。

茶饮功效　黑芝麻滋补内脏，绿茶缓解眼部疲劳。

首乌杞子茶

茶饮材料　何首乌、野菊花各 40 克，红枣 100 克，枸杞子、生地黄、冰糖各 20 克。

泡饮方法　将所有材料放入茶壶中，开水冲好。取汁每天代茶饮用，需长期坚持。

茶饮功效　枸杞子具有滋补肝肾、益精明目之功能。

四、润肤美白

茶叶中的茶多酚可以促使皮脂量保持平衡，还可提高皮肤角质层的保水能力，同时能清除人体氧化自由基，促进肌肤美白排毒。茶叶还能有效防止皮肤受到电磁辐射伤害，阻止色素沉着，抑制人体黑色素细胞的活性，调节内分泌，通过全面改善身体各项功能，使人体由内向外美白。花茶及中药茶中含有各种活性物质以及丰富的营养物质，可补充皮肤生长所需的营养物质，使皮肤保持适当的脂质和水分，从而促使肌肤柔嫩光滑，湿润有弹性。茶叶中的维生素C能有效帮助黑色素还原，防止皮肤老化，促进皮肤的新陈代谢，协助美白，使皮肤白皙净透。

薄荷玫瑰茶

茶饮材料　新鲜薄荷叶2~3片，干玫瑰花4~5朵，蜂蜜15毫升。

泡饮方法　杯中放入干玫瑰花，并用沸水冲泡3分钟左右。在玫瑰茶中放入2~3片洗净的新鲜薄荷叶，并加入蜂蜜，搅拌均匀即可饮用。

清香美颜茶

茶饮材料　洋甘菊、苹果花、枸杞子各3克，柠檬1片。

泡饮方法　将洋甘菊、苹果花揉碎，与枸杞子一起放入纱布袋中，做成茶包。将茶包放入杯中，冲入沸水，浸泡3~5分钟，让其充分浸泡出味。再将柠檬挤汁入杯中，最后将整片柠檬再泡入杯中。可反复加入300毫升沸水冲泡直至味淡。

茶饮功效　苹果花中的苹果酚与柠檬中的维生素C都能养颜美白，再加上洋甘菊能清热解毒，可加速分解黑色素，提升美白效果。

蔬果美白茶

茶饮材料　草莓9个，桑白皮粉5克，苹果1个，蜂蜜15克，菠菜少许，柠檬片2片，冰块适量。

泡饮方法　先将草莓、苹果、菠菜洗净后，放入榨汁机中，打成果汁后，滤渣取汁，加入200毫升白开水稀释。将汁液倒入锅中，再加入蜂蜜，用小火煮至沸腾后关火。加入桑白皮粉冲泡，浸泡约5分钟。倒入冲茶器内，放入柠檬片，饮用时加入少量冰块即可。

茶饮功效　此款茶饮不仅能美白皮肤，还能润肠通便、消除痘痘，一举三得。

美白爽身茶

茶饮材料　苹果丁4克，薄荷叶1克，柳橙50克，姜汁汽水160毫升，桂圆5颗，蜂蜜适量。

泡饮方法　将桂圆洗净，沥干；柳橙去皮，榨汁备用。锅中加 200 毫升水烧沸，放入苹果丁、薄荷叶焖煮 3 分钟后，再加入桂圆、柳橙汁与蜂蜜拌匀。锅中再倒入姜汁汽水，稍加热后关火，倒入茶壶中即可。

茶饮功效　以苹果肉和薄荷等组成的果茶粒，结合有美白效果的橙汁，再加上姜汁汽水，让人在美白的同时感觉到神清气爽。

玫瑰花茶

茶饮材料　干玫瑰花 3~5 朵，蜂蜜或冰糖适量。

泡饮方法　煮好的沸水，稍微放置一会儿。将干玫瑰花放入杯中，将稍凉的热开水冲入杯中，闷泡 3 分钟左右。待茶泡好后，依个人口味加入适量蜂蜜或冰糖调味即可。

百香果汁茶

茶饮材料　百香果 3 颗，菠萝汁、水蜜桃汁各 15 毫升，蜂蜜适量，红茶包 1 个。

泡饮方法　将百香果洗净，切成两半，取出果粒备用。在锅中加入 500 毫升水与百香果果粒，煮沸后加入菠萝汁和水蜜桃汁调匀。再放入蜂蜜与红茶包，拌匀后关火，倒入杯中饮用即可。

茶饮功效　此款茶饮含有丰富的维生素，可预防肌肤干燥，舒缓紧绷肌肤。

五、亮肤消暗

皮肤暗淡无光泽、面色发黄是许多女性头疼的问题。茶材中含有铁质等活性物质，可从根本上调理人体气血，滋阴补气，促进血液的运行，改善脏腑功能，同时能补充皮肤所需要的营养物质，使皮肤光泽红润。茶中的维生素 E 可清除自由基，防止色素沉着。茶中的维生素 A 和维生素 B_2 不仅可以防止皮肤干燥，也能防止色素沉着，从而防止肌肤色泽变暗。其特殊的蛋白酶还能促进皮肤表层角质代谢，及时补充水分，让肌肤重新变得白里透红。调理身体气血的茶每天喝一到两杯即可，不用饮用过多。早上起床后喝一杯，可以排出毒素，让一天肤色焕发光泽。晚上睡觉前喝一杯，可以在睡眠美容的同时加强肌肤角质代谢，效果比白天喝更好。

养颜活力茶

茶饮材料　天竺葵、迷迭香各5克，甜菊叶3克。

泡饮方法　将所有茶材洗净放入茶壶中。冲入500毫升沸水，加盖浸泡5分钟后倒入杯中即可。

茶饮功效　此款茶饮能够促进血液循环，通过改善人体功能而改善皮肤的整体情况。

活血美颜茶

茶饮材料　洛神花、干玫瑰花各2克，桂圆肉8克，冰糖15克。

泡饮方法　锅中加水300毫升烧沸后，放入洛神花、干玫瑰花焖煮3分钟。最后加入桂圆与冰糖，搅匀后倒入杯中饮用即可。

茶饮功效　洛神花与玫瑰花都是养颜美容的最好茶材；桂圆补气养身，可使肌肤恢复健康亮彩。

桂花润肤茶

茶饮材料　乌龙茶、干燥桂花各3克。

泡饮方法　将干燥桂花和乌龙茶混合后一起放入茶壶中。冲入400毫升沸水，加盖闷泡5分钟至香气四溢，倒入杯中饮用即可。

茶饮功效　此款茶饮可以活血补气，改善气色，消除暗沉。

六、去痘消斑

茶叶中的茶多酚有消炎抗菌的作用，能杀灭体内细菌，防止毛囊感染发炎，同时能促进油脂的排泄，使人体脂质代谢平衡，防止油脂在皮肤表面堆积，从根本上防止痘痘的产生。茶中的维生素A能促进上皮细胞的增生，可调解皮肤汗腺，消除粉刺。维生素B_2能保持人体激素平衡，抑制和消除痘痘。茶多酚可有效吸收紫外线，抑制黑色素细胞的活化，抑制自由基的形成，同时能清除自由基，预防脂质氧化，减轻色素沉着。中药茶则从身体内部调理内分泌，清除体内毒素，使脏腑功能正常，从根本上解决腺皮脂分泌过旺的问题，并向人体提供大量抗氧化剂，使形成褐斑的脂褐质氧化分解，提高溶酶体酶的活力，加速黑色素的降解，达到以内养外、消除色斑的目的。

去斑白皙茶

茶饮材料　葡萄柚、橙子各2个，柠檬半个，蜂蜜15克，红茶包1个。

泡饮方法　将葡萄柚、橙子和柠檬洗净，压出汁备用。锅中加200毫升水烧沸，加蜂蜜和果汁，搅拌均匀关火；再放入红茶包浸泡5分钟后，倒入杯中即可。

茶饮功效　此款茶饮富含维生素C，能够有效淡化色斑。

康乃馨花茶

茶饮材料　干康乃馨花3~4朵，蜂蜜适量。

康乃馨花茶

泡饮方法　锅中放水，烧至滚沸，凉凉。杯中放入干康乃馨花，用90℃左右沸水冲泡，并闷泡约3分钟后，依自己口味调入蜂蜜，搅拌均匀即可饮用。

芦荟椰果茶

茶饮材料　食用芦荟2根，椰果10克，红茶包1个，冰糖适量。

泡饮方法　将芦荟洗净，去皮取肉后切成小丁，用清水稍冲备用。将红茶包放入茶壶中，加入400毫升沸水浸泡5分钟。最后加入芦荟丁、椰果搅匀。饮用时依据个人口味加入冰糖调味即可。

茶饮功效　此款茶饮能够促进人体排出毒素，快速去痘。

苹果去痘茶

茶饮材料　苹果、红茶包各1个，橙子半个，白芷粉3克，蜂蜜适量。

泡饮方法　将苹果去皮，去核，洗净切块，放入榨汁机内打成泥状备用。橙子洗净，压出汁备用。锅中加400毫升水烧沸，放入苹果泥、橙汁与白芷粉调匀，关火后加入蜂蜜和红茶包泡5分钟，倒入杯中饮用即可。

茶饮功效　苹果能增强胃肠蠕动，排毒养颜；橙汁中的维生素C能有效淡化色斑。苹果与橙子搭配，可谓去痘、消斑的最佳搭档。

桃花消斑茶

茶饮材料　干桃花3~4朵，冬瓜仁5克，橘皮丝3根，蜂蜜适量。

泡饮方法　冬瓜仁用干锅小火炒香后，盛出凉凉备用。将干桃花、冬瓜仁、橘皮丝一起放入杯中，用沸水冲泡10分钟左右。凉凉后加入适量蜂蜜搅拌均匀即可。

玫瑰参茶

茶饮材料　干玫瑰花2克，西洋参3片，黄芪、枸杞子各5克，绿茶3克。

泡饮方法　将枸杞子、黄芪洗净，沥干备用。将干玫瑰花与绿茶混合后放入茶壶中，加入枸杞子、黄芪和西洋参片，冲入沸水后闷泡5分钟。滤渣取汁饮用即可，可反复冲饮直至味淡。

茶饮功效　此款茶饮能增强元气，提高人体免疫力，美容养颜又让人精神焕发、活力十足。

茉莉美肤茶

茶饮材料　茉莉花3克，丁香5粒，柠檬汁10毫升，蜂蜜30毫升，柠檬皮适量。

泡饮方法　将柠檬皮洗净，切成细丝备用。将茉莉花、丁香放入茶壶中，倒入300毫升沸水闷泡3分钟。加入柠檬汁、蜂蜜、切成丝的柠檬皮，充分拌匀饮用即可。

茶饮功效　此款茶饮不仅能舒缓肌肤、增强肌肤弹性、消除疲劳，还能缓解肠胃不适、头痛等症状。

七、抗衰去皱

茶叶中的儿茶素能显著提高人体SOD的活性，清除人体自由基，防止皮肤老化，强化肌肤抵抗力，防止外界环境对肌肤所引发的不适与提前出现的老化问题，延缓皮肤衰老，延缓面部皱纹的出现或减少皱纹，让肌肤保持持久紧致光滑状态。各种抗衰老的茶材中还含有维生素C、维生素E等抗氧化物质，在饮用后还可在体内呈现碱性状态，可使血液呈现弱碱性，减少乳酸、尿素的含量，改善面部皮肤松弛的状态，使皮肤恢复活力，保持弹性。此外，饮茶可降低人体血液黏稠度，有强心、杀菌、消炎等作用，有抗衰老和增加免疫力的功效。

珍珠绿茶

茶饮材料　珍珠粉10克，绿茶3克。

泡饮方法　将绿茶放入茶壶中，冲入300毫升沸水后，加盖闷泡3分钟。将茶叶滤去，加入珍珠粉调匀饮用。

茶饮功效　此款茶饮能促进肌肤细胞再生，解毒清热，抗皮肤氧化。

玲珑保健茶

茶饮材料　鼠尾草、百里香各3克，迷迭香5克，苹果半个，橙汁100毫升。

泡饮方法　将苹果洗净，切成小丁备用。将鼠尾草、百里香、迷迭香一起放入茶壶中，冲入500毫升沸水闷泡3分钟。加入苹果丁和橙汁，再浸泡2分钟后饮用即可。

茶饮功效　此款茶饮能缓解更年期各种病症，舒缓焦虑的情绪，使人心情愉快。

迷迭香草茶

茶饮材料　干玫瑰花6朵，柠檬香茅、迷迭香、柠檬罗勒各1克。

泡饮方法　将柠檬香茅、迷迭香和柠檬罗勒剪成小段备用。将剪好的茶材与干玫瑰花一起放入茶壶中，冲入700毫升沸水。闷泡2分钟后饮用即可，可反复冲饮直至味淡。

茶饮功效　此款茶饮能帮助提神、提高注意力、增强记忆力、缓解衰老。

百合花茶

茶饮材料　百合花5片，蜂蜜适量。

泡饮方法　将百合花先用沸水冲一遍后放入杯中，再冲入500毫升的沸水。浸泡约5分钟后，加入适量蜂蜜即可饮用；可回冲2~3次，回冲时需要浸泡5分钟。

茶饮功效　百合富含黏液质及维生素，对皮肤细胞新陈代谢有益，可抗皮肤衰老。

杜鹃花蜂蜜茶

茶饮材料　杜鹃花5克，蜂蜜适量。

泡饮方法　将杜鹃花先用沸水冲一遍后放入杯中，再冲入500毫升的沸水。浸泡约5分钟后，加入蜂蜜即可饮用；可回冲2~3次，回冲时需要浸泡5分钟。

茶饮功效　增加皮肤弹性，防止皱纹的产生。

龙须绞股蓝茶

茶饮材料　龙须绞股蓝2克。

泡饮方法　将龙须绞股蓝洗净放入杯中，冲入500毫升的沸水。浸泡约5分钟后，即可饮用；可回冲2~3次，回冲时需要浸泡5分钟。

茶饮功效　解除疲劳，延缓衰老。

玉兰花绿茶

茶饮材料　玉兰花3朵，绿茶、盐水各适量。

泡饮方法　将玉兰花剥瓣，置入盐水中反复清洗沥干，放入茶壶中备用。加水500毫升，煮沸，再加入绿茶。浸泡约5分钟后，即可饮用；可回冲2~3次，回冲时需要浸泡5分钟。

茶饮功效　本款茶饮香味浓烈持久，具有和气益肺的功效，经常饮用，可预防衰老。

千日红蜂蜜茶

茶饮材料　千日红花5克，蜂蜜适量。

泡饮方法　将千日红花先用沸水冲一遍放入杯中，再冲入500毫升的沸水。浸泡约5分钟后，加入蜂蜜即可饮用；可回冲2~3次，回冲时需要浸泡5分钟。

茶饮功效　可延缓衰老，防止皮肤老化。

金莲花茶

茶饮材料　金莲花5克，蜂蜜适量。

泡饮方法　将金莲花先用沸水冲一遍后放入杯中，再冲入500毫升的沸水。浸泡约5分钟后，加入蜂蜜调味即可饮用；可回冲2~3次，回冲时需浸泡5分钟。

茶饮功效　抗疲劳、防衰老。

茉莉洛神茶

茶饮材料　茉莉花5朵，洛神花3克，绿茶4克。

泡饮方法　将茉莉花和洛神花用沸水冲一遍后连同绿茶一同放入杯中，再冲入500毫升的沸水。浸泡约5分钟后，即可饮用；可回冲2次，回冲时需要浸泡5分钟。

茶饮功效　舒筋活血，平喘抗癌，延缓衰老。

千百合花茶

茶饮材料　千日红5克，百合花6克，枸杞子3克。

泡饮方法　将千日红、百合花先用沸水浸泡30秒后洗净，再连同枸杞子一同放入杯中，冲入500毫升的沸水。浸泡约10分钟后，即可饮用；可回冲3次，回冲时需要浸泡5分钟。

茶饮功效　清凉润肺，经常饮用可延缓衰老。

八、补气强身

要想身体健康，就要有充足的精、气、神。适时补充元气，是维持生命活动正常进行的保障。而中医保健茶饮对人体具有较强的滋补功效，特别适合那些体质虚弱、免疫力低下的人群饮用。中医学中，气是构成人体及维持生命活动的最根本、最微妙的物质，气的推动作用可以维持机体正常的新陈代谢，激发脏腑组织器官的功能活动，推动血液、津液的生成和运行。同时，气还是人体热量的来源，可以维持并调节人体的正常体温，保证脏腑正常。

人参大补元气茶

茶饮材料　人参片5克，麦冬、天门冬、生地黄、熟地黄各10克。

泡饮方法　将麦冬、天门冬、生地黄与熟地黄研成粗粉，与人参片一起放入砂壶中，添水适量，然后放置火炉上加热。沸腾5分钟后，关火，取汁代茶饮。汁尽则续开水冲泡，直至汤淡味无。人参片不可丢弃，最后应细嚼吃掉。此外，也可以用保温瓶冲泡以上药茶，密闭半小时后，再当茶饮用。

茶饮功效　固本培元，大补元气，增强体质。适于阴阳两亏、津血不足、体衰乏力、久咳不愈、气喘气虚、精神不振等虚弱体质人群饮用。

相关禁忌　咳喘并有火气者不宜饮用。

人参核桃补气茶

茶饮材料　人参片5克，核桃2个，生姜3片。

泡饮方法　将核桃去皮捣碎，与人参片、生姜片一起置入茶杯中，用沸水冲泡半小时后，代茶饮用。

茶饮功效　补气、强身、健脑、滋阴。适于气血不足、体质虚弱者饮用。

相关禁忌　阴虚火旺及腹泻者不宜饮用。

人参红枣补虚茶

茶饮材料　人参6克，红枣（去核）12枚。

泡饮方法　将人参切成片状，然后与红枣一起放入茶杯中，加适量沸水冲泡。浸泡半小时后，代茶饮用。人参片和红枣可以吃下。

人参红枣补虚茶

茶饮功效　补脾和胃，调营养血。适于大失血、体质虚弱等人群饮用。

相关禁忌　脾胃湿热及舌苔黄腻者不宜饮用。

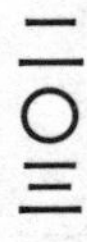

当归人参补气养血茶

茶饮材料　当归、熟地黄各9克，人参、白术、炙甘草各6克，生姜3片，红枣2枚。

泡饮方法　将上述茶材全部研成粗末，放入茶杯中，加适量沸水冲泡。盖上杯盖，浸泡半小时后，代茶饮用。

茶饮功效　补气养血，健脾养胃。适于年老五脏气血亏损、体质虚弱人群饮用。

相关禁忌　实邪湿浊阻中而胃脘窒闷甚者不宜饮用。

人参桂圆补气益心茶

茶饮材料　人参1.5克，桂圆肉2克，红枣1枚，麦门冬、茉莉花各1克，葡萄干6粒。

泡饮方法　人参和麦门冬分别切成片状，然后与桂圆肉、红枣、菊花、茉莉花、葡萄干一同放入茶杯中，加适量沸水冲泡。盖上杯盖，浸泡10分钟后，代茶饮用。

茶饮功效　补元气，益心肺，轻身延年。适于体虚、易感倦怠、四肢无力、惊悸、健忘、失眠等人群饮用。

灵芝洋参补气茶

茶饮材料　灵芝15克，西洋参10克，蜂蜜适量。

泡饮方法　灵芝和西洋参分别用清水洗净，然后一同放入茶杯中，加入适量沸水冲泡。盖上杯盖，浸泡半小时后，调入蜂蜜，代茶饮用。

茶饮功效　补气养血，扶正抗癌。适于体虚乏力、饮食减少、心脾两虚等人群饮用。

相关禁忌　有实证者不宜饮用。

党参玫瑰活血补气茶

茶饮材料　党参7克，玫瑰2克，甜叶菊1克。

泡饮方法　将上述三味茶材一同放入茶杯中，加适量沸水冲泡。盖上杯盖，浸泡20分钟后，代茶饮用。

茶饮功效　补中益气，和脾胃。适于肺脾虚弱、心悸气短、食少便溏、虚喘咳嗽等人群饮用。

相关禁忌　实证、热证患者不宜饮用。

五味枸杞强身茶

茶饮材料　五味子、枸杞、酸枣仁、百合各6克。

泡饮方法　将以上四味茶材洗净，放置于茶杯中，以适量沸水冲泡半小时后，代茶饮用即可。

茶饮功效　气血双补，增强人体免疫力，改善睡眠质量，提高记忆力。适于体质虚弱、心烦不寐、头昏多梦、记忆衰退、心肾不交等人群饮用。

相关禁忌　感冒发烧或泻痢者不宜饮用。

黄芪红枣补虚茶

茶饮材料　黄芪10克，红枣5枚，生姜3片。

泡饮方法　将黄芪切片，与红枣、姜片一同置入茶杯中，沸水冲泡半小时后，代茶饮用。

茶饮功效　扶正固本，补气补血，祛病强身。适于体质虚弱及病后调养人群饮用，可改善全身疲乏等症状。

相关禁忌　脾胃中有湿热、舌苔黄腻者不宜饮用。

黄芪益气补中茶

茶饮材料　黄芪、茯神、栝楼根、甘草、麦冬各15克，生地黄25克。

泡饮方法　将上述六味茶材研成粗末，然后放入茶杯中，加适量沸水冲泡。浸泡半小时后，代茶饮用。

茶饮功效　益气补中，养阴生津。适于体弱、形体消瘦人群饮用，可改善全身疲乏、小便次数多、口渴欲饮等症状。

相关禁忌　纳谷甚少或纳后胃脘胀者不宜饮用。

黄芪白术补气益阴茶

茶饮材料　黄芪15克，山楂、白术、防风各10克。

泡饮方法　将上述四味茶材一同放入砂锅中，加适量清水，开大火煎煮。煮沸后，

改小火继续煎煮片刻，去渣取汁，代茶饮用。

茶饮功效　补气益阴，健脾生津。适于精神不济、气虚乏力、抵抗力较差等人群饮用。

相关禁忌　体内有炎症者不宜饮用。

甘草滑石益气茶

茶饮材料　甘草（炙）4克，滑石、炙黄芪各24克。

泡饮方法　将上述三味茶材研成粉末，一同放入茶杯中，加适量沸水冲泡。盖上杯盖，浸泡半小时后，代茶饮用。

茶饮功效　益气固表，补虚解疲。适于阴阳两虚、中气不足及体弱的中老年人饮用。

相关禁忌　阴虚火旺而致的盗汗不宜饮用此茶。

首乌冬瓜滋肝养血茶

茶饮材料　何首乌30克，冬瓜皮、槐角各18克，山楂15克，乌龙茶3克。

泡饮方法　将上述五味茶材一同放入砂锅中，加适量清水煎煮。煮沸后，改小火继续煎煮20分钟，去渣取汁，代茶饮用。

茶饮功效　补益精血，滋肝养血。适于血虚头晕目眩、腰膝酸软、肠燥便秘等人群饮用。

相关禁忌　脾胃虚寒、食少便溏及孕妇不宜饮用。

首乌菟丝子滋补强身茶

茶饮材料　制首乌15克，菟丝子20克，补骨脂12克。

泡饮方法　将上述三味茶材研成粉末，然后一同放入茶杯中，加适量沸水冲泡。盖上杯盖，浸泡半小时后，代茶饮用。

茶饮功效　滋补肝肾，强身健体。适于肝肾不足、头昏目涩、精神不济、腰膝酸软等人群。

相关禁忌　阴虚火旺、阳强不痿及大便燥结者不宜饮用。

山药莲子益气补脾茶

茶饮材料　怀山药、莲子、百合各10克，银耳6克。

泡饮方法　将上述四味茶材一同放入茶杯中，加适量沸水冲泡。盖上杯盖，浸泡20分钟后，代茶饮用。

茶饮功效　益气补脾，除湿润肤。适于脾胃虚弱、营养不良所致的皮肤干燥人群饮用。

相关禁忌　大便燥结者不宜饮用。

九、滋阴补血

形体消瘦、头晕耳鸣、潮热盗汗、面色萎黄、皮肤干燥、健忘心悸、虚烦失眠……这都是阴血亏虚的表现症状。中医保健茶饮具有滋阴补血的功效，是改善以上诸种症状的妙用良方。气血运行不畅的女性容易出现体寒、腹部疼痛、贫血等症状，最常见的就是月经不调，给女性的生活带来很大的不便，有时候甚至是终身性的影响。气血运行不畅，体内容易积累"垃圾"，会出现色斑、细纹、毛孔粗大等肌肤问题，使女人的皮肤逐渐进入衰老的状态。自制的补血益气花草茶饮，可清除体内"垃圾"，保证血脉畅通，远离手冷脚冷和月经不调的困扰，可让女人气色红润，焕发容颜魅力。

人参乌梅养阴茶

茶饮材料　乌梅10克，莲子、木瓜各9克，甘草（炙）4克，人参片3克。

泡饮方法　将人参切成片状，放入茶杯中。将莲子（去心）、木瓜、甘草（炙）、乌梅一同放入砂锅中，加水煎煮。煮沸后，取汁，然后将汁液倒入茶杯中冲泡人参片。盖上杯盖，浸泡10分钟后，代茶饮用。

茶饮功效　益气养阴，生津止渴。适于脾胃阴伤、心烦不安、口渴舌干等人群饮用。

相关禁忌　脾胃湿热、胸闷、舌苔黄腻者不宜饮用。

木耳滋阴茶

茶饮材料　黑木耳、银耳各8克，冰糖适量。

泡饮方法　将黑木耳、银耳放入温水中浸泡。待泡发后，去掉杂质，用清水洗净，放入碗内，调入冰糖，加入适量清水。将碗放入蒸锅内，盖盖密封，蒸40分钟后，汤汁代茶饮用，黑木耳、银耳可食用。

茶饮功效　滋阴补肾，润肺调血。适于肾阴、肺阴亏虚者饮用。

黑木耳

相关禁忌　脾胃湿热、口中甜腻、舌苔厚腻者不宜饮用。

人参当归补血茶

茶饮材料　人参3克，当归10克，白糖适量。

泡饮方法　将当归和人参切成薄片，放入茶杯中，加适量沸水冲泡。盖上杯盖，浸泡半小时后，调入白糖，即可饮用。

茶饮功效　补益气血，活血通络，养血安神。适于气血津液不足者饮用。

相关禁忌　内蕴实热、外感实邪者不宜饮用。

女贞旱莲滋阴茶

茶饮材料　女贞子、旱莲草各10克。

泡饮方法　将上述两味茶材分别用清水洗净，然后放入茶杯中，加适量沸水冲泡。盖上杯盖，浸泡半小时后，代茶饮用。

茶饮功效　补益肝肾，滋阴止血。适于肝肾阴虚者，可改善阴虚发热、腰酸耳鸣等症状。

相关禁忌　脾胃虚寒、大便溏泄者不宜饮用。

人参枣仁滋阴补血茶

茶饮材料　人参6克，炒枣仁30克，白芍12克，当归、玉竹各10克。

泡饮方法　将上述五味茶材分别用清水洗净，然后放入砂锅中，加水煎煮。煮沸后，改小火继续煎煮10分钟，取汁，代茶饮用。

茶饮功效　益气，滋阴，补血。适于阴血不足、体虚多汗人群饮用。

相关禁忌　有实邪郁火及患有滑泄症者不宜饮用。

当归黄芪补气生血茶

茶饮材料　黄芪30克，当归6克。

泡饮方法　将上述两味茶材分别用清水洗净，然后放入茶杯中，加适量沸水冲泡。盖上杯盖，浸泡半小时后，代茶饮用。

茶饮功效　补气生血。适于气虚乏力、中气下陷、血虚萎黄等人群饮用。

相关禁忌　阴虚潮热者不宜饮用。

参芪桂圆养血茶

茶饮材料　党参、黄芪、当归、桂圆各9克。

泡饮方法　将上述四味茶材分别用清水洗净，然后一同放入茶杯中，加入适量沸水冲泡。盖上杯盖，浸泡半小时后，代茶饮用。

茶饮功效　补益心脾，养血安神。适于气血不足、体虚乏力、失眠健忘等人群饮用。

相关禁忌　痰火郁结，咳嗽痰黏者不宜饮用。

石斛洋参滋阴茶

茶饮材料　石斛30克，西洋参5克。

泡饮方法　将上述两味茶材分别用清水洗净，然后一同放入茶杯中，加适量沸水冲泡。盖上杯盖，浸泡半小时后，代茶饮用。

茶饮功效　益胃生津，滋阴清热。适于口干烦渴、食少干呕、病后虚热等人群饮用。

相关禁忌　热病早期阴未伤者，湿温病未化燥者，脾胃虚寒者，皆不宜饮用。

沙参玉竹润肺滋阴茶

茶饮材料　沙参5克，玉竹25克，菊花15克。

泡饮方法　将上述三味茶材一同放入砂锅中，加适量清水，开大火煎煮。煮沸后，改小火继续煎煮10分钟，取汁，代茶饮用。

茶饮功效　润肺滋阴，清热解毒。适于面红发热、容易口渴、小便量少颜色红黄、大便较硬等燥热上火型人群饮用。

相关禁忌　风寒咳嗽者不宜饮用。

桂圆桑葚补血茶

茶饮材料　桂圆50克，桑葚15克，蜜黄精25克。

泡饮方法　将上述三味茶材一同放入砂锅中，加适量清水，开大火煎煮。煮沸后，改小火继续煎煮10分钟，去渣取汁，代茶饮用。

茶饮功效　滋补肝肾，补血润肤。适于脸色苍白、唇色泛白、头晕目眩等人群饮用。

相关禁忌　内有痰火及湿滞停饮者不宜饮用。

枸杞生地滋补肝肾茶

茶饮材料　枸杞子5克，生地黄、绿茶各3克，冰糖适量。

泡饮方法　将上述四味茶材一同放入茶杯中，加适量沸水冲泡。盖上杯盖，浸泡20分钟后，代茶饮用。

茶饮功效　滋肝补肾，养阴清热。适于肝肾之阴不足所致的口渴烦热、盗汗、潮热者饮用。

相关禁忌　脾胃虚寒者不宜饮用。

枸杞芍药养血柔肝茶

茶饮材料　枸杞子5克，白芍、绿茶各3克，冰糖适量。

泡饮方法　将上述四味茶材一同放入茶杯中，加适量沸水冲泡。盖上杯盖，浸泡20分钟后，代茶饮用。

茶饮功效　养血柔肝，可缓解头晕目眩、心悸、失眠等症状。

相关禁忌　虚寒腹痛泄泻者不宜饮用。

桑葚桂花滋阴补血茶

茶饮材料　桑葚子1克，桂花3克，陈皮6克。

泡饮方法　将上述三味茶材一同放入茶杯中，加适量沸水冲泡。盖上杯盖，浸泡20分钟后，代茶饮用。

茶饮功效　滋阴补血，生津润肠。适于肝肾亏虚所致的头晕目眩、腰酸耳鸣、失眠多梦、津伤口渴、肠燥便秘等人群饮用。

相关禁忌　脾胃虚寒便溏者不宜饮用。

白术甘草益气生血茶

茶饮材料　白术15克，甘草、绿茶各3克。

泡饮方法　将白术和甘草一同放入砂锅中，加适量清水煎煮。煮沸后，改小火继续煎煮10分钟，然后放入绿茶，代茶饮用。

茶饮功效　健脾补肾，益气生血。适于脾胃虚弱、脾虚食少、倦怠乏力等人群饮用。

相关禁忌　阴虚燥渴、气滞胀闷者不宜饮用。

茯苓山药益气养血茶

茶饮材料　茯苓、山药各12克，莲藕100克，百合10克，红枣10枚，白糖适量。

泡饮方法　茯苓、山药、莲藕分别用清水洗净，切成片状；百合切碎；红枣用清水洗净。将此五味茶材一同放入砂锅中，加适量清水煎煮。煮沸后，去渣取汁，调入白糖，代茶饮用。

茶饮功效　补益肺脾，益气养血。适于疲劳乏力、心悸不安、失眠健忘等人群饮用。

相关禁忌　虚寒滑精、气虚下陷者不宜饮用。

旱莲红枣滋阴补血茶

茶饮材料　鲜旱莲草50克，红枣10枚。

泡饮方法　将上述两味茶材一同放入砂锅中，加适量清水煎煮。煮沸后，改小火继续煎煮10分钟，去渣取汁，代茶饮用。

茶饮功效　补益肝肾，滋阴补血。适于肝肾阴虚所致的头昏目眩、耳鸣等人群饮用。

相关禁忌　脾肾虚寒者不宜饮用。

玫瑰杞枣茶

茶饮材料　干玫瑰花 6 朵，无核大枣 3 颗，枸杞子适量。

泡饮方法　将所有的茶材洗净，大枣切半备用；干玫瑰花先用沸水浸泡 30 秒再冲净。将准备好的材料一同放入茶壶中，冲入 500~600 毫升沸水。浸泡约 3 分钟后即可饮用；可回冲 2 次，回冲时需要浸泡 5 分钟。

茶饮功效　饮用本款茶饮，可调节月经，提高身体抵抗力，使女人拥有玫瑰般的红润气色。

玫瑰葡萄茶

茶饮材料　干玫瑰花 2 朵，葡萄 10 颗，蜂蜜 20 毫升。

泡饮方法　将干玫瑰花先用沸水浸泡 30 秒后冲净放入杯中，冲入适量热水，浸泡约 1 分钟。倒入杯中，加蜂蜜搅拌即可饮用。

茶饮功效　玫瑰花补血益气；葡萄中含有丰富的维生素 C，对皮肤有很好的美白作用；蜂蜜排毒。饮用本款茶饮可补血养颜。

玫瑰洛神茶

茶饮材料　干燥玫瑰果 2 颗，干燥洛神花 1 朵。

泡饮方法　将干燥玫瑰果和洛神花先用沸水浸泡 30 秒后洗净放入壶中，再冲入 500 毫升的沸水。浸泡约 3 分钟后即可饮用；可回冲 2 次，回冲时需要浸泡 5 分钟。

茶饮功效　饮用本款茶饮可活血补血，改善体质，助消化。

月季红花茶

茶饮材料　月季花 5 朵，红花 3 克。

泡饮方法　将月季花、红花洗净放入茶壶中，冲入 500 毫升的沸水。浸泡约 3 分钟后即可饮用，每日 1 次。

茶饮功效　月季花补血益气；红花活血散瘀。饮用本款茶饮可温经通络，活血散瘀，对经常手脚冰凉、月经期腹痛有很好的疗效。

雪莲花红花茶

茶饮材料　雪莲花 10 克，红花 15 克，白酒适量。

泡饮方法　将雪莲花、红花洗净，一同放入锅中，加水浸透，煎煮至沸腾。沸腾后加入适量白酒，煎 3~5 分钟，再次沸腾，稍凉后，去渣取汁饮用。

茶饮功效　雪莲花生在极寒之地，驱寒效果极好，滋阴活血，是女性妇科良药；红花生于高原之地，驱寒暖身，活血益血。饮用本款茶饮可活血祛瘀，行气散寒，对于穿衣少，体质虚寒的女性来说，这是一道保养身体的大补之茶。

芙蓉花莲子茶

茶饮材料　芙蓉花瓣 10 克，莲子（去心）3 克，冰糖 10 克。

泡饮方法　将莲子洗净，放入锅中，加水煮至烂熟。加入芙蓉花、冰糖，再煮至沸腾即可饮用。

茶饮功效　芙蓉花凉血止血；莲子补中益气。饮用本款茶饮可清热凉血，健脾益肾，对于月经量多、经期过长、经血不止等症有很好的疗效，而且能缓解经期烦躁不安的情况。

凤仙月季花茶

茶饮材料　凤仙花 10 克，月季花 12 克。

泡饮方法　将凤仙花、月季花先用沸水浸泡 30 秒再洗净放入壶中，冲入 500 毫升的沸水。浸泡约 3 分钟后，即可饮用；可回冲 2~3 次，回冲时需要浸泡 5 分钟。

茶饮功效　凤仙花祛风除湿，活血止痛；月季花疏肝解郁，行气活血。饮用本款茶饮可行气化瘀，活血止痛。

十、开胃消食

食欲不振和饭后难消化是很多人常见的一种症状，中医认为这多是因为脾胃虚弱、肝胃不和或饮食不节造成的。茶叶中的茶多酚可以增强消化道的蠕动，有助于食物的消化，预防消化器官疾病的发生。另外，茶多酚化合物可以以薄膜状态附着在胃壁伤口上，从而对溃疡创面起到保护作用。咖啡因能提高胃液的分泌量，从而增进食欲、帮助消化、调节脂肪代谢，具有很强的解油腻功能。中药茶通过选择理气消胀、补肾健脾、温中开胃的茶材，来治疗因脾胃虚弱、饮食过多引起的消化不良、食欲不振情况，促进脾胃功能运作，从而达到开胃进食、饭后消食的效果。

葡萄柚茶

茶饮材料　葡萄柚2个，柑橘（原汁）、柠檬（原汁）、蜂蜜各适量，红茶包1包。

泡饮方法　葡萄柚榨出原汁，加热。加入适量柑橘原汁、柠檬原汁和蜂蜜，煮沸。加入红茶包，搅拌均匀，待茶温稍降即可饮用。

葡萄柚

茶饮功效　可补气血、强筋骨、健胃消食、怡神解暑。

陈皮茶

茶饮材料　陈皮50克，绿茶3克，冰糖适量。

泡饮方法　绿茶用沸水冲泡好备用。陈皮洗净，切成丝，放入杯中，冲入绿茶液，同时加入冰糖调味。

茶饮功效　有健脾开胃、消暑提神之功效。

清香和胃茶

茶饮材料　白术、茯苓、薏米、茉莉花各3克，菊花2克。

泡饮方法　将白术、茯苓、薏米洗净，沥干水分备用。锅中加水500毫升，加入白术、薏米、茯苓大火煮沸转小火，加入菊花继续煮5分钟。滤渣取汁后冲泡茉莉花即可饮用。

茶饮功效　此款茶饮主要功效为治疗因脾胃虚弱而引起的食欲不振，长期饮用对慢性肠胃炎和消化不良也有一定作用。

金橘消化茶

茶饮材料　金橘5个，酸梅1颗，绿茶3克，蜂蜜适量。

泡饮方法　将金橘、酸梅洗净；将金橘剖成两半，挤一些汁备用。将绿茶和酸梅放入容器中，用400毫升泡开，再加入金橘浸泡5分钟，最后加入蜂蜜调匀，即可饮用。

茶饮功效　金橘含大量的柠檬酸，是胃胀时化食消积、缓和消化不良的上佳选择。

理气五味茶

茶饮材料　茯苓12克，陈皮、半夏各9克，甘草3克，生姜1克，蜂蜜适量。

泡饮方法　将材料（除蜂蜜）洗净，沥干备用；姜切片备用。将锅中放入1000毫升水，放入材料（除蜂蜜），煮沸后小火焖煮5分钟。滤渣取汁，加少许蜂蜜调味。

茶饮功效　本款茶饮能理气顺肠，强脾胃，促进肠胃消化吸收。

谷芽山楂茶

茶饮材料　谷芽、山楂各10克。

泡饮方法　将山楂洗净后和谷芽一起放入锅中，加入适量清水烧开，约煮15分钟，即可。

茶饮功效　谷芽治宿食不化，胀满，泄泻，不思饮食，消食中和，健脾开胃，用于食积不化、脘腹胀痛、呕恶食臭以及脾虚食少、消化不良。山楂开胃消食。

清热健胃茶

茶饮材料　马鞭草干叶、薄荷干叶、茉莉花干蕾各1克。

泡饮方法　将马鞭草干叶、薄荷干叶和茉莉花干蕾一起放入杯中，倒入90℃热水300~500毫升，加盖闷泡5分钟饮用即可。

茶饮功效　欧洲传统香草茶之一，具有清热解毒的功效，可改善消化系统功能。

开胃茶

茶饮材料　柠檬草干叶1克，薄荷干叶0.2克，洋甘菊干蕾、甜叶菊干叶各

0.1 克。

泡饮方法　将柠檬草干叶、薄荷干叶、洋甘菊干蕾和甜叶菊干叶一起放入杯中。冲入 90℃热水 300~500 毫升，加盖闷泡 5 分钟饮用即可。

茶饮功效　饭前饮用，可开胃健脾、增强食欲。饭后饮用，可消脂解腻、促进消化。

十一、调和脾胃

中医认为，脾胃为人体“后天之本”。如果脾胃的运化功能出了问题，就会直接影响到营养物质的吸收，从而对人体的健康产生影响。平时喝一些调和脾胃的茶饮，可为身体的健康保驾护航。有开胃消食作用的茶一般不宜空腹喝，最好在饭后喝，量不宜过大，可一天分 2 次喝。

调理脾胃在饮茶的同时，还要注意不要吃冷饮，晚餐不要吃太饱，晚饭与睡觉之间要间隔 3 小时左右，最好晚饭半小时后进行快走或者慢跑运动。

陈皮健胃茶

茶饮材料　陈皮 15 克，白糖适量。

泡饮方法　将陈皮用清水洗净，撕成小块儿，放入茶杯中，加沸水冲泡。盖上杯盖，浸泡半小时后，去渣，调入白糖，代茶饮用。

茶饮功效　降逆止呕，燥湿化痰，理气调中，能有效改善脘腹胀痛、食欲不振等症状。

相关禁忌　气虚、阴虚者不宜饮用。

薏米桑叶健脾茶

茶饮材料　薏米 30 克，桑叶、蒲公英各 10 克，白糖和食盐适量。

泡饮方法　上述前三味茶材分别用清水洗净，薏米洗净后浸泡 10 分钟。然后将三者一同放入砂锅中，加水煎煮。半小时后，去渣取汁，调入白糖和食盐，代茶饮用。

茶饮功效　不仅能清热解毒，健脾除湿，还能润肤养颜，适合女性饮用。

相关禁忌　非实热之证及阴疽者不宜饮用。

桂枝芍药健脾暖胃茶

茶饮材料　桂枝、芍药、甘草各 33 克，红枣 1 枚。

泡饮方法　将上述几味茶材一同放入茶杯中，加适量沸水冲泡。盖上杯盖，浸泡20分钟后，代茶饮用。

茶饮功效　补虚暖胃，止呕止泻。适于肠胃功能较弱、易腹泻、食欲不振、便溏者饮用。

相关禁忌　肠燥便秘者不宜饮用。

人参黄连益脾茶

茶饮材料　人参、黄连各3克，白术、干姜、甘草（炙）各9克。

泡饮方法　将上述五味茶材研成粗末，装入纱布袋内，扎紧袋口。然后将纱布袋放入茶杯中，加适量沸水冲泡。盖上杯盖，浸泡半小时后，代茶饮用。

茶饮功效　温中驱寒，益脾气，清肝火。适于脾胃虚寒兼有肝火者饮用。

相关禁忌　阴虚火旺及胃火旺盛者不宜饮用。

银花莲子健脾茶

茶饮材料　金银花10克，莲子20克，红糖适量。

金银花

泡饮方法　将莲子研成粗末，然后与金银花和红糖一同放入砂锅中，加水煎煮。煮沸后，将汁液置于茶杯中，代茶饮用。

茶饮功效　益肾健脾，解毒止痢。适于因久痢不愈而致的体弱乏力、脾肾两虚人群饮用。

相关禁忌　痢疾初起腹痛里急、舌苔厚腻者不宜饮用。

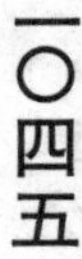

桂枝甘草温中补虚茶

茶饮材料　桂枝8克，炙甘草6克，白芍16克，生姜5克，红枣5枚，饴糖适量。

泡饮方法　将上述五味茶材一同放入砂锅中，加水煎煮。煮沸后，改小火继续煎煮10分钟，取汁，调入饴糖，代茶饮用。

茶饮功效　补脾和胃，温中散寒。适于脾胃虚弱、四肢厥冷、倦怠乏力等人群饮用。

相关禁忌　阴虚火旺者不宜饮用。

人参陈皮和胃茶

茶饮材料　人参4克，陈皮3克，红枣10枚。

泡饮方法　将人参和红枣分别用清水洗净，然后与陈皮一同放入砂锅内，加入适量清水煎煮。煮沸后，去渣取汁，代茶饮用。

茶饮功效　益气生津，调和脾胃。适于脾胃虚弱、饮食减少、消化不良、大便泄泻等人群饮用。

相关禁忌　气虚体燥、阴虚燥咳、吐血及内有实热者不宜饮用。

沙参麦冬养胃茶

茶饮材料　北沙参、麦冬、玉竹各9克，生地黄6克。

泡饮方法　将上述四味茶材分别用清水洗净，然后一同放入茶杯中，加适量沸水冲泡。盖上杯盖，浸泡半小时后，代茶饮用。

茶饮功效　清热养阴，益胃生津。适于胃阴虚津液不足人群饮用，可缓解咽干口渴症状。

相关禁忌　脾胃虚寒泄泻，胃有痰饮湿浊及暴感风寒咳嗽者不宜饮用。

太子参养胃健脾茶

茶饮材料　太子参、乌梅各15克，甘草3克。

泡饮方法　将上述三味茶材分别用清水洗净，然后一同放入茶杯中，冲入适量沸水。盖上杯盖，浸泡半小时后，即可饮用。

茶饮功效　养胃健脾，益气生津。适于脾气虚弱、胃阴不足的食少倦怠人群饮用。

相关禁忌　表实邪盛者不宜饮用。

丁香柿蒂暖胃茶

茶饮材料　丁香5克，柿蒂9克，党参、生姜各10克。

泡饮方法　将上述四味茶材分别用清水洗净，然后一同放入砂锅中，加水煎煮。煮沸后，去渣取汁，代茶饮用。

茶饮功效　温中暖胃，降逆止呕。适于寒性胃痛、反胃呕逆、口臭等人群饮用。

相关禁忌　热性病及阴虚内热者不宜饮用此茶。

白术茯苓益气健脾茶

茶饮材料　白术、茯苓、人参各10克，甘草（炙）6克。

泡饮方法　将上述四味茶材分别用清水洗净，然后一同放入茶杯内，加适量沸水冲泡。盖上杯盖，浸泡半小时后，即可饮用。

茶饮功效　益气健脾，利水渗湿，宁心安神。适于呕逆、泄泻、小便不利、水肿胀满等人群饮用。

相关禁忌　血虚或实热病证者不宜饮用。

佛手姜糖健胃和中茶

茶饮材料　佛手、生姜各10克，红糖适量。

泡饮方法　将佛手和生姜一同放入砂锅中，加适量清水，开大火煎煮。煮沸后，改用小火继续煎煮5分钟，最后调入红糖，代茶饮用。

茶饮功效　疏肝理气，健胃和中。适于肝胃气滞、胁肋、脘腹胀痛、呕逆少食等人群饮用。

相关禁忌　阴虚血燥、气无郁滞者不宜饮用。

槟榔消食茶

茶饮材料　槟榔10克。

泡饮方法　将槟榔饮片放入茶杯中，加适量沸水冲泡。盖上杯盖，浸泡半小时后，代茶饮用即可。

茶饮功效　驱虫，消积，下气，行水。适于脘腹胀痛、泻痢后重、食滞等人群

槟榔

饮用。

相关禁忌　孕妇、脾虚便溏或气虚下陷者不宜饮用。

桂花开胃消食茶

茶饮材料　新鲜桂花5克，红茶3克，白糖适量。

泡饮方法　将桂花用清水洗净，然后与红茶一同放入茶杯中，加适量沸水冲泡。盖上杯盖，浸泡20分钟后，调入白糖，即可饮用。

茶饮功效　开胃消食，理气止痛，温中散寒。适于虚寒胃痛人群饮用。

相关禁忌　胃火炽盛者不宜饮用。

陈醋开胃消食茶

茶饮材料　陈醋适量，绿茶3克。

泡饮方法　将绿茶放入茶杯中，加适量沸水冲泡。盖上杯盖，浸泡10分钟后，调入陈醋，即可饮用。

茶饮功效　开胃消食，可预防和治疗肠炎。

相关禁忌　脾胃湿盛、外感初起及胃溃疡和胃酸过多者不宜饮用。

红花陈皮消食茶

茶饮材料　干红花2克，陈皮5克。

泡饮方法　将红花用清水洗净，沥干水分，然后与陈皮一同放入茶杯中，加适量沸水冲泡。盖上杯盖，浸泡半小时后，代茶饮用。

茶饮功效　理气健脾，消食导滞。适于胸腹胀满、消化不良、恶心呕吐等人群饮用。

相关禁忌　孕妇、气虚体燥、阴虚燥咳、吐血及内有实热者不宜饮用。

十二、补益肝肾

肝藏血，肾藏精，二者对维护人体健康有着重要作用。中医保健茶饮具有补益肝肾的功效，可改善因肝肾功能不足（精血虚少）所致的头昏目眩、目干、容易疲劳、失眠多梦、腰膝酸痛、肢体麻木、夜尿频多，或阳痿、精冷、妇女带下、年老体弱便秘等症。

灵芝甘草益肝茶

茶饮材料　灵芝10克，甘草8克。

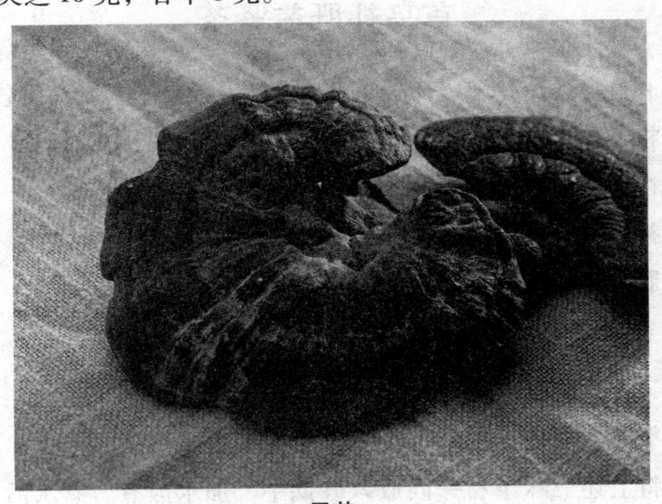

灵芝

泡饮方法　将上述两味茶材研成粉末，放入茶杯中，加适量沸水冲泡。盖上杯盖，浸泡半小时后，代茶饮用。

茶饮功效　补益肝气，保肝强身。适于慢性迁延性肝炎或肝炎病毒感染者饮用。

相关禁忌　慢性活动性肝炎患者不宜饮用。

佛手疏肝理气茶

茶饮材料　佛手干品10克。

泡饮方法　将佛手放入茶杯中，加适量沸水冲泡。浸泡半小时后，代茶饮用。

茶饮功效　疏肝理气，和胃化痰。可缓解由肝胃不和引起的恶心呕吐、咳痰等症状。

相关禁忌　阴虚见舌红少苔、口干者不宜饮用。

首乌补益肝肾茶

茶饮材料　何首乌5克，丹参、芦荟、绿茶各3克，红枣（去核）2颗。

泡饮方法　将何首乌、丹参、芦荟研成粗末，放入纱布袋中，扎紧袋口。然后将纱布袋、红枣、绿茶一同放入茶杯中，加适量沸水冲泡。盖上杯盖，浸泡半小时后，代茶饮用。

茶饮功效　补肝益肾，安神宁心，还可美容养颜，适于女性饮用。

相关禁忌　大便溏泄、有湿痰者不宜饮用。

首乌补肝益肾茶

茶饮材料　制首乌、菟丝子、怀牛膝、熟地黄、桑葚子、女贞子各9克。

泡饮方法　将上述六味茶材一同放入茶杯中，加适量沸水冲泡。盖上杯盖，浸泡半小时后，代茶饮用。

茶饮功效　补肝益肾，强筋健骨。适于久病后肝肾阴虚人群饮用。

相关禁忌　肝肾湿热、小便浊而色赤者不宜饮用。

桑叶菊花清肝茶

茶饮材料　桑叶、白菊花各10克，甘草3克，适量白糖。

泡饮方法　将上述三味茶材一同放入砂锅中，加水煎煮。煮沸后，改小火继续煎煮5分钟，去渣取汁，调入白糖，即可饮用。

茶饮功效　清肝明目，清肺润喉。可缓解头痛眩晕、目赤肿痛等症状。

相关禁忌　肝燥者不宜饮用。

山药固肾益精茶

茶饮材料　新鲜的山药200克。

泡饮方法　将山药用清水洗净，去皮，切成片状。然后将其放入砂锅中，加水煮熟后，关火。浸泡半小时后，代茶饮用，同时吃熟山药片。

茶饮功效　补脾健胃，固肾益精。适于脾胃虚弱及津亏燥热人群饮用。

相关禁忌　湿盛中满或有实邪、积滞者不宜饮用。

丹参山楂保肾茶

茶饮材料　丹参 15 克，黄芪、山楂各 10 克。

泡饮方法　将上述三味茶材一同放入茶杯中，加适量沸水冲泡。盖上杯盖，浸泡半小时后，代茶饮用。

茶饮功效　补中益气，养血安神，补肾强身。适于气虚乏力、心悸失眠、脾胃虚弱、食欲不振等人群饮用。

相关禁忌　表实邪盛及阴虚阳亢者不宜饮用。

首乌补肾益精茶

茶饮材料　何首乌 8 克，地骨皮、茯苓各 5 克，生地黄、熟地黄、天门冬、麦冬、人参各 3 克。

何首乌

泡饮方法　将上述茶材一同放入茶杯中，加适量沸水冲泡。盖上杯盖，浸泡半小时后，代茶饮用。

茶饮功效　补肾益精，益寿延年。适于体质虚弱及肾虚精亏的中老年人饮用。

相关禁忌　饮食呆滞、脘腹饱胀者不宜饮用。

甘草清肝解热茶

茶饮材料　甘草 12 克，溪黄草 30 克，酢浆草 10 克。

泡饮方法　将上述三味茶材研成粉末，放入茶杯中，加适量沸水冲泡。盖上杯盖，浸泡半小时后，代茶饮用。

茶饮功效　清热利湿，退黄散瘀，清肝明目。可促进肝脏的血液循环和肝细胞的再生。

相关禁忌　凝血机制障碍者不宜饮用。

香附麦冬和肝茶

茶饮材料　香附8克，麦冬、白芍、当归各10克。

泡饮方法　将上述四味茶材一同放入茶杯中，加适量沸水冲泡。盖上杯盖，浸泡半小时后，代茶饮用。

茶饮功效　养血益阴，和肝理气，调经止痛。适于肝郁气滞，胸胁、脘腹胀痛及月经不调等人群饮用。

相关禁忌　实热证者不宜饮用。

枸杞洋参补肾茶

茶饮材料　枸杞子20克，西洋参10克，冰糖适量。

泡饮方法　将枸杞子用清水洗净，去掉杂质备用；西洋参切成薄片备用；冰糖捣碎。然后将枸杞子、西洋参和冰糖一同放入砂锅中，加水煎煮。煮沸后，代茶饮用。

茶饮功效　滋阴补肾。适于肝肾亏虚人群饮用，可改善腰膝酸软、阳痿遗精、虚劳咳嗽等症状。

相关禁忌　外邪实热、脾虚有湿及泄泻者不宜饮用。

熟地当归益肾茶

茶饮材料　熟地黄9克，当归、菊花各3克，枸杞子5克。

泡饮方法　将上述四味茶材分别用清水洗净，然后一同放入茶杯中，加适量沸水冲泡。盖上杯盖，浸泡半小时后，代茶饮用。

茶饮功效　滋阴补血，益肾明目。适于肾阴不足、血虚萎黄、心悸失眠等人群饮用。

相关禁忌　气滞痰多、脘腹胀痛、食少便溏者不宜饮用。

熟地黄

五子滋肝补肾茶

茶饮材料　枸杞子、菟丝子、五味子、车前子各5克，覆盆子3克。

泡饮方法　将上述五味茶材研成粗末，放入砂锅中，加水煎煮。煮沸后，改小火继续煎煮10分钟，取汁，代茶饮用。

茶饮功效　补肾益精，养肝明目。适于肝肾不足人群饮用，可有效改善阳痿遗精、腰膝酸软等症状。

相关禁忌　痰湿素盛或下焦湿热者不宜饮用此茶。

二子滋补肝肾茶

茶饮材料　女贞子、枸杞子各30克。

泡饮方法　将上述两味茶材分别用清水洗净，然后一同放入茶杯中，加适量沸水冲泡。盖上杯盖，浸泡半小时后，代茶饮用。

茶饮功效　补益肝肾，乌须明目。适于肝肾阴虚、腰酸耳鸣、须发早白等人群饮用。

相关禁忌　脾胃虚寒泄泻及阳虚者不宜饮用。

青皮红花疏肝茶

茶饮材料　青皮、红花各10克。

泡饮方法　将上述两味茶材分别去掉杂质，用清水洗净，沥干水分。青皮切成细丝备用。将青皮和红花一同放入砂锅中，加入适量清水浸泡半小时。然后开火煎煮，半小时后关火，去渣取汁，代茶饮用。

茶饮功效　疏肝解郁，行气活血，消积化滞。适于胸胁脘胀痛、食积气滞人群饮用。

相关禁忌　孕妇及气虚者不宜饮用。

夏枯草桑叶清肝茶

茶饮材料　夏枯草、野菊花、山栀子、茵陈、溪黄草各 15 克，桑叶、车前子、黄芩各 10 克。

泡饮方法　将上述各味茶材分别用清水洗净，一同放入砂锅中，加水煎煮。煮沸后，改小火继续煎煮半小时，去渣取汁，代茶饮用。

茶饮功效　清肝明目，散结解毒。适于肝胆湿热证人群饮用，可缓解头痛、烦躁、口苦、小便黄等症状。

相关禁忌　脾胃虚弱者不宜饮用。

十三、润肺理气

肺主气司呼吸，主行水，朝百脉，主治节。肺气以宣发肃降为基本运行形式，在五脏六腑中位置最高，覆盖诸脏，故有“华盖”之称。肺叶娇嫩，不耐寒热燥湿诸邪之侵；肺又上通鼻窍，外合皮毛，与自然界息息相通，易受外邪侵袭，故又有“娇脏”之称。因此，润肺是呵护肺脏、维系人体健康的前提。选择具有润肺理气功效的保健茶饮，能够轻轻松松地为身体的健康加分。

杏仁芝麻止咳茶

茶饮材料　甜杏仁 8 克，黑芝麻 10 克，冰糖适量。

泡饮方法　将黑芝麻用清水洗净，去掉杂质，放入锅中，用小火炒香。甜杏仁用清水洗净，晒干备用。然后将黑芝麻和甜杏仁放在一起，研成粗末，放入茶杯中，加入适量沸水冲泡。盖上杯盖，浸泡半小时后，调入冰糖即可。

茶饮功效　止咳平喘，降气化痰。适于虚劳咳嗽气喘、心腹逆闷等人群饮用。

相关禁忌　阴虚咳嗽、大便溏泄者不宜饮用此茶。

杏仁桑叶润肺茶

茶饮材料　杏仁、桑叶、菊花各8克，白糖适量。

泡饮方法　将上述三味茶材分别用清水洗净，沥干水分，然后一同放入砂锅中，加水煎煮。煮沸后，改小火继续煎煮5分钟，去渣取汁，调入白糖，代茶饮用。

茶饮功效　润肺止咳，祛痰平喘，还可预防便秘，改善肌肤。

相关禁忌　肝燥者不宜饮用。

百合清火润肺茶

茶饮材料　百合花6克。

泡饮方法　将百合花放入茶杯中，加适量沸水冲泡。盖上杯盖，浸泡20分钟后代茶饮。

茶饮功效　润肺止咳，清心安神。适于肺热或肺燥咳嗽、失眠多梦等人群饮用。

相关禁忌　风寒咳嗽、虚寒出血、脾胃不佳者不宜饮用。

胖大海清热润肺茶

茶饮材料　胖大海2枚。

胖大海

泡饮方法　胖大海用清水洗净，然后放入茶杯中，加适量沸水冲泡。盖上杯盖，浸泡半小时后，代茶饮用。

茶饮功效　清热润肺，利咽解毒，润肠通便。适于肺热声哑、干咳无痰、咽喉干痛、便秘等人群饮用。

相关禁忌　脾虚寒泻者不宜饮用。

罗汉果润肺利咽茶

茶饮材料　罗汉果1枚，绿茶3克。

泡饮方法　将罗汉果敲碎，把里面的果瓤取出来，切碎，然后与绿茶一同放入茶杯中，加适量沸水冲泡。盖上杯盖，浸泡半小时后，代茶饮用。

茶饮功效　清热润肺，止咳利咽。适于肺火燥咳、咽痛失音、肠燥便秘等人群饮用。

相关禁忌　外感及肺寒咳嗽者不宜饮用。

橘红润肺理气茶

茶饮材料　橘红6克，绿茶3克。

泡饮方法　将上述两味茶材一同放入砂锅中，加适量清水，开大火煎煮。煮沸后，改小火继续煎煮5分钟，代茶饮用。

茶饮功效　润肺消痰，理气止咳。适于风寒咳嗽痰多、黏而咳痰不爽等人群饮用。

相关禁忌　阴虚燥咳、久嗽气虚者不宜饮用。

麦冬桑叶润肺清心茶

茶饮材料　麦冬、贝母、霜桑叶各9克。

泡饮方法　贝母捣烂备用。将此三味茶材一同放入茶杯中，加适量沸水冲泡。盖上杯盖，浸泡半小时后，代茶饮用。

茶饮功效　清肺化痰，养阴生津。适于肺燥干咳、津伤口渴、心烦失眠、肠燥便秘等人群饮用。

相关禁忌　中焦虚寒或寒痰水湿所致咳嗽者不宜饮用。

珠贝麦冬清热润肺茶

茶饮材料　珠贝、麦冬各10克，沙参8克，款冬花6克。

泡饮方法　将四味茶材分别用清水洗净，然后一同放入茶杯中，加适量沸水冲泡。盖上杯盖，浸泡半小时后，代茶饮用。

茶饮功效　清热养阴，润肺止咳。适于干咳无痰、质地微稠不易咳出或有血丝及心烦失眠、肠燥便秘等人群饮用。

相关禁忌　脾胃虚寒泄泻者不宜饮用。

贝母百部润肺止咳茶

茶饮材料　贝母、地骨皮、桑白皮各10克，百部6克。

泡饮方法　将上述四味茶材一同放入砂锅中，加适量清水煎煮。煮沸后，改小火继续煎煮半小时，取汁，代茶饮用。

茶饮功效　清肺热，止咳平喘。适于痰量多、颜色较黄、质地黏稠的热咳人群饮用。

相关禁忌　脾胃虚寒及寒痰、湿痰者不宜饮用。

橄榄竹叶清肺润喉茶

茶饮材料　鲜橄榄5克，竹叶、绿茶各3克，乌梅2枚，白糖适量。

鲜橄榄

泡饮方法　将前四味茶材一同放入砂锅中，加适量清水煎煮。煮沸后，改小火继续煎煮5分钟，取汁，最后调入白糖，代茶饮用。

茶饮功效　清肺利咽，生津止渴。适于肺胃热盛、咽喉肿痛、胃热口渴等人群饮用。

相关禁忌　脾胃虚寒及大便燥结者不宜饮用。

鱼腥草连翘清热泻肺茶

茶饮材料　鱼腥草5克，连翘、厚朴、绿茶各3克。

泡饮方法　将上述四味茶材一同放入茶杯中，加适量沸水冲泡。盖上杯盖，浸泡20分钟后，代茶饮用。

茶饮功效　清热解毒，润肺，下气平喘。适于肺热咳嗽、热结便秘等人群饮用。

相关禁忌　虚寒证及阴性外疡者不宜饮用。

百合菊花滋阴润肺茶

茶饮材料　百合花4朵，杭白菊5朵，蜂蜜适量。

泡饮方法　将百合花、杭白菊分别用清水洗净，然后一同放入茶杯中，加适量沸水冲泡，盖上杯盖，浸泡10分钟，最后调入蜂蜜代茶饮用。

茶饮功效　滋阴润肺，清心安神。适于肺燥、肺热咳嗽、失眠多梦等人群饮用。

相关禁忌　脾胃虚寒、腹泻者不宜饮用。

二参麦冬润肺养阴茶

茶饮材料　北沙参、玉竹、麦冬各10克，西洋参5克，蜂蜜适量。

泡饮方法　将前四味茶材一同放入茶杯中，加适量沸水冲泡。盖上杯盖，浸泡半小时后，调入蜂蜜，代茶饮用。

茶饮功效　养阴润肺，生津止渴。适于阴虚内热所致的久咳、干咳少痰、咽喉干燥疼痛、口干口渴者饮用。

相关禁忌　风寒感冒咳嗽及肺寒白痰多者不宜饮用。

荸荠雪梨润肺生津茶

茶饮材料　荸荠、甘蔗各300克，雪梨2个。

泡饮方法　将上述三味茶材分别去皮，然后放入榨汁机内，榨取汁液，代茶饮用。

茶饮功效　润肺生津，利尿通淋。适于肺阴不足所致的咳嗽、咽痛口干、小便不畅者饮用。

相关禁忌　脾胃虚弱、腹泻者不宜饮用。

银耳冰糖滋阴润肺茶

茶饮材料　银耳3克，冰糖适量。

泡饮方法　将上述两味茶材一同放入砂锅中，加水煎煮。煮沸后，改小火继续煎煮5分钟，去渣取汁，代茶饮用。

茶饮功效　滋阴润肺，镇咳化痰。适于阴虚火旺所致的虚热口渴、咳嗽、大便秘结等人群饮用此茶。

相关禁忌　外感风寒者不宜饮用。

十四、清热降火

火气是人体最重要的能量之源，在正常状态下常常是阳多阴少，阳气对人体来说可以称之为正气，但任何事都是过犹不及，当自然界阳气生发或者自身调节功能失常时，可能会导致阳气过多过盛，从而使人体各器官系统里的火力过大，让正气变成毒气，引起上火，最终会损害人体各系统的功能。人体阴阳失衡，内火旺盛，就会出现口苦口干、喜食冷饮、口腔溃疡、小便黄、大便干结等症状。中药茶从调理人体的心、胃、肝、肺、肾等多个脏器入手，清热凉血，清除各个脏器内的燥火、热火，保证人体脏腑的整体运转，提高人体抵抗力，从而治疗上火引起的各种症状。

板蓝根降火解毒茶

茶饮材料　板蓝根13克，黄连6克，黄柏、黄芪各4克，金银花3克，白糖、食盐各适量。

板蓝根

泡饮方法　将上述前五味茶材一同放入砂壶中，用小火煎煮半小时。然后去渣取汁，放入适量白糖和食盐，搅拌均匀后，代茶饮用。

茶饮功效　燥湿消肿，凉血利咽。适于咽喉肿痛、温病发热、痈肿疮毒等患者饮用。

相关禁忌　肝脏虚寒者不宜饮用。

金银花清热解毒茶

茶饮材料　金银花、山栀子、茵陈、枳壳、山楂、蒲公英各 15 克，木棉花、火炭母、扁豆各 30 克，槐花、藿香各 10 克。

泡饮方法　将上述茶材一同放入砂锅中，加水煎煮。盖上杯盖，浸泡半小时后，去渣取汁，代茶饮用。

茶饮功效　清热解毒。适于肠胃湿热证，可促进消化，缓解腹胀、腹痛、口臭等症状。

相关禁忌　脾胃虚寒、疮疡属阴证者不宜饮用。

薄荷菊花清火茶

茶饮材料　薄荷 5 克，菊花 10 克，枸杞 15 克，天麻 3 克。

茶饮材料　将上述四味茶材一同放入纱布袋中，扎紧袋口，再放入茶杯中，加入适量沸水冲泡。盖上杯盖，浸泡 10 分钟后，代茶饮用。

茶饮功效　有解毒消肿、清火安神的作用。适于便秘、失眠人群饮用，可缓解心烦不安、口苦耳鸣的症状。

相关禁忌　气虚畏寒、表虚汗多者不宜饮用。

茅根竹蔗清热茶

茶饮材料　白茅根 150 克，竹蔗 500 克。

泡饮方法　将竹蔗用清水洗净，去皮，切成片状，然后与白茅根一起放入砂锅中，加水煎煮。煮沸后，改小火继续煎煮 20 分钟，去渣取汁，代茶饮用。

茶饮功效　润肺生津，清肝和胃。适于肝炎、膀胱炎等热证人群饮用。

相关禁忌　虚寒出血、呕吐、小便多不渴者不宜饮用。

麦冬连翘降火茶

茶饮材料　麦冬、淮山各10克，连翘、山楂、金银花、芦根、火炭母、山栀子各8克，淡竹叶5克，灯芯花5扎。

泡饮方法　在砂锅中放入适量清水，大火煮沸，然后将上述茶材一同放入砂锅中，开火煎煮至沸腾，再改小火继续煎煮20分钟，去渣取汁，代茶饮用。

茶饮功效　降肝火，解烦安神。可缓解烦躁易怒、食欲不振、大便硬、口臭等症状。

相关禁忌　此款茶饮不宜大量、长期饮用。

板蓝根清热解毒茶

茶饮材料　板蓝根8克，生甘草2克。

泡饮方法　将上述两味茶材用清水洗净，放入茶杯中，加适量沸水冲泡。盖上杯盖，浸泡半小时后，代茶饮用。

茶饮功效　清热解毒，凉血利咽。适于感冒发热、咽喉肿痛等人群饮用。

相关禁忌　体虚而无实火热毒者不宜饮用。

黄柏甘草清热茶

茶饮材料　黄柏10克，生甘草3克。

泡饮方法　将上述两味茶材分别用清水洗净，然后放入茶杯中，加适量沸水冲泡。盖上盖浸泡半小时后，代茶饮用。

茶饮功效　清热燥湿，泻火解毒。适于湿热泻痢、黄疸、盗汗、疮疡肿毒人群饮用。

相关禁忌　脾虚泄泻、胃弱食少者不宜饮用。

麦冬地骨清热茶

茶饮材料　麦冬、地骨皮、红枣各15克。

泡饮方法　将上述三味茶材分别用清水洗净，然后放入砂锅中，加水煎煮。煮沸后，取汁，代茶饮用。

茶饮功效　清热凉血，生津止渴。适于内热消渴、肠燥便秘、津伤口渴等人群饮用。

相关禁忌　脾胃虚寒泄泻、胃有痰饮湿浊及暴感风寒咳嗽者不宜饮用。

地骨皮

菊槐清肝降火茶

茶饮材料　菊花、槐花、绿茶各 3 克。

泡饮方法　将菊花和槐花用清水洗净，沥干水分，与绿茶一同放入茶杯中，加适量沸水冲泡。盖上杯盖浸泡 20 分钟后，代茶饮用。

茶饮功效　清肝降火，止渴除烦。适于肝热目赤、头痛眩晕等人群饮用。

相关禁忌　脾胃虚寒及阴虚发热而无实火者不宜饮用。

连翘甘草清心泻火茶

茶饮材料　连翘 5 克，甘草 2 克。

泡饮方法　将上述两味茶材一同放入茶杯中，加适量沸水冲泡。盖上杯盖，浸泡 20 分钟后，代茶饮用。

茶饮功效　清心泻火，解毒去痘。适于青春期痤疮、面部油腻、口舌尖红等人群饮用。

相关禁忌　脾胃虚寒或气虚疮疡脓稀者不宜饮用。

黄花金针泻火强心茶

茶饮材料　金针菜、山楂各3克，枸杞子6克，山药、绿茶各1克。

泡饮方法　将上述五味茶材一同放入茶杯中，加适量沸水冲泡。盖上杯盖，浸泡10分钟，代茶饮用。

茶饮功效　滋补肝肾，泻火强心。适于肝肾阴虚、虚热上扰所致的目赤、咽喉肿痛等人群饮用，有较好的辅助疗效。

相关禁忌　脾胃虚寒大便泄泻者不宜饮用。

黄连泻火解毒茶

茶饮材料　黄连0.5克，绿茶3克，白糖适量。

泡饮方法　将黄连和绿茶一同放入茶杯中，加适量沸水冲泡。盖上杯盖，浸泡15分钟后，调入白糖，代茶饮用。

茶饮功效　泻火解毒，燥湿抗菌。适于热病心烦、发烧、菌痢、咽喉肿痛、目赤、口腔溃烂等人群饮用。

相关禁忌　脾胃虚寒、苦燥伤津、阴虚津伤者不宜饮用。

黄连甘草清心除烦茶

茶饮材料　黄连0.5克，甘草5克，朱砂2克，绿茶3克。

泡饮方法　将黄连、朱砂一同放入砂锅中，加适量沸水煎煮。煮沸后，取汁，然后用汁液冲泡甘草和绿茶。浸泡15分钟后，代茶饮用。

茶饮功效　清心除烦，泻火解毒。适于心火亢盛、心烦、心热、热病呕吐等人群饮用。

相关禁忌　脾胃虚寒者不宜饮用。

知母黄连清热降火茶

茶饮材料　知母、绿茶各3克，黄连0.5克，冰糖适量。

泡饮方法　将知母和黄连一同放入砂锅中，加适量清水煎煮。煮沸后，取汁，然后用汁液冲泡绿茶，最后调入冰糖，代茶饮用。

茶饮功效　清热除湿，养阴降火。适于阴虚火旺所致的低热、盗汗等人群饮用。

相关禁忌　脾虚便溏者不宜饮用。

黄柏赤芍清热止痢茶

茶饮材料　黄柏0.5克，赤芍、绿茶各3克。

泡饮方法　将黄柏和赤芍一同放入砂锅中，加适量清水煎煮。煮沸后，取汁，然后用汁液冲泡绿茶。浸泡15分钟后，代茶饮用。

茶饮功效　清热燥湿，泻火解毒。适于湿热泻痢、黄疸、口舌生疮、目赤肿痛等人群饮用。

相关禁忌　脾虚泄泻，胃弱食少者不宜饮用。

黄柏知母清热降火茶

茶饮材料　黄柏0.5克，知母、茉莉花茶各3克。

泡饮方法　将黄柏和知母一同放入砂锅中，加适量清水煎煮。煮沸后，取汁，然后用汁液冲泡茉莉花茶。浸泡15分钟后，代茶饮用。

茶饮功效　清热除湿，养阴降火。适于热病痢疾、遗精、赤白带下等人群饮用。

相关禁忌　脾胃虚寒泄泻者不宜饮用。

十五、消除疲惫

茶叶中含有的抗疲劳物质（咖啡因、茶褐素、茶多糖以及茶蛋白）能有效地减少体内蛋白质和含氮化合物的分解，降低血清尿素氮的形成，提高肝糖原和肌糖原的贮备能力，排除尿液中的过量乳酸，从而提高机体的耐力和速度，有助于使人体尽快消除疲劳。传统茶、花茶、药茶在冲泡后会散发出一种清幽的香味，这种香味通过嗅觉作用于大脑皮层，可减轻精神疲劳引起的各种症状，消除疲劳感。另外还含有各种抗氧化物质，能提高人体免疫力和大脑供氧量，从而缓解疲劳引起的头晕、头痛、懒动等症状。缓解疲劳的茶饮浓度不宜过高。清晨起床后喝一杯，可以让一天神清气爽。下午饮一杯，可以去除半天工作的劳累，舒展精神。

五子清心茶

茶饮材料　黑豆、浮小麦各30克，莲子、黑枣各7颗，松子仁5克，冰糖适量。

泡饮方法　将黑豆、莲子、黑枣洗净，沥干后放入锅中，加入浮小麦、松子仁，与600毫升水，一同煮沸。加入冰糖调匀，再闷20分钟，代茶饮用即可。

功效解析：此款茶饮能补心、止烦除热、益气清心，使人头脑清新，神清气爽。

洛神紫罗兰茶

茶饮材料　紫罗兰、洛神花各3克，冰糖适量。

紫罗兰

泡饮方法　将紫罗兰和洛神花放入茶壶中，用350毫升沸水冲泡。闷5分钟后依据个人口味加入适量冰糖即可。

茶饮功效　此款茶饮有兴奋神经、提神、改善忧郁等作用。

西洋参黄芪茶

茶饮材料　西洋参12克，黄芪20克，红枣3颗。

泡饮方法　将西洋参切成小片；红枣洗净，沥干后与黄芪一起放入茶壶中，加入适量沸水冲泡。闷泡5~10分钟后饮用即可，可反复冲泡至味淡。

茶饮功效　此款茶饮日常饮用可消除疲劳，增加活力。

迷迭香罗勒茶

茶饮材料　迷迭香3克，罗勒叶2克，蜂蜜适量。

泡饮方法　将迷迭香、罗勒叶用清水洗净，用沸水浸泡约30秒放入杯中，再冲入500毫升的沸水。浸泡约5分钟后即可饮用。可回冲2次，回冲时需要浸泡5分钟。

茶饮功效　迷迭香的香味令人心情愉快。本款茶饮具有提神醒脑、排毒抗菌的功效。

十六、宁神安睡

神经衰弱和失眠是最需要进行宁神安睡调理的疾病。神经衰弱一般是因为精神高度紧张、思虑过度或大病后脏腑功能失调引起的，表现为疲劳、失眠多梦、心慌、焦虑及忧郁。造成失眠的原因很多，中医认为是心、肝、脾、肾功能失调以及阴血不足引起的。花草茶大多由具有芳香气味的花蕾或叶片制成，舒缓、甜柔的香味能让人精神放松，舒缓紧张和压力，赶走焦虑和忧郁，使精神状态处于一种放松、平和的状态。中药茶通过补气补血，调和五脏的运行，让身体功能达到和谐状态，使因为气血亏虚引起的疲劳、失眠等症状得到缓解。

在睡前1~2小时服用，更可以提高疗效。但不能饮用较浓的绿茶、红茶等传统茶饮，否则不易入睡。饮用时可加入冰糖、白糖、蜂蜜等甜味物质，让口感更滑腻，香味更醇。

睡美人安眠茶

茶饮材料　紫罗兰、玫瑰花、薰衣草各6克，鲜柠檬1个。

泡饮方法　将薰衣草、紫罗兰和玫瑰花一起揉成碎片，缝入干净纱布制成的小袋，做成茶包。鲜柠檬洗净，切成片备用。饮用时以600毫升沸水冲泡茶包5分钟，取出茶包后加入柠檬片或将柠檬汁挤入，调匀饮用即可。

茶饮功效　薰衣草有非常强的镇定功效，能帮助安定神经，非常有利于睡眠，最宜睡前饮用。此款茶饮还能促进新陈代谢，缓解头痛。

和胃安神茶

茶饮材料　酸枣仁、茯苓、甘草各3克，炒谷芽2克，陈皮、远志各1克。

泡饮方法　将酸枣仁、甘草、茯苓、陈皮、远志分别洗净，沥干后和炒谷芽放入锅中，加入350毫升水一起煮沸，滤渣取汁后饮用即可。

茶饮功效　此款茶饮温和甘甜，可健脾开胃、下气和中、消食化积，最适宜帮助富含淀粉类的食物的消化。

薰衣草茶

茶饮材料　薰衣草（干）10克，蜂蜜10毫升。

泡饮方法　薰衣草用水冲洗1遍手放入杯中，用500毫升的沸水冲泡，3分钟后，加入蜂蜜即可饮用。

薰衣草

灯芯竹叶茶

茶饮材料　淡竹叶30克，灯芯草5克。

泡饮方法　将淡竹叶和灯芯草分别洗净沥干，切成碎末手放入锅中，加入750毫升清水煮沸，滤渣取汁饮用。

茶饮功效　此款茶饮能清心降火、清热止渴、消除烦闷。每日睡前饮用一次，对于因身体虚烦而引起的失眠有很好的功效。

菊花人参茶

茶饮材料　菊花干花蕾4~5朵，人参2~4克。

泡饮方法　将人参切碎成细断，放入菊花干花蕾，用热水加盖浸泡10~15分钟即可。

茶饮功效　人参含有皂苷及多种维生素，对人的神经系统具有很好的调节作用，可以提高人的免疫力，有效驱除疲劳；而菊花气味芬芳，具有祛火、明目的作用，两者合用具有提神的作用。

十七、清凉消暑

盏夏时节，热暑难耐，而茶叶含有丰富的维生素及钙、磷、钾、镁等矿物质，可以调节人体体液酸碱平衡，同时也可补充因出汗而丢失的体液量，从而达到降温解暑的功效。茶汤中含有茶多酚类、糖类、氨基酸、果胶、维生素等与口腔中的唾液起了化学反应，滋润口腔，所以能起到生津止渴的作用。花茶和中药茶往往含有各种芳香刺激性物质，这些物质挥发快，能很快带走人体内的热量，使人体温度保持在一个稳定状态，防止因体温过高引起中暑。夏季天气炎热，茶饮冷却后再喝，滋味更清凉舒爽，解暑效果也更好。由于天热出汗，体内流失大量盐分，因此不妨在茶里放点食盐，用开水冲泡后，制成盐茶，既可防中暑，还能补充盐分。

菊花消暑茶

茶饮材料　菊花、金银花各 10 克，决明子 20 克，枸杞子 5 克。

泡饮方法　将所有茶材放入壶中，冲入 1000 毫升热开水，闷泡 5 分钟。滤除茶渣后即可饮用。

茶饮功效　金银花、菊花可清热解暑，为炎炎夏日带来一丝清凉。

红枣菊花茶

茶饮材料　红枣 5~8 颗，干菊花 15 克，冰糖 25 克。

泡饮方法　红枣洗净后，去核，放入锅中加适量清水煮沸。将干菊花放入杯中，并用煮沸的红枣水冲泡，盖好杯盖，闷泡 3 分钟左右。放入冰糖，搅拌一下即可饮用。

竹叶青茶

茶饮材料　竹叶青 5 克，蜂蜜适量。

泡饮方法　将竹叶青放入杯中，用沸水冲泡，闷泡 10 分钟左右。待小小的茶芽渐渐展现竹叶般的样子时，加入蜂蜜搅拌，沉淀一会儿后即可饮用。

十八、解酒护肝

茶中含有大量的维生素 C 和咖啡因。维生素 C 可以促进肝脏中酒精水解酶的作用，使肝脏的解毒功能增强；咖啡因的提神作用可以使昏沉的醉酒头脑变得相对清醒，同时缓解头痛并促进身体代谢。中药茶饮中含有各种物质，可使酒精快速分解，减缓酒精吸收，起到解醉的功效。在喝酒前喝点中药茶，能保护胃黏膜，提高肝脏的解毒效果，增强人体抗酒精能力，使人不容易醉，同时减轻酒精对人体的伤害。过量饮酒会导致宿醉，茶饮还能缓解和治疗醉酒引起的头疼、头晕、浑身乏力、精神不支等不良症状。

虽然大多数人是在醉酒后才饮用，但是可在喝酒前或喝酒的过程中饮用适量茶来保护肠胃，提高对酒精的抵抗力。绿茶等传统茶饮虽然能解酒，但是不宜多饮，浓度也不宜高，否则会伤肾，只作为辅助略饮即可。

益肝解毒茶

茶饮材料　红小豆 50 克，花生仁 25 克，红枣、红糖各 15 克。

泡饮方法　将红小豆、花生仁洗净，沥干备用；红枣用温开水浸泡约 10 分钟后备用。锅中加入 700 毫升水、红小豆及花生仁，以小火炖煮一个半小时。再加入红枣、红糖拌匀，再炖 5 分钟后，滤渣取汁，倒入杯中饮用即可。

茶饮功效　此款茶饮具有清热解毒、缓和慢性肝炎症状、化解肝内脂肪沉积的作用。

两山柳枝茶

茶饮材料　山楂、山药各 10 克，鲜柳枝 90 克。

泡饮方法　将鲜柳枝（带叶）洗净，切碎，与山楂、山药一同放入砂锅内。水煎 2 次，去渣，取汁后饮用即可。

茶饮功效　健脾益胃，利尿退黄，止痛。

葛花解酒茶

茶饮材料　葛花、枳椇子 10 克。

泡饮方法　将葛花和枳椇子一同放入锅中，加入 300 毫升水熬煮。水沸后继续熬煮至汤汁剩下一半，滤渣取汁饮用即可。

茶饮功效　此款茶饮能解酒醒脾。葛花具有清热解毒、分解酒精、健胃、护肝等功效。酒前 15 分钟泡服可使酒量大增，酒后泡服可促使酒精快速分解和排泄。

石斛保肝茶

茶饮材料　黄芪、沙参各 3 克，石斛 2 克，红枣 2 颗，玫瑰花（干）1 克。

泡饮方法　将黄芪、沙参、石斛和红枣放入纱布袋中。将纱布袋放入锅中，加入清水 3 升，浸泡 305 分钟。以大火煮沸后，转小火继续熬煮 45 分钟，熄火后加入干玫瑰花，闷 1 分钟饮用即可。

茶饮功效　此款茶饮可养肝，有滋阴除热、明目强肾的功效，还能够增强免疫力。

枸杞保肝茶

茶饮材料　枸杞子 15 克，熟地黄、菊花各 10 克。

泡饮方法　将熟地黄洗净，放入锅中，加 500 毫升水煮沸，转小火煎煮 3 分钟。将枸杞子、菊花放入杯中，冲入煮好的汤汁，闷泡 5 分钟后饮用即可。

茶饮功效　饮用此茶，能降压明目、补肝益肾，促进肝细胞新生，抑制肝脂肪沉积。

绞股蓝茶

茶饮材料　绞股蓝 3 克。

泡饮方法　将绞股蓝放入茶壶中，加入适量沸水冲泡。闷泡 2~3 分钟后饮用即可。

茶饮功效　此款茶饮可降血脂、降血压，保肝护胆，抗疲劳，调节脂质代谢。

加味柴胡茶

茶饮材料　柴胡 15 克，白芍 12 克，枳壳、甘草各 10 克。

泡饮方法　将上述茶材研为粗末，放入杯内，用沸水冲泡。代茶饮用，每日 1 剂。

茶饮功效　疏肝清热，理气宽中。适用于肝郁化火型肝炎，症见胁下胀痛，走窜不定，急躁易怒，时欲太息，胸闷不适，嗳气频作，食欲减退，妇女伴乳胀、月经不调，舌质红苔薄。

泽泻乌龙茶

茶饮材料　泽泻 12 克，乌龙茶 3 克。

泡饮方法　将泽泻洗净，加水煮沸后转小火煎煮 15 分钟。取汁液冲泡乌龙茶，闷泡 3~5 分钟，饮用即可。一般可反复冲泡 3~5 次。

茶饮功效　护肝消脂，利湿减肥。适宜于痰湿内阻型脂肪肝，对兼有脂肪肝肥胖症者尤为适宜。

十九、防止辐射

现代社会，人们常会因为生活和工作的需要而接触带有电子辐射的装备。特别是电脑一族，由于其长时间在电脑前学习或工作，常会有头痛、眼睛干涩、部分女性经期紊乱、失眠等症状。这个时候，喝一杯防辐射茶，不仅能消除电磁波对身体的伤害，还会收到提神醒脑的效果。电脑屏幕的辐射会加速面部皮肤的衰老，而茶里含有很多抗氧化物质，能够帮助皮肤抵御自由基的侵害，延缓肌肤的衰老。

菊花乌龙防辐射茶

茶饮材料　白菊花3克，乌龙茶4克，冰糖适量。

泡饮方法　将白菊花和乌龙茶一同放入茶杯中，加适量沸水冲泡。盖上杯盖，浸泡半小时后，调入冰糖，代茶饮用。

茶饮功效　白菊花有着较强的清热解毒功效，可帮助祛除体内毒气，有效排除体内有害的辐射与放射性物质。

相关禁忌　脾胃虚寒及阳虚体质者不宜饮用。

甘草绿茶防辐射茶

茶饮材料　甘草8克，绿茶2克。

泡饮方法　将甘草放入砂锅中，加水煎煮。煮沸后，放入绿茶，代茶饮用。

茶饮功效　甘草解毒功效俱佳，能有效解除体内的毒素，从而降低辐射对身体的伤害。

相关禁忌　湿阻中满、呕恶及水肿胀满者不宜饮用。

槐花石斛明目茶

茶饮材料　槐花、石斛、白芍、银耳各10克，绿茶3克。

泡饮方法　将上述五味茶材一同放入茶杯中，加适量沸水冲泡。盖上杯盖，浸泡半小时后，代茶饮用。

茶饮功效　健脑明目，消除疲劳，还具有很好的防辐射功效，适于电脑族饮用。

相关禁忌　脾胃虚寒者不宜饮用。

槐花

桃花冬瓜祛斑嫩肤茶

茶饮材料　桃花（干品）4 克，冬瓜仁 5 克，白杨树皮 3 克。

泡饮方法　将上述三味茶材一同放入茶杯中，加适量沸水冲泡。盖上杯盖，浸泡 15 分钟后，代茶饮用。

茶饮功效　祛除黑斑，白嫩肌肤。适于电脑辐射所致的肌肤干燥、黑色素沉淀等人群饮用。

相关禁忌　女性经期和孕妇不宜饮用。

红花檀香润肤茶

茶饮材料　红花、檀香各 3 克，绿茶 2 克，红糖适量。

泡饮方法　将上述四味茶材一同放入茶杯中，加适量沸水冲泡。盖上杯盖，浸泡 10 分钟后，代茶饮用。

茶饮功效　养血和血，滋润肌肤。适于电脑辐射所致的肌肤无光泽、长斑者饮用。

相关禁忌　女性经期及孕妇不宜饮用。

柠檬薄荷防辐射茶

茶饮材料　柠檬 3 片，菊花 4 克，薄荷、玫瑰花、绿茶各 3 克，千日红 2 克。

泡饮方法　将上述所有茶材一同放入茶杯中，加适量沸水冲泡。盖上杯盖，浸泡 10 分钟后，代茶饮用。

茶饮功效　对抗电子辐射，保护眼睛。适于经常坐在电脑前工作的人群饮用。

相关禁忌　脾胃虚寒及孕妇不宜饮用。

女贞决明清利头目茶

茶饮材料　女贞子、决明子、枸杞子、菟丝子各5克。

泡饮方法　将上述四味茶材一同放入茶杯中，加适量沸水冲泡。盖上杯盖，浸泡20分钟后，代茶饮用。

茶饮功效　滋补肝肾，清利头目，润肠通便。适于电脑一族饮用，可缓解眼睛发涩、酸痛、发痒等症状。

相关禁忌　脾胃虚寒泄泻者不宜饮用。

酸枣仁菊花养肝安神茶

茶饮材料　酸枣仁10克，白菊花3克。

泡饮方法　将上述两味茶材一同放入茶杯中，加适量沸水冲泡。盖上杯盖，浸泡半小时后，代茶饮用。

茶饮功效　养肝明目，宁心安神，可预防电磁波放射引起的头痛、心悸、失眠等症状。

相关禁忌　有实邪郁火者不宜饮用。

密蒙枸杞护眼茶

茶饮材料　密蒙花3克，枸杞子10克。

密蒙花

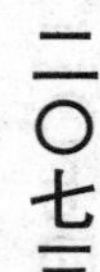

泡饮方法　将上述两味茶材一同放入茶杯中，加适量沸水冲泡。盖上杯盖，浸泡半小时后，代茶饮用。

茶饮功效　润肝明目，可缓解电磁波辐射引起的视力下降、干眼症、白内障等病症。

相关禁忌　目疾属阳虚内寒者不宜饮用。

生地栀子健骨茶

茶饮材料　生地黄 10 克，栀子花 3 克。

泡饮方法　将上述两味茶材一同放入茶杯中，加适量沸水冲泡。盖上杯盖，浸泡半小时后，代茶饮用。

茶饮功效　清热凉血，可预防电磁波辐射引起的记忆力下降和造血功能障碍等病症。

相关禁忌　脾虚湿滞腹满便溏者不宜饮用。

淫羊藿玫瑰花防辐射茶

茶饮材料　淫羊藿 10 克，玫瑰花 0.5 克。

泡饮方法　将上述两味茶材一同放入茶杯中，加适量沸水冲泡。盖上杯盖，浸泡半小时后，代茶饮用。

茶饮功效　温阳补肾，理气解郁，可减轻电磁波对身体的影响。

相关禁忌　玫瑰花具有活血作用，不宜用量过多，另阴虚火旺者不宜饮用。

黄芪茉莉益气补中茶

茶饮材料　黄芪 10 克，茉莉花 1 克。

泡饮方法　将上述两味茶材一同放入茶杯中，加适量沸水冲泡。盖上杯盖，浸泡 20 分钟后，代茶饮用。

茶饮功效　益气补中，增强身体免疫力，可减轻电脑辐射对人体循环系统、免疫系统、生殖系统和代谢功能的影响。

相关禁忌　表实邪盛、阴虚阳亢者不宜饮用。

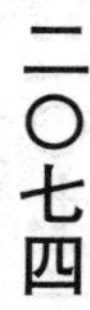

柠檬食盐解乏茶

茶饮材料　柠檬 3 片，食盐 1 克。

泡饮方法　将柠檬和食盐一同放入茶杯中，加适量沸水冲泡。盖上杯盖，浸泡20分钟后代茶饮。

茶饮功效　顺气化痰，消除疲劳，减轻头痛，适于每天在电脑前工作的人群饮用。

相关禁忌　胃溃疡、胃酸分泌过多，患有龋齿和糖尿病者不宜饮用。

玫瑰柠檬护肝降火茶

茶饮材料　玫瑰花、红茶各3克，柠檬1片，蜂蜜适量。

泡饮方法　将前三味茶材一同放入茶杯中，加适量沸水冲泡。盖上杯盖，浸泡15分钟后，调入蜂蜜，代茶饮用。

茶饮功效　促进血液循环，消除疲劳，长期饮用可促进新陈代谢。

相关禁忌　孕妇不宜饮用。

二十、提神醒脑

茶叶中的咖啡因可以刺激大脑感觉中枢，兴奋神经中枢系统，帮助人们振奋精神，增进思维，抵抗疲劳，提高工作效率。而且茶叶可促进消化，防止大量的血液流入胃部，减轻因大脑缺氧而引起的昏睡、犯困等疲倦状况。香草中的精油一般具有清凉或者特殊的气味，穿透力很强，可以缓解大脑疲劳，减轻大脑压力，强化神经组织，提高记忆力。同时这些清新的气味能够让人心情舒畅，改善精神萎靡的状态。中草药则通过活血化瘀作用，促进人体血液流动，提高脑部供血量，从而赶走因大脑缺血引起的精神不振、昏昏欲睡。另外，各种茶中含有丰富的营养物质，及时补充，能提高人体免疫力，提高人体功能，从而使精神状态饱满。

薄荷醒脑茶

茶饮材料　薄荷2克，绿茶3克，白糖适量。

泡饮方法　将薄荷叶洗净，沥干备用。茶壶中放入绿茶、薄荷及白糖，以热水冲泡，浸泡2分钟后，即可装杯饮用。

茶饮功效　令人精神振奋，提高工作效率。

迷迭香茶

茶饮材料　迷迭香15克，冰糖或蜂蜜适量。

泡饮方法　杯中放入迷迭香，将沸水缓缓倒入迷迭香杯中，盖好盖子闷泡5分钟左右，加入适量冰糖或蜂蜜调匀即可饮用。

菊普活力茶

茶饮材料　菊花、普洱茶各6克，罗汉果1枚。

泡饮方法　将罗汉果洗净，再与其余茶材一同放入茶壶中，冲入350毫升沸水。闷泡10分钟后即可饮用。

茶饮功效　经常觉得头晕眼花、精神不佳的人，饮用此茶后，可以为身体带来活力。

薰衣草薄荷茶

茶饮材料　薄荷3克，薰衣草5克。

泡饮方法　将薄荷、薰衣草洗净后用沸水浸泡30秒后一同放入杯中，冲入500毫升的沸水。浸泡约3分钟后即可饮用。可回冲2次，回冲时需要浸泡5分钟。

茶饮功效　缓解神经压力，具有安神促睡眠的功效。

玫瑰苦瓜茶

茶饮材料　玫瑰花6朵，苦瓜片2片，蜂蜜适量。

泡饮方法　将玫瑰花和苦瓜片用沸水浸泡30秒后洗净，一同放入杯中，冲入500毫升的沸水。浸泡约10分钟后，加入蜂蜜调味即可饮用。可回冲2~3次，回冲时需要浸泡5分钟。

茶饮材料　提神解疲，促进新陈代谢，加速排毒。

柠檬绿茶

茶饮材料　柠檬3片，绿茶1包。

泡饮方法　将柠檬用沸水冲一遍，放入杯中，冲入500毫升的沸水。浸泡约10分钟后即可饮用。可回冲2~3次，回冲时需要浸泡5分钟。

茶饮功效　提神解疲，减肥瘦身。可帮助消化和分解体内毒素，溶解脂肪，达到减肥功效。

绿茶金银花茶

茶饮材料　金银花5克，绿茶1包。

泡饮方法　将金银花用沸水浸泡30秒后洗净再和绿茶一同放入杯中，冲入500毫升的沸水。浸泡约5分钟后即可饮用。可回冲2~3次，回冲时需要浸泡5分钟。

茶饮功效　清心解疲，防暑降温，降脂减肥，养颜美容。

山楂金银花茶

茶饮材料　金银花、菊花各5克，山楂3克。

泡饮方法　将金银花和菊花用沸水冲一遍，山楂拍碎备用。将洗净的金银花、菊花和山楂一同放入锅中，加水500毫升。煮沸，倒入杯中即可饮用。

茶饮功效　清心提神，降低胆固醇，减肥养生，特别适合肥胖和高血脂的女性饮用。

金莲花莲子菊花茶

茶饮材料　金莲花5克，野菊花、鲜莲子、决明子各3克。

泡饮方法　将金莲花和野菊花、莲子、决明子用沸水冲一遍，放入锅中，加水500毫升。煮沸，倒入杯中即可饮用。

茶饮功效　醒脑提神，排毒养颜，瘦身美体。

芦荟甘草莲子茶

茶饮材料　芦荟3厘米，甘草、鲜莲子各3克。

泡饮方法　将甘草用沸水冲一遍，莲子用沸水浸泡30秒后洗净，芦荟去皮取肉，原料放入杯中，冲入500毫升沸水。浸泡约10分钟后即可饮用。

茶饮功效　醒脑提神，有效排出体内毒素，使气血流畅。

第八节　日常保健茶饮

一、女性日常保健茶饮

现代女性的生活方式已与过去完全不同，多数女性在社会工作中已经可以独当一面。然而在沉重的工作压力下，精神紧张、焦虑、失眠这些疾病也频繁地找上了现代女性。由于自身的生理特点，女性的体质较于男性更为娇弱敏感。每个月都会光临的

"好朋友"常常会弄得自己气血亏虚，面色晦暗，精神不振。尤其是办公室白领一族，每日于电脑前伏案工作，缺乏运动，长年累月下来，不但面部皮肤出现了变化，连身材也在不知不觉中变得臃肿了。在现代生活中的女性往往承受着社会及家庭的双重压力，因此更要珍爱自己的身体，注重日常的养生保健。中医认为，只有当五脏精气充盈、气血旺盛时，面容才会显现出明亮红润，白里透红的色泽。女性要从滋阴、补气血的角度施以整体调节，才能达到延缓衰老的效果，才能有充沛的精力来应对每个挑战。常用于女性日常保健的茶饮材料有红枣、莲子、当归、玫瑰花等。

红枣莲子汤

茶饮材料　红枣30克，莲子30克，冰糖适量。

泡饮方法　先将莲子泡涨后，剥去外皮及心，置于砂锅中炖煮至八成熟时，再将洗净的红枣与适量的冰糖一同放入，以文火再煮约30分钟即可。

茶饮功效　补血养颜。

适饮症状　妇女血虚而面色不佳。

青榄萝卜汤

茶饮材料　青橄榄5枚，白萝卜1个，冰糖少许。

泡饮方法　将白萝卜洗净、切成块状，青橄榄拍裂后，一并放入锅中，加水煮熟后，再加入适量冰糖即可。分2次代茶温饮，食萝卜。

青橄榄

茶饮功效　清热、利咽，解喉毒。

适饮症状　扁桃体红肿，咽喉疼痛，鼻塞音嘶。

雪梨百合冰糖饮

茶饮材料　雪梨 100 克，百合 10 克，冰糖 10 克。

泡饮方法　将雪梨洗净，去皮取肉切粒，百合洗净后一同放入锅内，加清水适量，先以武火煮沸后，加入冰糖，再用文火煮至百合熟即可，随量饮用。

茶饮功效　滋阴润肺，生津止渴，养颜美容。

适饮症状　肺阴不足，皮肤干燥无光泽等。

雪梨

梅子绿茶

茶饮材料　绿茶 10 克，青梅 1~2 颗，青梅汁少许，冰糖适量。

泡饮方法　先将绿茶与冰糖一同放入杯中，以沸水泡约 5 分钟后，加入青梅及少许青梅汁，搅拌均匀即可。代茶频饮。

茶饮功效　健脾开胃，清热解毒，提神醒脑。

适饮症状　夏日食欲不振，神倦疲乏，燥热心烦者。

相关禁忌　肠胃不适或对茶碱敏感者不宜饮用。

当归枸杞茶

茶饮材料　当归 3 克，枸杞子 9 克，红枣 9 克。

泡饮方法　将当归、枸杞子、红枣一并放入锅中，倒入 500 毫升清水，熬煮约 10 分钟即可。可加入适量冰糖调味。代茶饮用。

茶饮功效　补血调经，美容养颜，增强免疫力。

适饮症状　气血不足，神色萎黯，月经不调。

玫瑰花茶

做法同玫瑰花茶

茶饮功效　理气解郁，舒肝活血，散瘀止痛。

适饮症状　肝郁胁痛，月经不调，经前乳房胀痛，女性手足不温。

相关禁忌　阴虚火旺，内热炽盛者慎用。

月季花茶

茶饮材料　鲜月季1朵，绿茶1包。

泡饮方法　将鲜月季与绿茶一并放入杯中，冲入沸水后，泡约5分钟后即可。代茶频饮。

茶饮功效　行气，活血，润肤。

月季花

适饮症状　肝气郁结而致的月经不调，痛经，经闭等。

相关禁忌　孕妇及脾虚便溏者慎用。

木瓜鲜奶饮

茶饮材料　熟木瓜半个，牛奶500毫升，莲子10克，红枣4~5颗，冰糖适量。

泡饮方法　先将新鲜熟木瓜去皮，去核，切成小块，莲子去心，红枣去核，洗净后一并放入炖盅内，加入牛奶和冰糖，隔水炖至莲子软烂即可饮用。

茶饮功效　益肾润燥，补血养颜。

适饮症状　皮肤干燥、面色萎黄、气血不足等。

银耳冰糖饮

茶饮材料　银耳2朵，红枣3颗，枸杞子10克，莲子10克，百合6克，冰糖适量。

泡饮方法　先将银耳与莲子泡至涨发，莲子剥皮去心，银耳撕成小朵，去掉硬心；再一并放入高压锅中，加清水煲半小时左右即可。代茶频饮。

茶饮功效　滋阴补气，益心安神，补血健脾，美容养颜。

适饮症状　日常女性滋补。

二、男性日常保健茶饮

“男人来自火星，女人来自金星。”男人仿佛生来就是强势的象征，也正是如此才使男人不得不永远示人以旺盛的精力。家庭要和谐，事业要有成，男人承受着太多的压力。在这样的压力逼迫下，他们常常忙于工作而忽略了自己的身体健康。不断的应酬带来了酒精肝、慢性胃炎，过大的压力带来了过早的白发、脱发……健康与饮食是息息相关的，特别是和心血管疾病及癌症有关。根据统计，三分之二的成年男性血液中的胆固醇都过高。这不但会引发心血管疾病，阳痿，严重的还会导致中风。一般来说，男性并不像女性那样注重自己的饮食，因此，要使自己保持充沛的精力，首先就要进行饮食调节，使营养均衡摄入。常用于男性日常保健的茶饮材料有龙眼肉、西洋参、枸杞子、沙苑子等。

沙苑子茶

茶饮材料　沙苑子10克。

泡饮方法　将沙苑子洗净捣碎后，放入茶杯内，用沸水冲泡约10分钟后即可代茶饮用。

茶饮功效　补肾益肝，涩精止遗。

适饮症状　虚劳泄精，阳痿不举，腰膝酸软等。

韭菜子茶

茶饮材料　韭菜子20粒，食盐适量。

泡饮方法　将韭菜子与适量食盐一并放入锅中，加入清水煎汤。去渣取汁，代茶饮。

茶饮功效　养阴清心，益肾固精。

适饮症状　房事不振，遗精早泄，心胸烦闷等。

韭菜子

爵床红枣汤

茶饮材料　鲜爵床草100克（干者减半），红枣30克。

泡饮方法　爵床草洗净切碎，同红枣一起放入锅中，加水1000毫升，煎至400毫升左右即可。吃枣，取药汁代茶饮用。每日1剂，分早晚饮用。

茶饮功效　利水解毒。

适饮症状　前列腺炎。

菊花龙井茶

茶饮材料　菊花10克，龙井茶5克。

泡饮方法　将菊花和龙井茶一并放茶杯内，冲入适量沸水，加盖闷泡10分钟后即可饮用。

茶饮功效　疏散风热，清肝明目。

适饮症状　对早期高血压、慢性肝炎、风热头痛、结膜炎等症有辅助治疗作用。

绞股蓝茶

茶饮材料　绞股蓝10克，绿茶2克。

泡饮方法　先将绞股蓝烘焙去腥味，研为细末，再与茶叶一同放入杯中，用沸水冲泡 10 分钟即可。代茶频饮，不拘时。

茶饮功效　补五脏，强身体，祛病抗癌。

适饮症状　虚症，体弱多病。

绞股蓝茶

相关禁忌　素有脾胃虚寒，腹泻便溏者勿用。

通下润肠茶

茶饮材料　火麻仁 6 克，甜杏仁 10 克，蜂蜜适量。

泡饮方法　将火麻仁压破，与甜杏仁一同放入锅中，加入约 500 毫升热水，煮沸即可，加入蜂蜜调匀后即可饮用。每日 1 剂。

茶饮功效　润肠通便。

适饮症状　体虚肠燥便秘。

相关禁忌　消化系统不良者忌饮。

益阳茶

茶饮材料　枸杞子 12 克，淫羊藿 9 克，沙苑子 9 克，山茱萸 9 克，五味子 5 克。

泡饮方法　将以上五味茶材一同研成粗末后，用纱布包好，置于大茶杯中，冲以沸水，闷泡约 10 分钟后，代茶频饮。

茶饮功效　滋肾补肝，助阳益智。

适饮症状　阳虚所致神经衰弱，困倦乏力，记忆力减退等。

龙眼洋参茶

茶饮材料　龙眼肉30克，西洋参6克，白糖3克。

泡饮方法　将龙眼肉、西洋参放入炖锅内，加水约200毫升，先以武火炖煮，水沸后再用文火煎煮15分钟即可。食用时加入白糖调匀。每日1次，每次50毫升。代茶饮用。

茶饮功效　补气养血，益智安神。

适饮症状　劳累过度、神疲乏力、心悸气短、失眠多梦等。也可用于老年气血两亏者，症见健忘痴呆、失眠、心悸、气短、自汗、面色无华等。

三、银发族日常保健茶饮

人体头发的颜色由头发中的黑色素颗粒的种类和数量决定，黑色素颗粒则与发根乳头色素细胞的发育生长情况有关。头发由黑变白，一般是因为毛发的色素细胞功能衰退。正常人从35岁开始，毛发色素细胞开始衰退，而有的20岁左右的年轻人头发便已经白了，医学上称之少年白发，俗称“少白头”。现代医学认为先天性少白头多与家族遗传有关，而后天性少白头的发生则与神经因素、营养不良、内分泌障碍以及全身慢性消耗性疾病等有关。我们在生活中看到银发族现在正在不断壮大，且趋于低龄化，这主要是因为现代人承受的来自各方的压力越来越大，长期不能得到缓解和放松，忧思及用脑过度，这些因素也可能导致了产生过早白头。中医理论则认为，此病主要是由于肝肾不足、气血亏损所致。“发为血之余”“肾主骨，其滑在发”，故主张多吃养血补肾的食品以乌发润发。常用于银发族日常保健的茶饮材料有何首乌、黑芝麻、核桃仁、桑葚等。

黑豆雪梨汤

茶饮材料　黑豆30克，雪梨1~2个。

泡饮方法　先将梨切成片后，与黑豆一起放入锅内，加适量清水，先以武火煮开后，再用文火炖至熟烂即可。吃梨喝汤。每日2次，连用15~30日。

茶饮功效　滋补肝肾，养阴活血。

适饮症状　阴虚所致的毛发柔弱、色白；倦怠乏力易感冒者。

桑葚蜜饮

茶饮材料　鲜桑葚1000克（或干品500克），蜂蜜300克。

泡饮方法　将鲜桑葚洗净放入锅中，加水适量煎煮，每 30 分钟取煎液 1 次，然后加水再煮，共取煎液 2 次。合并煎液后，再以小火煎熬浓缩至较为黏稠时，加蜂蜜煮沸停火，待冷后装瓶备用。每次 1 汤匙，以沸水冲化饮用，每日 2 次。

茶饮功效　补肝益肾，乌须发。

适饮症状　少年白发。

相关禁忌　脾胃虚寒作泄者勿服。

乌发茶

茶饮材料　何首乌 15 克，大生地 30 克，白酒适量。

泡饮方法　先将何首乌和大生地用白酒洗净，切成薄片后，置入杯中，冲沸水，闷泡片刻即可，代茶饮用。每 3~6 天 1 剂，连服 4 个月。

茶饮功效　补肝肾，益气血，黑须发，悦颜色。

适饮症状　少年白发。

返老还童茶

茶饮材料　槐角 18 克，何首乌 30 克，冬瓜皮 18 克，山楂肉 15 克，乌龙茶 3 克。

冬瓜皮

泡饮方法　将槐角、何首乌、冬瓜皮与山楂肉一并放入锅中，加水煎沸后约 20 分钟，取汤汁冲泡乌龙茶，代茶频饮。

茶饮功效　补肝肾，乌须发，消脂肪，缓衰老。

适饮症状　肝肾阴虚所致的头晕目眩，耳鸣，毛发枯黄、早白等以及高血压及高血脂证属肝肾阴虚者。

木耳芝麻饮

茶饮材料　黑木耳5克，黑芝麻10克，白糖30克。

泡饮方法　先将黑木耳用温水泡约2小时，待发后去蒂、撕瓣；将黑芝麻炒香后，与黑木耳放入锅内，加适量清水，以中火煎煮1小时左右后，取汁液；再加水煎煮，将2次煎液合并，放入白糖拌匀即成。

茶饮功效　补肝肾，乌须发。

适饮症状　须发早白。

女贞桑葚茶

茶饮材料　女贞子12克，制首乌12克，桑葚15克，旱莲草10克。

泡饮方法　将女贞子、制首乌、桑葚及旱莲草一同放入锅中，加清水煎煮后，取汤汁代茶频饮。

茶饮功效　补肝肾，乌须发。

适饮症状　肝肾阴虚所致的头晕目眩，须发早白等。

芝麻核桃糖茶

茶饮材料　黑芝麻500克，核桃仁200克，白糖200克，茶适量。

泡饮方法　先将黑芝麻与核桃仁一同拍碎后，放入容器，再将白糖溶化后拌入，放凉。每次取芝麻核桃糖约10克与适量茶一并放入杯中，以沸水冲泡饮用。

茶饮功效　补脑益肾，乌发美容。

适饮症状　可保持头发光滑、滋润、不会变白。

枸杞茶

茶饮材料　枸杞子15克。

泡饮方法　将枸杞子洗净后放入杯中，冲以适量沸水、盖闷片刻即可，代茶不拘时饮用。

茶饮功效　补肾益气，养肝明目。

适饮症状　肝肾亏虚，白发早生。

四、应酬族日常保健茶饮

如今的白领一族、成功人士们还隶属一个新“民族”，那就是应酬族。人在职场，应酬不可挡。从亲朋聚餐到洽谈商宴，各式的应酬让人应接不暇。暴饮暴食，烟酒过度，作息时间混乱，再加上日常工作中坐得多，动得少，以致不少应酬族都出现了消化不良、肥胖、高血压、失眠等症状，严重者甚至还患上了酒精性胃病、胃出血、急性胰腺炎、酒精肝、糖尿病等危险的疾病。应酬族在不断地应酬中，也牺牲了自己的健康。应酬交际是联络感情的催化剂，千万不要成为健康的“绊脚石”。从珍爱自己身体的角度，应提倡一种健康的生活方式，平日可尽量推掉一些不必要的应酬，调整作息时间，控制高热量食物的摄入，定量烟酒，忙里偷闲的多做些运动，为自己筑起一道防火墙，将疾病远远隔离在自己的幸福生活之外。常用于应酬族日常保健的茶饮材料有山楂、葛根、西洋参等。

洋甘菊茶

茶饮材料　洋甘菊（干）3~5克，蜂蜜或冰糖适量。

泡饮方法　将干燥的洋甘菊放到茶壶中，以开水冲泡，闷3~10分钟后，变为金黄色，再酌加蜂蜜或冰糖一同饮用，代茶频饮。

茶饮功效　祛风解表，平肝明目，镇定安神。

适饮症状　疲劳，感冒，风湿疼痛，失眠等。

相关禁忌　孕妇禁用。

杜仲叶茶

茶饮材料　杜仲叶10克，绿茶3克。

泡饮方法　将杜仲叶与绿茶一并置于杯中，冲以沸水，闷泡约10分钟后即可。代茶随饮。

茶饮功效　补肝肾，强筋骨，降血压。

适饮症状　高血压眩晕证属肝肾亏虚者。

川芎茶

茶饮材料　川芎3克，茶叶6克。

泡饮方法　将川芎与茶叶一并研成细末后，置于茶杯中，以沸水冲泡后代茶饮。

每日1剂。

茶饮功效　活血行气，祛风止痛。

适饮症状　偏、正头痛。

洋参麦冬茶

茶饮材料　洋参5克，麦冬10克，五味子3克，红枣2颗，冰糖适量。

洋参

泡饮方法　将红枣洗净后与洋参、麦冬、五味子一同放入砂锅中，加清水约500毫升，煎煮至约300毫升，加入冰糖，调匀即可。每日1剂，代茶频饮。

茶饮功效　益气养阴，健脾开胃。

适饮症状　气阴不足，精神不振，气短懒言，疲乏无力等。

麦芽山楂茶

茶饮材料　炒麦芽10克，炒山楂3克，红糖适量。

泡饮方法　将炒麦芽、炒山楂置于锅中，加水煎煮后，去渣取汁，再调入红糖，溶化调匀即可。代茶不拘时饮用。

茶饮功效　消食下气，和中散瘀。

适饮症状　伤食呕吐，症见脘腹胀满，嗳腐吞酸，食后即吐。

葛根醒酒茶

茶饮材料　葛根 30 克。

泡饮方法　将葛根置于锅中，加入适量清水后煎汤，去渣取汁，稍凉后，代茶饮。

茶饮功效　发表解肌，升阳止泻，解酒毒。

适饮症状　饮酒过量。

苦瓜绿茶

做法同苦瓜茶

茶饮功效　清热除烦。

适饮症状　口渴烦热，小便不利等。

山楂降脂茶

茶饮材料　山楂 10 克，红茶 3 克，陈皮 5 克。

泡饮方法　将山楂、红茶与陈皮一并置于茶杯中，冲以沸水，闷泡 10 分钟后，代茶频饮。

茶饮功效　消食，理气，降脂。

适饮症状　过食肥甘厚味，血脂偏高，伴头昏脑涨，自觉口中黏腻，喉中多痰，体偏肥胖者。

相关禁忌　胃酸过高及溃疡病患者不宜饮用。

五、电脑族日常保健茶饮

随着世界走向信息化、全球化时代，电脑已经成为人们生活中不可或缺的工具。工作、休闲、娱乐、交友……而当我们感受着电脑所带来便利的同时，你是否也发现在我们的视野里又出现了诸如“鼠标手”“电脑狂躁症”等这些新的疾病名词呢？一项研究证实，电脑屏幕发出的低频辐射与磁场，会导致 7～19 种病症，包括颈背综合征、干眼症、鼠标手（即腕关节综合征）、短暂失去记忆、失眠、内分泌紊乱、皮肤过敏、电脑忧郁症、电脑狂躁症等，对于女性还易造成生殖机能及胚胎发育的异常。长期在电脑前工作的女士，你是否还发现你的面部可能已经出现了干燥、色斑、眼角细纹等“有碍观瞻”的问题？电脑族的健康问题已经开始引起人们的关注，作为电脑一族的你，一定要注意连续工作 4 小时就要起身活动一下，做些简单的保健操，此时，不妨再来上一杯保健的茶饮，舒缓你疲劳的身体吧。常用于电脑族日常保健的茶饮材料有枸杞子、决明子、伸筋草、红枣等。

黄芪红枣茶

茶饮材料　黄芪20克，芍药6克，桂枝6克，生姜12克，红枣10颗。

泡饮方法　先将生姜切片，再与另4味茶材一并装入茶包袋后置入锅中，加入约1000毫升水，煮沸，代茶饮用。也可做早餐或下午的茶饮。

芍药

茶饮功效　健脾，益气，活血。

适饮症状　可减缓长时间使用键盘时的手腕酸痛现象。单独冲泡红枣，有镇静利尿及增加血液循环功能。

相关禁忌　素体内热，感冒咽喉痛者忌饮。

绿豆薏苡仁汤

茶饮材料　薏苡仁200克，绿豆200克，白糖适量。

泡饮方法　先将薏苡仁用水浸约3小时，绿豆洗净后，一并放入锅中，加入适量清水，煎煮至熟烂后，加糖搅匀，再煮片刻即可。取汤水代茶频饮。

茶饮功效　清热解毒，健脾益气，利尿消肿。

适饮症状　适合经常熬夜工作者或是心烦气躁、口干舌燥、便秘、青春痘者饮用。

枸杞茶

茶饮材料　枸杞子 15 克。

泡饮方法　将枸杞子放入锅中，加水煎煮约 30 分钟，待温后代茶饮用。

茶饮功效　补肝，益肾，明目。

适饮症状　对电脑一族的眼睛酸涩、疲劳、近视加深都有较好的辅助治疗作用。

伸筋茶

茶饮材料　伸筋草 20 克，鸡血藤 15 克，枳壳 12 克，天门冬 12 克，甘草 6 克，红糖适量。

枳壳

泡饮方法　将伸筋草、鸡血藤、枳壳、麦冬和甘草一并装入茶包中，置于大茶杯内，冲以 1000 毫升沸水，闷泡约 15 分钟，待茶水泡至深黄色时，加入适量红糖调匀即可。可冲泡 2 次，代茶频饮。连续饮用 30 天。

茶饮功效　舒筋活血，除湿消肿。

适饮症状　减缓因久坐计算机前而出现腰酸背痛。

相关禁忌　女士月经期间禁用。

密蒙花茶

茶饮材料　密蒙花（干）3~5 克。

泡饮方法　将密蒙花的干燥花瓣放入杯中，沏入沸水，闷泡约 10 分钟后即可，可酌加红糖或蜂蜜一同饮用。也可与蜜糖、绿茶一起加水煎煮后，代茶频服。

茶饮功效　清热养肝，明目退翳。

密蒙花

适饮症状　目赤肿痛，多泪羞明，眼生翳膜，风眩烂眼，肝虚目暗，视物昏花等。

相关禁忌　目疾属阳虚内寒者慎用。

决明子茶

茶饮材料　决明子 250 克。

泡饮方法　将决明子稍炒微黄备用，每次取 25 克置于大茶杯中，冲以沸水，闷泡约 10 分钟后，代茶频饮。

茶饮功效　清肝明目，略益肾阳，润肠通便。

适饮症状　缓解眼疲劳，还可于晚餐后饮用以治疗便秘。

相关禁忌　脾虚便溏者不宜饮用。

枸杞菊花茶

茶饮材料　枸杞子 12 克，菊花 6 克，桑叶 6 克，谷精草 3 克，蜂蜜适量。

泡饮方法　将枸杞子、菊花、桑叶和谷精草一并装入茶包中，置入大茶杯内，冲以 1000 毫升沸水，闷泡约 10 分钟，待茶水泡至淡黄色时，加入适量蜂蜜调匀即可。代茶频饮。

茶饮功效　明目清肝，清热解郁。菊花茶可吸收荧光屏的辐射。

适饮症状　减缓久盯荧幕而产生的两眼干涩昏花现象，还可阻止视力衰退。

杜仲茶

茶饮材料　杜仲 12 克。

泡饮方法　将杜仲置于锅内，加水煮沸后，代茶不拘时饮用。

茶饮功效　补血，强筋壮骨。

适饮症状　对久坐所致的腰酸背痛有辅助治疗作用。

双果绿茶

茶饮材料　绿茶 10 克，红枣 10 枚，无花果 10 克，冰糖适量。

无花果

泡饮方法　将绿茶、红枣和无花果一并置于茶杯中，冲入适量沸水，闷泡约 20 分钟后，加入冰糖调味，代茶不拘时饮用。

茶饮功效　补脾健胃，提神。

适饮症状　倦怠乏力，脾胃虚弱。

相关禁忌　睡前或神经衰弱者不宜饮用。

六、其他日常保健茶饮

（一）中暑茶饮

中暑俗称发痧，古称暍。指在高温、高湿和热辐射的长时间作用下，机体体温调节障碍，是水、电解质代谢紊乱及神经系统功能损害等症状的总称。颅脑疾患的病人，老弱及产妇等耐热能力差者，尤易发生中暑。除了高温、烈日曝晒，工作强度过大、时间过长，睡眠不足，过度疲劳等也是常见的中暑诱因。其症状表现为发热、乏力、皮肤灼热、头晕、恶心、呕吐、胸闷、烦躁不安、脉搏细速、血压下降等，严重者还会出现剧烈头痛、昏厥、昏迷、痉挛等症状。中暑按其发展进程和病情的轻重程度可分为先兆中暑、轻度中暑和重度中暑。减少中暑的发生，重在预防，改善劳动条件，避免长时间的高温作业，并及时补充水分及营养。发生中暑情况，应及时将病人转移到阴凉通风处，补充水和盐分，防止出现休克等症状。常用于中暑的茶饮材料有藿香、野菊花、绿豆、芦根、冬瓜皮等。

莲藕茶

茶饮材料　莲藕500克。

泡饮方法　将莲藕捣汁，代茶频饮。

茶饮功效　清热除烦，去暑消炎。

适饮症状　中暑，症见神志不清，腹部隐痛。

苦瓜绿茶

做法同苦瓜茶

茶饮功效　清热，解暑，除烦。

适饮症状　中暑，症见发热，口渴烦热，小便不利等。

白兰花茶

茶饮材料　白兰花10~15克。

白兰花

泡饮方法　将白兰花放入杯中，冲入沸水，温浸片刻后即可饮用。也可将白兰花研为末，调入蜂蜜中，每次取适量，以温开水冲服饮用。

茶饮功效　化湿，行气，止咳。

适饮症状　中暑。对咳嗽，前列腺炎，妇女白带等也适用。

相关禁忌　肺热咳嗽、痰多黄稠者勿用。

藿香茶

茶饮材料　藿香 15 克。

泡饮方法　将藿香置于茶杯中，冲以沸水，闷泡约 10 分钟后，代茶频饮。

茶饮功效　清暑辟浊，利湿醒脾。

适饮症状　暑湿，症见头昏胸闷，恶心作呕，伴困倦不舒。亦可用于预防中暑。

相关禁忌　阴虚火旺及胃有实热者不宜饮用。

三皮清暑饮

茶饮材料　鲜西瓜皮、冬瓜皮、丝瓜皮各 50 克，冰糖适量。

西瓜皮

泡饮方法　将鲜西瓜皮、冬瓜皮、丝瓜皮一并放入锅中，加水煎煮约 15 分钟即可。取汁，加适量冰糖，代茶温服。

茶饮功效　清热，去暑，利尿。

适饮症状　中暑轻症。

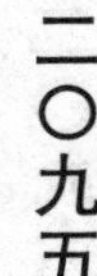

茅根甘蔗茶

茶饮材料　白茅根 60 克，甘蔗 250 克。

泡饮方法　将白茅根与甘蔗一同放入锅中，加水煎煮汤，取汤汁代茶频饮。

茶饮功效　清热利尿，解暑除烦，生津止渴，润肺和胃。

适饮症状　暑热烦躁等。

三物香薷茶

茶饮材料　香薷 10 克，厚朴 5 克，白扁豆 15 克。

泡饮方法　将香薷、厚朴和白扁豆一并置于茶杯中，冲入适量沸水，闷泡约 15 分钟即可，代茶随饮。

茶饮功效　解暑发汗，化湿和中。

适饮症状　胃肠型感冒轻症；暑湿所致的无汗，头身疼痛，全身不适，胸闷，大便溏泻。

相关禁忌　痢疾泄泻者忌用。

清暑花茶

茶饮材料　野菊花 10 克，荷花 10 克，茉莉花 3 克。

荷花

泡饮方法　将野菊花、荷花、茉莉花一并置于杯中，冲入适量沸水，盖闷片刻，待稍凉后，代茶频饮。

茶饮功效　清暑解热，芳香开窍。

适饮症状　中暑轻症，预防中暑。

绿豆酸梅茶

茶饮材料　绿豆 100 克，酸梅 50 克，白糖适量。

泡饮方法　将绿豆与酸梅一同置于锅中，加水煎煮后，去渣取汁，再调入白糖，溶化调匀，待凉后，代茶不拘时饮用。

茶饮功效　清热解暑。

适饮症状　暑热烦躁，夏季常用饮料。

清热化湿茶

茶饮材料　芦根 100 克，竹茹 5 克，焦山楂 10 克，炒麦芽 10 克，橘红 3 克，桑叶 5 克。

芦根

泡饮方法　将以上茶村研成粗末后，置于茶杯中，冲入适量沸水，闷泡约 10 分钟即可，代茶频饮。

茶饮功效　清热解暑，化湿和胃，清利头目。

适饮症状　暑热伤脾，症见头昏乏力，纳谷不佳，烦渴等。

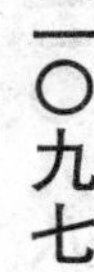

豆子汤

茶饮材料　绿豆30克，赤小豆30克，黑豆30克。

泡饮方法　将绿豆、赤小豆、黑豆一并置入锅中，如水600毫升，煮到豆子脱皮，水余约200毫升即可。饮汤食豆，每日2次。

茶饮功效　清热，健脾，消暑，防痱。

适饮症状　中暑轻症，感冒发热。

豆子汤

（二）发烧茶饮

正常成年人的口腔温度为36.5~37.2℃，腋窝温度较口腔温度低0.3~0.6℃，直肠温度（也称肛温）较口腔温度高0.3~0.5℃。小孩比成年人高，老人则比年轻人低。如果体温高出了正常的范围，即为发烧。发烧本身不是疾病，而是一种常见的临床症状，它是由于脑部本身的异常状态或毒性物质影响体温调节中枢而发生的。发烧可分为感染性发热及非感染性发热两类。一般来说，突然爆发的高烧（38.5~40℃）通常意味着体内有病菌感染，如感冒、肺炎、脑膜炎、猩红热等急性炎症；而长期持续的低烧（37.3~38.5℃）则意味着免疫系统遭到了破坏，如肺结核、风湿热、红斑狼疮、癌症等都会不同程度地表现出低烧的症状。当发烧超过38.0℃持续三个星期以上，使用各种检查方法而无法查出病因时就叫作不明热。中医则将发烧分为外感发热和内伤发热两种。常用于发烧的茶饮材料有金银花、野菊花、荆芥等。

花草茶

茶饮材料　百里香5克，菩提花5克，洋甘菊5克。

泡饮方法　将百里香、菩提花及洋甘菊混合后放入杯中，冲入沸水，泡5分钟左右后即可。温饮，一日数次。

菩提花

茶饮功效　清热发汗。

适饮症状　感冒发热。

三叶青蒿茶

茶饮材料　青竹叶10克，鲜藿香叶30克，茶叶10克，青蒿15克。

泡饮方法　先将茶叶入杯中以沸水冲泡，将青竹叶、鲜藿香叶、青蒿入锅中加水煎汤，再将汤汁冲泡好茶水混合即可。每日1剂。代茶饮。

茶饮功效　清热，化湿，解暑。

适饮症状　夏季中暑，高烧口渴，烦闷恶心、呕吐等。

荆芥紫苏茶

茶饮材料　荆芥10克，紫苏叶10克，绿茶6克，生姜6克。

泡饮方法　将荆芥、紫苏叶、绿茶和生姜一同放入锅中，加入适量清水后煎煮约20分钟即可。去渣取汤代茶频饮。每日3剂。

茶饮功效　发表散寒。

适饮症状　外感风寒之发热初期、中、低热。

荆芥

荸荠甜饮

茶饮材料　荸荠250克，白糖适量。

泡饮方法　将荸荠去皮磨烂后，放入大杯中，冲入沸水1000毫升，再加入适量白糖，调匀即可。凉凉后代茶频饮。

荸荠

茶饮功效　清热生津，清暑解渴。

适饮症状　小儿夏季热。

野菊竹叶茶

茶饮材料　野菊花 10 克，竹叶 10 克，桑叶 6 克，绿茶 6 克，薄荷 3 克。

泡饮方法　将野菊花、竹叶、桑叶和绿茶一同放入锅中，加入适量清水煎煮，水沸后约 15 分钟，将薄荷放入锅内一并再煎 5 分钟即可。去渣取汤代茶饮。每日 3 剂。

茶饮功效　清热解表。

适饮症状　外感风热初期发热，微恶风寒。

柳树皮茶

茶饮材料　柳树皮 20 克。

泡饮方法　将柳树皮撕碎后放入杯中，冲以适量沸水即可。顿服。

茶饮功效　清热祛风。柳树皮含有丰富的与阿司匹林类似的化合物水杨酸，故被认为是“天然的退烧药”。

适饮症状　发热。

葱白生姜茶

茶饮材料　葱白 25 克，生姜 25 克，茶叶 15 克。

泡饮方法　将葱白、生姜捣烂，同茶叶一块放入砂锅内，加水 250 毫升煎煮，去渣取汁，一次服完后，盖被卧床休息。

茶饮功效　解表发汗。

适饮症状　风寒束体之发热、头痛无汗。

芦根茶

茶饮材料　芦根 30 克，细茶叶 10 克。

泡饮方法　先将细茶叶放入杯中以沸水冲泡，将芦根入锅中加水煎汤后，再将汤汁与茶水混合即可饮用。每日 3 剂。

茶饮功效　清热解肌。

适饮症状　外感风热之高热。

蒲公英茶

茶饮材料　蒲公英30克，紫苏叶10克，金银花15克，绿茶15克。

泡饮方法　先将绿茶放入杯中以沸水冲泡，将蒲公英、紫苏叶和金银花入锅中加水煎煮约20分钟即可，取汤汁与茶水混合，代茶饮。每日2剂。

茶饮功效　清热解毒。

适饮症状　感冒、急性扁桃体炎等引起的发热，微恶风寒。

相关禁忌　脾虚便溏者忌饮。

蒲公英

（三）水肿茶饮

水肿，俗称浮肿。它是指血管外组织间隙积液过多，导致皮肤肿胀，皮纹展开，按后出现凹陷，是临床的常见症状之一，同时也是某些疾病的信号。大部分的水肿都是由肾脏或心脏疾病引起的，另外，肝病的腹水、蛋白质不足引起的营养失调或更年期障碍的荷尔蒙异常等，也会造成水肿。也有部分水肿并非疾病的表现，只是一种生理反应。水肿可发生在头面、眼睑、四肢、腹背甚至全身。按其发生的部位可以分为全身性水肿和局限性水肿。按其病因全身性水肿又可以分为心源性水肿、肾源性水肿、肝源性水肿、营养不良性水肿、结缔组织病所致的水肿、变态反应性水肿、内分泌性水肿、特发性水肿等；局限性水肿可分为静脉梗阻性水肿、淋巴梗阻性水肿、炎症性水肿和变态反应性水肿等。中医理论认为水肿有阳水和阴水，治疗应辨证以施治。常用于水肿的茶饮材料有玉米须、冬瓜皮、车前草、赤小豆等。

黑豆巴戟天茶

茶饮材料　黑豆 100 克，巴戟天 15 克。

泡饮方法　将黑豆、巴戟天用清水冲洗干净放入锅中，加入适量清水后，煎煮约 40 分钟即可。食黑豆，取汤水代茶饮。

巴戟天

茶饮功效　滋肾补中，利水消肿。

适饮症状　妊娠水肿，可改善孕期水肿症状。

蚕豆壳冬瓜皮茶

茶饮材料　蚕豆壳 20 克，冬瓜皮 50 克，红茶 20 克。

泡饮方法　将蚕豆壳、冬瓜皮及红茶放入锅内，加约 1500 毫升清水煎煮，至水剩下约 1/3 时即可。去渣取汁，代茶频饮。

茶饮功效　健脾除湿，利水消肿。

适饮症状　肾炎水肿，心源性水肿。

玉米须茶

茶饮材料　玉米须 30 克，茶叶 5 克。

泡饮方法　将玉米须和茶叶一同放入杯中，冲入沸水闷泡约 5 分钟即可。代茶频饮。

茶饮功效　清热利水，降血压。

适饮症状　肾炎水肿及合并高血压症。

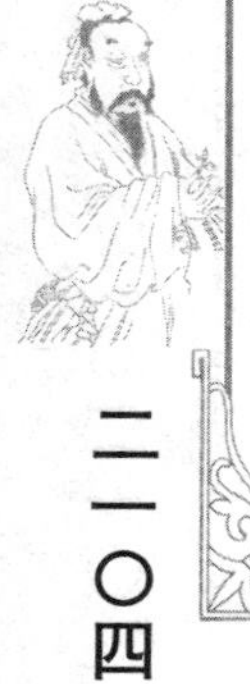

麻黄葡萄茶

茶饮材料　麻黄20克，葡萄20克，透骨草20克，红枣10克，松萝茶20克。

泡饮方法　将以上五味茶材一同放入锅中，加入适量清水煎煮后，去渣取汁。代茶不拘时频饮。

麻黄

茶饮功效　发汗解表，利水消肿。

适饮症状　急性肾炎水肿。

二皮饮

茶饮材料　冬瓜皮20克，茯苓皮20克。

茯苓皮

泡饮方法　将冬瓜皮、茯苓皮置于锅中，加水 2000 毫升，大火煮沸后分多次代茶饮用。

茶饮功效　利尿消肿。

适饮症状　水肿患者。

相关禁忌　因营养不良而致虚肿者慎用。

车前草茶

茶饮材料　车前草约 20 克。

泡饮方法　先将车前草制成粗末后，放入杯中，以沸水冲泡，闷约 10 分钟即可。代茶饮。

茶饮功效　清热明目，化湿利水，止咳祛痰。

适饮症状　水肿，小便不利，温热淋证，咳嗽痰多等。

竹叶陈皮茶

茶饮材料　淡竹叶 10 片，陈皮 10 克，少许冰糖。

泡饮方法　将淡竹叶、陈皮放入锅中，加入适量清水，煮沸后去渣取汁，加入冰糖拌匀即可。频饮。

茶饮功效　健脾强肾，利水消肿。

适饮症状　肾炎所引起的水肿。

肾炎水肿茶

茶饮材料　白茅根 30 克，一枝黄花 30 葫芦壳 15 克。

泡饮方法　先将白茅根、一枝黄花和葫芦壳捣碎，后置于茶杯中，以沸水适量冲泡，盖闷约 15 分钟即可。每日 1 剂，分 2~3 次饮完。

茶饮功效　清热解毒，利水消肿。

适饮症状　急性肾炎水肿，症见眼睑浮肿，继而延及头面、四肢乃至全身，小便涩少或不利。

相关禁忌　慢性水肿，小便如常，食少面黄，脾肾虚寒者忌用。

瓜皮荷叶茶

茶饮材料　新鲜西瓜皮 250 克或干西瓜皮 50 克，鲜荷叶 30 克。

泡饮方法　将西瓜皮与鲜荷叶一同放入锅中，加水煎煮，取水代茶饮。每日1剂。

茶饮功效　利水消肿。

适饮症状　各种水肿。

妊娠水肿茶

茶饮材料　赤小豆50克，冬瓜皮60克。

泡饮方法　将赤小豆与冬瓜皮一同放入锅中加水煎煮，取水饮用，每日2次，直至消肿。

茶饮功效　消胀止水。

适饮症状　妊娠水肿等。

（四）酒后茶饮

酒的主要成分是乙醇，或称为酒精，属于中枢神经系统抑制剂。人饮酒后通过胃肠吸收入血，再经过肝的分解而排出体外。历来医家多将酒看成良好的药物，认为酒为水谷之气，性热，入心、肝二经，畅通血脉，少饮有益，但大量饮酒却会造成危害。酒对胃肠、肝副作用最大，其次为神经系统。此外，酒精是一种性腺毒素，过量或长期饮酒可使性腺中毒，引起性欲减退，精子畸形和阳痿，女性出现月经不调，停止排卵。饮酒过量还会造成维生素B_1的缺乏，产生口腔炎、口腔溃疡，甚至引起贫血和精神失常。但是在日常生活中饮酒又常常是不可避免的，这时我们可以选用一些有解酒功能的茶饮帮助机体更快地代谢掉那些有害的物质，把酒精对机体的损伤降低到最小。常用于醉酒的茶饮材料有酸枣、葛根、葛花、橄榄等。

酸枣葛根茶

茶饮材料　酸枣、葛根各10~15克。

泡饮方法　将以上两味材料放入锅中，加水煎煮，去渣取汁，代茶饮，每日1剂。

茶饮功效　清凉，醒酒，利尿。

适饮症状　醉酒后饮用。

柑皮茶

茶饮材料　柑橘皮10克，食盐1.5克。

泡饮方法　将柑橘皮焙干、研末，与食盐同放锅中，加水煎煮，去渣取汁，代

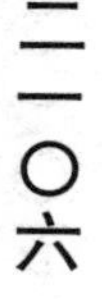

茶饮。

茶饮功效　解毒，安神。

适饮症状　醉酒。

芹菜解酒茶

茶饮材料　鲜芹菜250克，红糖适量。

泡饮方法　将芹菜切细段放入锅中，加水适量煎汤，加入红糖，代茶频饮。

茶饮功效　清利头目。

适饮症状　醉后头痛、脑涨和颜面潮红。

葛花茶

茶饮材料　葛花10克。

泡饮方法　将葛花放入锅中加水煎煮，取汁代茶饮。

茶饮功效　解酒醒神。

芹菜

适饮症状　轻度酒精中毒。

三豆解酒饮

茶饮材料　绿豆、赤小豆、黑豆各50克，甘草15克。

泡饮方法　将以上四味茶材放入锅中，加水适量煎煮至豆熟，汤豆同服。

茶饮功效　提神解酒。

适饮症状　减轻酒精中毒症状。

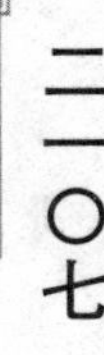

三生茶

茶饮材料　鲜生藕1000克，生梨100克，冬瓜100克。

泡饮方法　将以上三味茶材洗净，切片，放入锅中加水适量煎汤，代茶频饮。

茶饮功效　清热利湿，解酒安神。

适饮症状　解酒，减轻酒精中毒的程度。

萝卜解酒茶

茶饮材料　白萝卜250克，红糖适量，食醋少许。

泡饮方法　将白萝卜切丝放入锅中，加水适量煎汤，放入红糖及少许食醋，代茶频饮。

茶饮功效　解酒，清心，安神。

白萝卜

适饮症状　解酒，减轻酒精中毒的程度。

蛋清奶茶

茶饮材料　生蛋清1个，鲜牛奶250毫升，霜柿饼1个。

泡饮方法　将柿饼切成小块放入锅中，加入牛奶与蛋清同煮，至蛋熟即可，代茶饮。

茶饮功效　消渴，清热，解醉。

适饮症状　酒后服食。

葡萄蜂蜜茶

茶饮材料　葡萄 20 枚，蜂蜜适量。

泡饮方法　将葡萄取籽放入锅中，加水煎煮，调入适量蜂蜜，代茶饮。

茶饮功效　促进代谢，减轻头痛。

适饮症状　醉酒尤其是红酒引起的酒后头痛症状。

青果茶

茶饮材料　橄榄 10 枚。

泡饮方法　将橄榄去核放入锅中加水煎煮，去渣取汁，代茶饮。

茶饮功效　解毒，安神。

适饮症状　醉酒。

枳椇子解酒茶

茶饮材料　枳椇子 6~15 克。

泡饮方法　将枳椇子放入杯中，冲入沸水闷泡约 10 分钟后即可饮用。

茶饮功效　解酒毒，止渴除烦，止呕。

适饮症状　饮酒过量，醉酒烦渴，酒精中毒，慢性酒精中毒性肝硬化等。

相关禁忌　脾胃虚寒者忌用。糖尿病人不可多用。

洛神花茶

茶饮材料　洛神花 1~3 朵，冰糖或蜂蜜。

泡饮方法　将洛神花的干花萼撕成小块，放入杯中，倒入沸水，盖杯盖闷 5~8 分钟，过滤后，加入冰糖或蜂蜜，搅拌饮用。或将其与清水一并置入锅中，小火慢煮，水沸后稍凉，捞去残渣，加入蜂蜜，即可饮用。

茶饮功效　清热解毒，降血压，解酒。

适饮症状　醉酒。

相关禁忌　肠胃虚冷者不宜多用。

洛神花茶

（五）不孕茶饮

不孕症是指夫妻同居两年以上未经避孕而不能怀孕者。中医称原发性不孕为“无子”，继发性不孕为“断嗣”。导致不孕的主要因素有：内分泌失调，输卵管炎症，子宫后倾后屈形态异常，慢性宫颈炎或雌激素水平低下，阴道畸形，少数妇女因性染色体畸变导致不孕。中医认为因肾阳不足，气滞血瘀，痰湿内阻，冲任不和导致月经不调，阻塞胞宫，而造成不孕。治疗不孕宜辨证论治，采用补肾助阳、疏肝理气、化痰通络之方，调整改善卵巢功能，使气血充盈，经脉通畅，自然可孕。常用于不孕的茶饮材料有陈皮、锁阳、桑葚等。

锁阳桑葚茶

茶饮材料　锁阳500克，桑葚500克，蜂蜜100克。

泡饮方法　将锁阳和桑葚放入锅中，加适量水同煎2次，合并煎汁，去渣取汁，用小火浓缩，加入蜂蜜，熬成膏状备用。每日10克，开水冲泡代茶饮。

茶饮功效　补肾阳，益精血，润肠通便。

适饮症状　阳虚精亏，腰膝无力，不孕，不育等。

陈皮茶

茶饮材料　陈皮6克，乌龙茶少许。

泡饮方法　将以上两味茶材放入杯中，用沸水冲泡，代茶饮。

茶饮功效　燥湿化痰，理气调经。

适饮症状　久不受孕兼食欲不振。

蚕姜煎

茶饮材料　蚕砂 12 克，生姜 10 克。

泡饮方法　将以上两味茶材放入锅中，加水煎煮，每日 1 剂，代茶饮。

茶饮功效　化浊和胃安胎。

适饮症状　久不受孕素体湿重者。

启宫助孕茶

茶饮材料　制半夏、苍术、制香附、炒神曲、白茯苓、陈皮各 60 克，川芎 90 克。

泡饮方法　将以上七味茶材一同研细末，用纱布袋分包，每包重 20 克。每服取 1 包置大茶壶内，以沸水 300 毫升泡闷 15 分钟，代茶频饮。每日 1 剂。7~10 天为 1 个疗程。经期停服，连服 2~3 个疗程。

茶饮功效　燥湿化痰，助孕。

苍术

适饮症状　久不受孕者兼见形体肥胖，面色白，时有头昏心悸或月经后期量少色淡，伴有腹胀。

相关禁忌　体瘦血少，肝旺有火者忌用。

（六）阳痿茶饮

阳痿又称“阳事不举”，是最常见的男子性功能障碍性疾病。指男性在性生活时，阴茎不能勃起或勃起不坚或坚而不久，不能完成正常性生活，或阴茎根本无法插入阴道进行性交。当性交失败率超过25%时可诊断为阳痿。阳痿多数属功能性，少数属器质性。常见原因有精神神经因素，如幼年时期性心理受到创伤，或新婚缺乏性知识，有紧张和焦虑的心理，或夫妻感情不和，或不良习惯，自慰过度等；神经系统病变，如局限性癫痫、脑炎、脑出血压迫等，脊髓损伤、脊髓肿瘤，慢性酒精中毒，多发性硬化症，盆腔手术损伤周围自主神经等；内分泌病变，如糖尿病，垂体机能不全，睾丸损伤或功能低下，或甲状腺机能减退及亢进，肾上腺功能不足等；泌尿生殖器官病变，如前列腺炎、前列腺增生、附睾炎、精索静脉曲张等。另外，药物也可能导致阳痿。中医认为阳痿主要因房事过度，命门火衰，抑郁伤肝，思虑惊恐损伤心脾，肝经湿热，阴湿伤阳等所致。常用于阳痿的茶饮材料有人参、枸杞子、鹿茸、菟丝子等。

人参茶

茶饮材料　人参15克。

泡饮方法　将人参放入锅中，水煎30分钟后泡茶，代茶饮，若味浓可再冲入沸水，直至冲淡为止。

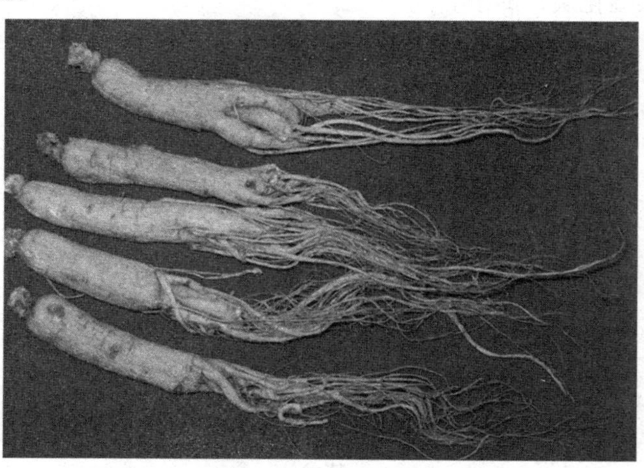

人参

茶饮功效　补气助阳。

适饮症状　肾阳不足，性欲低下或阳痿。

相关禁忌　实症、热症忌饮（如由于突然气壅而得的喘症；由于燥热引起的咽喉干燥症；一时冲动引发的吐血鼻衄等症）。

杞子绿茶

做法见杞子绿茶

茶饮功效　益肝明目，补肾润肺。

适饮症状　肝肾不足，性欲减退或阳痿。

枸杞子

相关禁忌　感冒发烧、身体有炎症、腹泻的人不宜饮用。

菟丝枸杞茶

茶饮材料　菟丝子 10 克，枸杞子 10 克，红糖适量。

泡饮方法　将菟丝子洗净后捣碎放入杯中，加入枸杞子及适量红糖，冲入沸水 200 毫升，闷泡 10 分钟后，代茶饮用。

茶饮功效　补肾固精，养肝明目。

适饮症状　阳痿患者属腰背酸痛，面色白者。

相关禁忌　凡阴虚火旺或实热证者忌用。

胡萝卜饮

茶饮材料　胡萝卜 150 克，苹果 200 克，牛乳 100 毫升，鸡蛋黄 1 个，人参酒 30 毫升，蜂蜜适量。

泡饮方法　将固体原料切碎后，与液体原料一同放入果汁机制汁，并可酌加冷开水即成，代茶饮用。

茶饮功效　滋补强壮。

适饮症状　性功能低下，阳痿。

相关禁忌　本方不适宜长久饮用。

第九节　疾病调养茶饮

一、呼吸系统疾病茶饮

（一）咳嗽茶饮

咳嗽是呼吸系统疾病中较常见的症状之一，很多呼吸系统的疾病都会伴有咳嗽的症状，即使在平时健康的状态下，人们偶尔也会咳嗽两声。它其实是人体的一种保护性反射动作，对机体是有益的。当呼吸道黏膜受到异物、炎症、分泌物或过敏性因素等刺激时，就会引起反射性的咳嗽。这可以帮助排除自外界侵入呼吸道的异物或分泌物、消除呼吸道刺激因子。咳嗽无痰或痰量很少的称为干咳，常见于急性咽喉炎、支气管炎的初期；急性骤然发生的咳嗽，多见于支气管内有异物的情况；而长期慢性的咳嗽，多见于慢性支气管炎、肺结核等疾病。常用于咳嗽的茶饮材料有陈皮、菊花、杏仁、川贝等。

陈皮茶

茶饮材料　陈皮10克，白糖适量。

陈皮茶

泡饮方法　将陈皮用水洗净，撕成小块，放入杯内，沏入沸水，盖上杯盖闷好。然后将泡闷的陈皮汁倒出，汁内加入白糖搅匀即可。可日常代茶饮用。

茶饮功效　健脾理气，化痰止咳。

适饮症状　咳嗽气喘，胸闷，痰多清稀。

相关禁忌　橘子树常会遭病虫害，为了防止虫害，在橘子树开花结果期间会对其喷洒农药，因此新鲜橘皮上可能会有残留的农药，故经处理的橘子皮尽量不要用来泡茶饮用。

姜汁茶

茶饮材料　生姜捣汁 2.5 克，饴糖 5 克。

泡饮方法　将生姜汁和饴糖一并放入杯内，冲入沸水即可。每日 2~3 次。可代茶饮。

茶饮功效　温中止呕，散寒解热，化痰止咳。

适饮症状　咳嗽伴有恶心呕吐者。

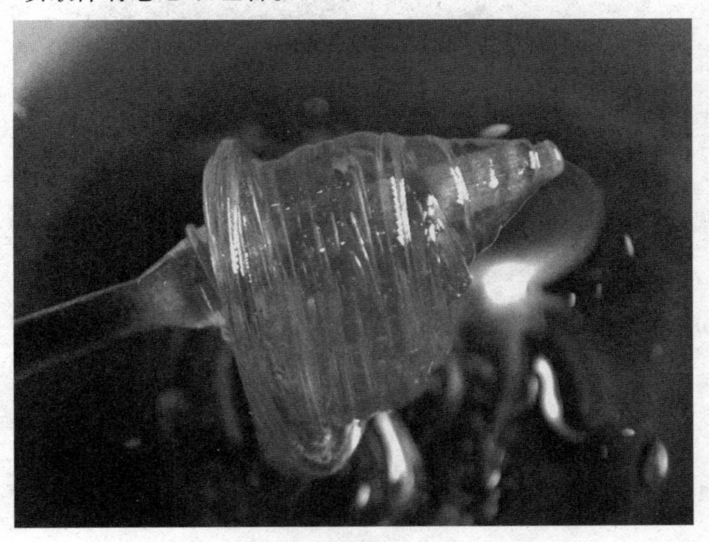

饴糖

白萝卜茶

茶饮材料　白萝卜 100 克，绿茶 5 克。

泡饮方法　将绿茶用沸水冲泡 5 分钟后，取汁；将白萝卜洗净，切片，置锅中煮烂后，倒入茶汁即可。每日 2 剂，不拘时温服。

茶饮功效　理气开胃，清热化痰。

适饮症状　肺热咳嗽，痰多，色黄或灰白。

相关禁忌　体质虚弱、脾胃虚寒、虚喘者忌饮。饮此茶勿同时吃胡萝卜。

清肺止咳茶

茶饮材料　玄参5克，麦冬5克，桔梗5克，乌梅3克，生甘草3克。

泡饮方法　将玄参、麦冬、桔梗、乌梅及生甘草一同置于茶壶中，用适量沸水冲泡，闷15分钟，代茶频饮。每日1剂。

茶饮功效　清咽止咳，养阴敛肺。

适饮症状　久咳不止，肺阴亏损。症见咽干无痰，咳嗽剧烈，舌红或有潮热、盗汗者。

相关禁忌　风寒咳嗽者忌用。

玄参

杏梨茶

茶饮材料　苦杏仁10克，鸭梨1个，冰糖少许。

泡饮方法　先将杏仁去皮和尖后，打碎；将鸭梨去核后，切成小块。再将二者一同放入锅中，加入适量清水炖煮。煮熟后加入冰糖即可。取汤水代茶不拘时频饮。

茶饮功效　润肺平喘，止咳化痰。

适饮症状　肺燥咳嗽。

大蒜茶

茶饮材料　大蒜十几瓣，冰糖适量。

泡饮方法　将大蒜瓣捣成泥状放入杯中，加冰糖适量，用沸水冲泡，温服当茶饮，每日1次，咳嗽严重者每日2次。

茶饮功效　具有快速止咳化痰的特效。

适饮症状　咳嗽不已，持续不愈者。

相关禁忌　患有胃病者忌用。

沙参麦冬茶

茶饮材料　沙参5克，麦冬5克，桑叶5克。

泡饮方法　将沙参、麦冬、桑叶一同放入杯中，冲入沸水，盖上杯盖后闷15分钟左右即可。代茶频饮。每日1剂。

茶饮功效　养阴润肺，清燥止咳。

适饮症状　肺热阴虚，久咳不止，咽干无痰，或痰少黏稠，伴有虚热盗汗。

相关禁忌　风寒及痰湿咳嗽者禁用。

桑菊饮

茶饮材料　桑叶、杭白菊各5克，薄荷3克，蜂蜜适量。

泡饮方法　将桑叶和杭白菊一同放入锅中，加水煎约半小时后，再放入薄荷煎煮片刻，兑入蜂蜜即可。代茶饮用。

薄荷

茶饮功效　祛风散寒，解热止咳。

适饮症状　咳嗽，发热，头痛。

山梨冰糖饮

茶饮材料　山梨 1~2 个，冰糖适量。

泡饮方法　将山梨切片后置于锅中，加入适量冰糖，以适量清水一同煎煮，取汤水代茶饮用。

茶饮功效　清热化痰，燥湿健脾。

适饮症状　肺热咳嗽，痰多。

相关禁忌　糖尿病患者慎用。

苦丁茶

茶饮材料　苦丁茶 3 克，绿茶 3 克。

泡饮方法　将苦丁茶和绿茶放入杯中，沏入沸水即可。

苦丁茶

茶饮功效　补肝肾，益气血，止咳化痰，去湿利尿。

适饮症状　肺痨咳嗽，劳伤失血，腰膝痿软等。

相关禁忌　脾胃虚寒、腹泻、寒性痛经者忌饮。

百合花茶

茶饮材料　百合花 2~3 克，冰糖适量。

泡饮方法　将百合花与冰糖一起放入杯中，冲入沸水泡约 10 分钟后即可饮用。

茶饮功效　清热润肺，宁心安神。

适饮症状　啼热咳嗽痰黄稠或肺燥干咳无痰或少痰。

相关禁忌　外感风寒咳嗽及体虚失眠者慎用。

（二）感冒茶饮

中医认为感冒即感受了风邪或时行疫毒，导致肺胃失和，出现了鼻塞、喷嚏、流涕、头痛、恶寒、发热、全身不适等临床症状。病情轻者称“伤风”，重者称“重伤风”，其致病因素为“六淫”，即“风、寒、暑、湿、燥、火”等六种邪气。其主要致病因素为感受风邪疫毒，尤其是在气候突变，寒暖失常，体质较弱时易发。按其症候表现可分为风寒、风热、暑湿及体虚感冒四种。

中医所说的感冒即西医中的“上呼吸道感染”和“流行性感冒”两大概念。感冒是由多种类型的病毒引起的，与急性鼻炎、急性咽炎、扁桃体炎以及气管炎等一系列的症候群构成了“上呼吸道感染”这个大概念。而由流感病毒引起的流行性感冒，因其传染性较强、危害严重，故被单独列出，不属于“上感”的范围。常用于感冒的茶饮材料有板蓝根、金银花、菊花等。

预防感冒茶

茶饮材料　板蓝根 3 克，大青叶 3 克，野菊花 2 克，金银花 2 克。

泡饮方法　将板蓝根、大青叶、野菊花和金银花一同放入大茶杯中，冲入沸水，闷泡 5 分钟后即可。代茶频饮。

茶饮功效　清热解毒。

适饮症状　适用于预防流行性感冒等。还可用于预防流行性脑炎、流行性肝炎及流行性呼吸道感染等。

桑菊茶

茶饮材料　桑叶 3 克，菊花 3 克，薄荷 3 克，芦根 3 克，连翘 3 克，绿茶 3 克。

泡饮方法　将以上各味茶材一同放入茶杯，加入适量沸水浸泡，约 10 分钟后即可，代茶频饮。

茶饮功效　疏风清热，解表。

适饮症状　适用于外感风热感冒，症见头痛、咽痛、鼻塞、发热等。

相关禁忌　风寒感冒者禁用。

白芷绿茶饮

茶饮材料　白芷5克，甘草3克，绿茶3克，蜂蜜25克。

泡饮方法　将白芷、甘草放入锅中，加入清水600毫升，煮沸5分钟后加入绿茶、蜂蜜即可。温时分3次饭后饮服。

茶饮功效　解表祛风，消炎镇痛，解毒。

适饮症状　感冒头痛、鼻窦炎、牙痛等症。

罗勒茶

茶饮材料　罗勒10克。

泡饮方法　把罗勒叶压碎置于杯中，冲入沸水200毫升，闷泡20分钟后，代茶饮用。

茶饮功效　发汗解表，祛风利湿。

适饮症状　感冒属外感风寒者。

相关禁忌　气虚血燥者慎用，敏感皮肤及怀孕者不可使用。

五神茶

茶饮材料　荆芥10克，紫苏叶，生姜10克，红糖30克，茶叶6克。

泡饮方法　先将荆芥、紫苏叶、生姜和茶叶放入锅中，加水以文火煎煮，15~20分钟后，加入红糖，待溶化即可。每日1剂，随量服用。

茶饮功效　发散风寒，祛风止痛。

适饮症状　风寒感冒。症见畏寒、身痛、无汗等。

牛蒡根菊花茶

茶饮材料　牛蒡根15克，菊花10克。

泡饮方法　将牛蒡根置于锅中，加水400毫升，大火煮沸后冲泡菊花，闷泡5分钟后，代茶饮用。

茶饮功效　发汗解表，清热散风。

适饮症状　感冒患者属外感风热者。

相关禁忌　脾虚腹泻者慎用。

菊花

紫苏羌活茶

茶饮材料　紫苏叶 9 克，羌活 9 克，绿茶 9 克。

泡饮方法　将紫苏叶、羌活及绿茶一同研末，放入杯中，冲入沸水，闷泡约 10 分钟即可。每日 1 剂，不拘时温服。

茶饮功效　辛温解表。

适饮症状　风寒感冒。症见恶寒发热、无汗、肢体酸痛等。

麻酱糖茶

茶饮材料　芝麻酱、红糖各适量，茶叶 5 克左右。

泡饮方法　将芝麻酱、红糖、茶叶一同放入杯中，冲入沸水后调匀，闷泡约 5 分钟后即可。随量热服，频饮。

茶饮功效　散寒解表。

适饮症状　风寒感冒初起。

双花茶

茶饮材料　金银花 3 克，野菊花 2 克。

泡饮方法　将金银花和野菊花一同放入杯中，加入沸水，盖闷 10 分钟左右后即可。代茶频饮。

茶饮功效　清头目，解热毒。

适饮症状　风热感冒。症见头痛、咽痛不适、恶寒发热、无汗、全身酸痛等。

相关禁忌　风寒感冒者慎用。

姜糖茶

茶饮材料　茶叶 7 克，生姜 10 克，冰糖适量。

泡饮方法　将生姜去皮洗净，同茶叶、冰糖一起放入锅中，加入清水煮沸 5~10 分钟后，取汁趁热饮用。饭后随量饮。

茶饮功效　散风寒，解热化痰，止咳嗽。

适饮症状　感冒轻症。症见咳嗽，头痛而涨，全身酸痛不适，胃口欠佳等。

相关禁忌　风热感冒者忌用。

山楂蜜银茶

茶饮材料　山楂 15 克，蜂蜜 300 克，金银花 400 克，茶叶 15 克。

泡饮方法　把山楂、茶叶和金银花一同放入锅中，加入清水约 1000 毫升，煮沸后 4~6 分钟，再煎熬一次，滤出药液，加入蜂蜜搅均匀。每日 3 次，每次 1 碗。

茶饮功效　清热解毒。

适饮症状　风热感冒。症见发热、头痛、口渴等。

竹叶凉茶

茶饮材料　竹叶 15 克，芦根 15 克，桑叶 10 克，菊花 10 克，薄荷 5 克。

薄荷

泡饮方法　将以上各味茶材洗净后，一同放入茶壶中，冲入沸水，闷泡约 10 分钟后即可饮用。每日1剂，温服，频饮；亦可放凉后饮用。

茶饮功效　清热解表。

适饮症状　风热感冒重症。症见发热头痛、目赤、咽喉痛及急性结膜炎等。

相关禁忌　风寒感冒者禁用。

万寿菊花茶

茶饮材料　万寿菊约15克，适量白糖。

泡饮方法　先将万寿菊洗净放入锅中，后加入清水煎煮，待水煎至一半时，去渣，加入白糖调味即可，每日分两次服用。也可将其放入杯中，加入沸水冲泡即可，代茶频饮。

茶饮功效　清热解毒，止咳。

适饮症状　风热感冒。也适用于咳嗽，百日咳，痢疾，腮腺炎，乳痈，疖肿，牙痛，口腔炎，目赤肿痛等。

相关禁忌　素有胃寒者勿用。

牛蒡银花饮

茶饮材料　牛蒡干品10克（或鲜品20克），金银花10克。

泡饮方法　将牛蒡与金银花一并置入杯中，冲入沸水闷泡约10分钟即可。

茶饮功效　清热除烦，消肿止痛。

适饮症状　外感、风热所引起的感冒、咳嗽、头痛、咽喉肿痛等。

相关禁忌　素有脾胃虚寒者不可久用。

（三）慢性支气管炎茶饮

慢性支气管炎（简称慢支）是指气管、支气管黏膜及其周围组织的慢性非特异性炎症。可由长期吸烟、感染因素、理化因素、气候突变、过敏因素等外因或呼吸道局部防御及免疫功能减低、植物神经功能失调等内因诱发。也有少数人是由急性支气管炎长期未能治愈，反复迁延而转为慢性支气管炎的。慢支在临床上以咳嗽、咳痰或伴有喘息及反复发作的慢性过程为特征。按病情的发展可分为急性发作期、慢性迁延期和临床缓解期。病情若缓慢进展，严重时可并发阻塞性肺气肿，甚至肺动脉高压、肺原性心脏病。慢支是种常见病，多发生在秋冬寒冷季节，以老年人多见，且男性患者多于女性。本病属中医“内伤咳嗽”“喘证”“痰饮”等范畴。对于慢支患者，应针对病情积极做好治疗和预防的准备，以减轻发病的症状，避免并发症的出现。常用于慢

支的茶饮材料有杏仁、款冬花、紫苏叶等。

甜瓜茶

茶饮材料　甜瓜250克，冰糖25克，绿茶1克。

泡饮方法　将甜瓜切片与冰糖一同放入锅中，加入清水煎煮约20分钟后，再加入绿茶即可。代茶频饮。

茶饮功效　清热化痰。

适饮症状　慢性气管炎。

杏红茶

茶饮材料　苦杏仁10克，九侯仙茶10克，鱼腥草10克。

泡饮方法　将苦杏仁、九侯仙茶和鱼腥草一同研成细末，放入杯中，以沸水冲泡后，代茶饮，每日1剂。

茶饮功效　清热化痰。

适饮症状　急、慢性支气管炎。

灵芝半夏厚朴茶

茶饮材料　灵芝5克，半夏5克，紫苏叶5克，厚朴5克，茯苓9克，冰糖适量。

泡饮方法　将以上茶材（除冰糖）一同研成粗末，以纱布包裹放入杯中，冲以沸水，闷约15分钟后，再加入适量冰糖即可。代茶频饮。每日1剂。

茶饮功效　扶正益肺，化痰平喘。

适饮症状　过敏性哮喘及喘息型慢性支气管炎，症见咳喘、痰白质稀、伴有哮鸣音等。

相关禁忌　热痰哮喘者忌饮。

金花茶

茶饮材料　金盏花5朵左右。

泡饮方法　用纱布将花朵包住后放入杯中，冲入沸水泡5~10分钟后即可饮用，可加入冰糖或些许蜂蜜调味。也可煎煮后代茶饮用。

茶饮功效　降气化痰，降逆止呕，软坚行水。

适饮症状　慢性支气管炎。

金盏花茶

相关禁忌　体质虚弱不宜量大久服；阴虚劳嗽，津伤燥咳者忌用。

姜芝瓜蒌饮

茶饮材料　芝麻15克，生姜15克，瓜蒌1个。

泡饮方法　将芝麻、生姜和瓜蒌一同放入锅中，以清水煎煮后，取汁代茶饮用。日服1剂。

茶饮功效　化痰止咳，润肠通便。

适饮症状　老年慢性支气管炎，症见咳喘痰多，肠燥便秘。

芝麻

款冬花茶

茶饮材料　款冬花 9 克，冰糖 9 克。

泡饮方法　将款冬花及冰糖一同置入杯中，以沸水冲泡，盖杯盖闷约 10 分钟即可。代茶频饮。

茶饮功效　润肺化痰，降气止咳。

适饮症状　急、慢性支气管炎，症见咳嗽、气喘等。还适用于感冒咳嗽等。

相关禁忌　风热咳嗽者慎用。

紫苏党参茶

茶饮材料　紫苏叶 10 克，紫苏梗 10 克，党参 15 克，蜂蜜适量。

泡饮方法　将紫苏叶、紫苏梗和党参制成的散剂，分装入 5~6 个纱布包中，每次取 1 包，置于杯中，以沸水冲泡，闷约 15 分钟后，去渣取汁，再调入蜂蜜，代茶饮用。每日早晚各 1 包。

茶饮功效　清肺化痰，止咳平喘。

适饮症状　慢性支气管炎，症见体虚乏力，咳嗽胸闷。

相关禁忌　痰黄黏稠且伴有发热者慎服。

（四）哮喘茶饮

哮喘是支气管哮喘的简称。它是机体对抗原性或非抗原性刺激引起的一种气管支气管反应过度增高的疾病，是一种发作性的痰鸣气喘疾病。发病时由于病人的支气管平滑肌痉挛、黏膜水肿和分泌物增加，造成呼吸不畅，出现气急、胸闷、哮鸣、咳嗽及咳痰等症状，严重者还会出现面色发紫、静脉怒张、冷汗不止等。支气管哮喘病程长，易反复发作，常并发慢性支气管炎和阻塞性肺气肿，严重者还可能并发肺心病，在急性发作时发生自发性气胸。

哮喘按其病因和发病机制的不同可分为外源性和内源性哮喘两大类。外源性哮喘常见于儿童及青少年。他们于幼年时即发病，多在春秋季或遇寒时发作。其可由多种明显的过敏原引起，如花粉、尘螨、真菌孢子或进食鱼、虾、牛奶、蛋类或某些药物等，且多具有家庭过敏史。内源性哮喘常见于成人及女性，病发无季节性，病发初期一般没有明显的病征，多由于呼吸道感染、寒冷空气、刺激性气体及一些生物、物理、化学或运动、神经等非抗原性因素刺激引起。

本病属中医“哮病”“喘证”的范畴。常用于哮喘的茶饮材料有杏仁、紫菀、桑叶、款冬花等。

仙人掌茶

茶饮材料　鲜仙人掌茎（去皮、刺）60克，蜂蜜30~40克。

泡饮方法　将仙人掌鲜品洗净切丝后置于保温瓶中，冲以沸水，闷约15分钟后，取汁放入杯中，再加入适量蜂蜜即可。每日1剂，顿饮或分2次服用。

茶饮功效　清热解毒，止咳平喘。

适饮症状　支气管哮喘之热喘者，症见喘息痰鸣，不能平卧，痰黄稠黏，口干舌红等。

相关禁忌　症状消失后即停药。脾肺虚寒及畏寒便溏者忌饮。

杏仁蜂蜜茶

茶饮材料　甜杏仁30克，蜂蜜30克。

泡饮方法　先将甜杏仁去皮和尖，再与蜂蜜一同放入锅中，加入适量清水炖煮。取汤，每日睡前服用。每日1剂，7日为1个疗程。

茶饮功效　润肠通便，止咳定喘。

杏仁

适饮症状　咳嗽气喘并伴有大便不畅者饮用。

核桃杏仁汁

茶饮材料　核桃仁250克，甜杏仁205克，蜂蜜500克。

泡饮方法　先将甜杏仁放入锅中，加水煎煮约1小时后，再放入核桃仁煮约10分

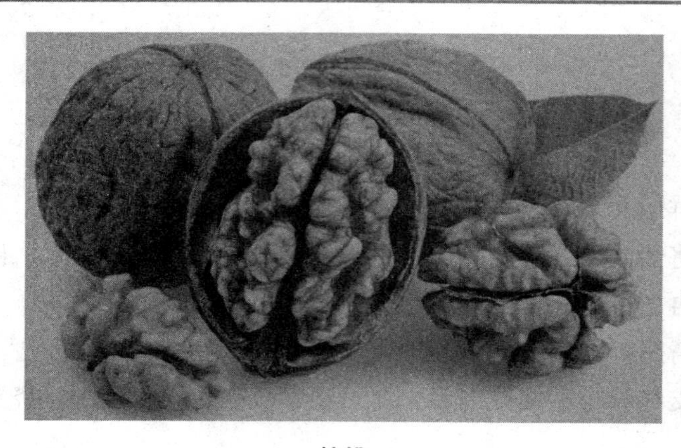
核桃

钟，后加入蜂蜜，拌匀至水沸即可关火。取汁代茶频饮。

茶饮功效　敛肺定喘，止咳化痰。

适饮症状　老年人肺肾不足之哮喘，症见喘促痰多，大便干燥。

止喘茶

茶饮材料　满山红 12 克，广地龙 6 克，紫菀 6 克。

泡饮方法　将满山红、广地龙和紫菀一同研成末后，放入杯中，冲入沸水，闷约 5 分钟后即可。代茶饮。每日 1 剂。

茶饮功效　清热止咳，平喘化痰。

适饮症状　咳嗽、哮喘。

久喘桃肉茶

茶饮材料　胡桃肉 30 克，雨前茶 15 克，蜂蜜适量。

泡饮方法　将胡桃肉与雨前茶一同放入锅中，加水煎煮后取汁，加入适量蜂蜜，代茶不拘时温服。每日 1 剂。

茶饮功效　养血，平喘止咳。

适饮症状　久喘口干。

紫菀款冬茶

茶饮材料　紫菀 5 克，款冬花 5 克，绿茶 3 克。

泡饮方法　将紫菀、款冬花及绿茶一同置于茶杯中，以适量沸水冲泡，闷约 10 分钟后即可。代茶饮。

茶饮功效　润肺下气，化痰止咳。

适饮症状　风寒咳喘气急，痰多。

桑叶茶

茶饮材料　桑叶 30 克，薄荷 10 克。

泡饮方法　将桑叶放入锅中，加水煎煮约 10 分钟后，再放入薄荷煎约 1 分钟即可。取汁代茶频饮。

茶饮功效　疏散风热，清肺止咳。

适饮症状　哮喘证属风热痰喘。

相关禁忌　忌食辛腥。

荞麦蜂蜜茶

茶饮材料　荞麦面 120 克，茶叶 6 克，蜂蜜 6 克。

泡饮方法　先将茶叶研末，放入容器内，再与荞麦面和蜂蜜一同和匀。每次取约 20 克为 1 剂，放入杯中，以沸水冲泡 5 分钟后即可饮用。每日 1 剂。

茶饮功效　清热，平喘。

适饮症状　热哮。

僵蚕茶

茶饮材料　白僵蚕 30 克，绿茶 30 克。

泡饮方法　将白僵蚕与绿茶研末后混匀，放入容器，每次取约 15 克为 1 剂放入杯中，以沸水冲泡后，于睡前温服。可加入适量蜂蜜调味。每日 1 剂。

茶饮功效　祛风散热，化痰散结。

适饮症状　适合于风痰咳喘以致夜不能卧睡者饮用。

千日红茶

茶饮材料　千日红花 3~5 朵。

泡饮方法　将千日红放入杯中，用沸水冲泡后代茶饮用即可。也可加入几颗冰糖调味。

茶饮功效　止咳平喘，平肝明目。

适饮症状　哮喘。对百日咳、痢疾等症也适用。

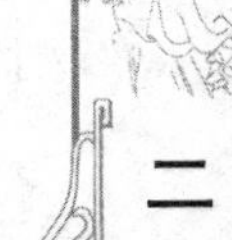

白僵蚕

相关禁忌　不宜多服久用，其中的千日红素可使非哮喘患者产生困顿感。

（五）肺炎茶饮

肺炎是指肺组织的急性炎症，是临床上常见的感染性疾病。肺炎可由多种病原体引起，如细菌、病毒、支原体、立克次体、真菌、寄生虫等，其他如放射线、化学、过敏反应等因素也可引起肺炎。临床上可以按病因分类以便于选用合适的药物治疗，也可按解剖分布分为大叶性（肺泡性）、小叶性（支气管性）和间质性肺炎。其中以细菌性肺炎最为常见，致病菌多为肺炎球菌。肺炎的临床特征为寒战、发热、胸痛、咳嗽、气促、呼吸困难以及肺部固定湿啰音等。部分患者还伴有恶心、呕吐、腹胀腹泻、黄疸等明显的消化道症状。本病属于中医“发热”“咳嗽”“风温”“肺热病”等范畴，又名肺闭喘咳、肺风痰喘。正常人一般感染肺炎球菌后不会致病，但若呼吸道防御功能损害或人体免疫力下降时就会引起发病。肺炎常在寒冬或早春时节发生，常见于青壮年。老年人和免疫力低下者易病发。若诊治及时，预后良好。常用于肺炎的茶饮材料有鱼腥草、蒲公英、大表青叶等。

莲杏饮

茶饮材料　穿心莲 30 克，杏仁 9 克，千里光 30 克。

泡饮方法　将穿心莲、杏仁和千里光一同放入锅中，加入适量清水煎煮后，取汤饮用。每日 1 剂，分 2 次服用，连服 3~5 日。

茶饮功效　清热解毒，降气止咳。

适饮症状　肺炎初期，症见微恶风寒，发热，咳嗽，咳痰等。

鱼腥草茶

茶饮材料　鱼腥草 500 克。

泡饮方法　将鱼腥草放入锅中，加入清水浓煎成 100 毫升的溶液即可。每日 1 剂，每次约 30 毫升，分 3 次服用。

茶饮功效　清宣肺气，排脓解毒。

鱼腥草

适饮症状　肺炎早期，症见发热、咳嗽等。

渭炎茶

茶饮材料　茶叶 5 克，生芫荽 5 克，浙贝 5 克，生梨皮 20 克，冬瓜仁 10 克。

泡饮方法　将茶叶、生芫荽、浙贝、生梨皮和冬瓜仁一同打成粗末，放入杯中，以沸水冲泡后即可服用。代茶饮。

茶饮功效　清肺止咳。

适饮症状　肺炎，急性气管炎，症见咳嗽少痰、口干咽痛等。

丝瓜冰糖茶

茶饮材料　丝瓜 200 克，冰糖 20 克。

泡饮方法　将丝瓜洗净后，切成小块，与冰糖一同放入锅中，加水炖熟后即可，代茶频饮。

茶饮功效　清热解毒，凉血防暑。

适饮症状　肺炎、哮喘，症见咳嗽痰多。

二根茶

茶饮材料　白茅根 30 克，芦根 30 克。

泡饮方法　将白茅根和芦根一同捣汁后去渣取汁，代茶饮用。

茶饮功效　清热生津，除烦止咳，凉血止血。

适饮症状　肺炎证属肺热咳嗽者。

蒲公英大青叶茶

茶饮材料　蒲公英 30 克，大青叶 30 克。

泡饮方法　将蒲公英和大青叶一同置入锅中，加入适量的清水，共煎约 20 分钟。去渣取汁，代茶饮。

茶饮功效　清热解毒，清肺止咳。

适馀症状　急性肺炎，症见咳喘痰黄或灰白。

熟地麦冬饮

茶饮材料　熟地黄 100 克，麦冬 100 克。

麦冬

泡饮方法　将熟地黄和麦冬一同放入锅中，以清水煎煮后取汤汁代茶饮用。每日 1 剂，连服 4 天。

茶饮功效　润肺化燥，滋阴补肾。

适饮症状　肺炎恢复期，症见低热自汗，咳嗽少痰，手足心热。

瓜蒌茶

茶饮材料　全瓜蒌30克。

泡饮方法　将瓜蒌上锅蒸熟后，压扁晒干，再切成丝，放入锅中，以清水煎煮。取汤水代茶频饮。

茶饮功效　清肺化痰。

适饮症状　肺炎肺症见啼热咳吐黄痰。

橘红茶

茶饮材料　橘红3~6克，绿茶5克，竹沥汁20毫升。

泡饮方法　先将橘红、绿茶放入碗中以沸水冲泡，再放入沸水锅中隔水蒸约20分钟。后加入竹沥汁搅匀即可。代茶徐饮。

茶饮功效　清热化痰。

适饮症状　肺炎，症见咳嗽、痰黄等。

（六）肺结核茶饮

肺结核是由结核杆菌引起的慢性肺部感染，痰液是主要的传播来源，其临床表现为低热、夜间盗汗、咳嗽、胸痛、咯血、消瘦、血沉增速等。另外，也可通过饮用已被污染而未经巴氏法消毒的牛奶，经由胃肠道进入人体感染致病。

本病属于中医“肺痨”“痨瘵”“肺疳”等范畴。按疾病发生的先后及人体的免疫力，肺结核可分为原发和继发两种。原发性肺结核即初染者，多见于儿童，其机体无免疫力而全身反应强；继发性肺结核即再次感染，多见于成年人，指机体有免疫力，病变有局限化倾向，局部反应较强。肺结核的病程长，且易复发，但如果能及早发现、采取及时正规的治疗，多可痊愈。常用于肺结核的茶饮材料有百部、黄芩、白及、黄连、黄柏、鱼腥草、地骨皮、金银花、款冬花等。

银耳冰糖饮

茶饮材料　银耳3克，百合4.5克，北沙参4.5克，冰糖适量。

泡饮方法　将银耳、百合、北沙参和冰糖一同放入锅中，加适量水煎煮后即可。此水可代茶不拘时饮用。

茶饮功效　滋阴润肺。

适饮症状　肺结核和肺阴不足。

百合蜜茶

茶饮材料　百合30克，蜂蜜20克。

泡饮方法　将百合与蜂蜜一同放入碗中，上锅蒸熟后，用勺将百合搅烂与蜂蜜和匀，冲入沸水，代茶饮用。每日1剂。

百合

茶饮功效　润肺止咳，安心宁神。

适饮症状　肺结核病。

相关禁忌　外感发热、伤风咳嗽未愈，素有胃肠寒滞或消化不良者忌饮。

南瓜饮

茶饮材料　南瓜100克，白糖适量。

泡饮方法　将南瓜切成小块后放入锅中，加适量水煎煮成浓汁。取浓汁加白糖，代茶饮用。

茶饮功效　补中益气。

适饮症状　肺结核病。

大蒜马齿苋茶

茶饮材料　马齿苋250克，大蒜头1个。

泡饮方法　蒜头剥皮后，将蒜瓣与马齿苋一同放入锅中，加水煮沸，约15分钟后即可。取之代茶常饮。

茶饮功效　清热解毒。

适饮症状　肺结核病。

相关禁忌　脾胃虚寒者忌饮。

枸骨茶

茶饮材料　枸骨嫩叶15~30克。

泡饮方法　将枸骨叶放入杯中，冲入沸水后，闷泡10~30分钟即可。每日1剂，不拘时频饮之。

枸骨

茶饮功效　养阴退热，补血益气，止咳。

适饮症状　肺痨咳嗽，劳伤失血。

麦冬百部饮

茶饮材料　麦冬10克，款冬花10克，炙百部10克，炙枇杷叶（刷去毛）12克。

泡饮方法　将麦冬、款冬花、炙百部和炙枇杷叶一同放入锅中，用水煎煮，每日1剂，代茶频饮。

茶饮功效　养阴润肺，止咳化痰。

适饮症状　肺结核所致的阴虚咽干。

黄精冰糖饮

茶饮材料　黄精30克，冰糖50克。

泡饮方法　黄精冷水泡发后，加冰糖，以小火煎煮1小时即可。食黄精，取汤代茶频饮。

茶饮功效　滋阴，润心肺。

黄精冰糖饮

适饮症状　身体虚弱、啼虚咳嗽；肺结核或支气管扩张、低热、咯血；妇女低热、白带等症。

相关禁忌　痰湿痞满者忌饮。

茅根藕节茶

茶饮材料　藕节5个，白茅根30克，白糖适量。

泡饮方法　将藕节和白茅根洗净，放置锅内，加水煮沸20分钟后，将汁倒入盛有白糖的碗内，再冲入些许沸水后即可饮服。每日1剂，不拘时代茶频饮。

茶饮功效　清热凉血，止血。

适饮症状　肺结核咯血。

（七）肺气肿茶饮

肺气肿是指终末细支气管远端（呼吸细支气管、肺泡管、肺泡囊和肺泡）的气道弹性减退，过度膨胀、充气和肺容积增大或同时伴有气道壁破坏的病理状态。其主要临床表现为胸闷、气急、心悸等，严重时还可出现呼吸功能衰竭的症状，如紫绀、头痛、嗜睡、神志恍惚等。

肺气肿的发病缓慢，病程长，不易治愈，医疗效果不明显，对此类疾病的预防应在平时注重呼吸运动锻炼，改善呼吸功能，增强自身体质，注意饮食习惯，以控制病情发展。本病属中医“肺胀”的范畴。常用于肺气肿的茶饮材料有麻黄、半夏、贝母、紫苏子、款冬花等。

人参固本茶

茶饮材料　人参6克，天门冬、麦冬、生地黄、熟地黄各12克。

泡饮方法　将天门冬、麦冬、生地黄、熟地黄捣碎，置于热水瓶中，以适量沸水冲泡，盖闷约20分钟。人参片则以另一保暖杯冲泡后，与前药茶一同兑服，最好人参渣也频频嚼咽。

天冬

茶饮功效　益气养阴，扶正固本。

适饮症状　肺肾两虚之咳喘。中老年人气阴两亏，津血不足，体瘦乏力或伴肺气肿而见咳喘。老慢支久咳不愈，动则气喘吁吁，精神不振，时有咽燥者。

相关禁忌　咳喘有火气者忌用。

莱菔子茶

茶饮材料　莱菔子末15克。

泡饮方法　将莱菔子末放入杯中，冲入沸水即可。代茶频饮。

茶饮功效　下气定喘，消食化痰。

适饮症状　老年慢性气管炎、肺气肿，症见咳喘伴痰多。

相关禁忌　气虚者慎服。人参忌莱菔子，故饮此茶期间不能服用人参。

金橘饮

茶饮材料　金橘 3~5 枚，冰糖适量。

泡饮方法　用刀将金橘剖开，挤出核，置于锅中，加入适量清水及冰糖，以文火煮熟后，食橘，汤汁代茶频饮。

茶饮功效　理气解郁、化痰止咳。

适饮症状　慢性支气管炎、支气管哮喘及肺气肿等，症见气促、咳嗽痰多。

相关禁忌　金橘与牛奶不能同食，因牛奶中的蛋白质遇金橘中的果酸会凝固，不易被肠胃消化吸收。饭前或空腹时亦不宜多吃金橘。

佛手半夏茶

茶饮材料　佛手 6 克，半夏 6 克。

泡饮方法　将佛手切碎，半夏微杵后，一并放入保温杯中，再加入少许白糖，以沸水冲泡，盖杯盖闷约 15 分钟后即可，代茶频饮，每日 1 剂。

半夏

茶饮功效　止咳化痰，理气燥湿。

适饮症状　湿痰型慢性支气管炎、肺气肿，症见咳嗽，痰多色白，胸脘痞闷，食欲不振或食后上腹饱胀。

二、消化系统疾病茶饮

（一）消化不良茶饮

消化不良实际是所有胃部不适的总称，消化不良症状说明消化过程受到了某种原因的干扰。常见表现为食欲不振、进食后腹部饱胀，腹部有压迫感或腹痛，可放射到胸部，嗳气，烧心，轻度恶心、呕吐，舌苔厚腻。

在临床上更为多见功能性消化不良，功能性消化不良是一种病因未明的，经检查并没有发现明显的器质性疾病的慢性持续或反复发作性上腹部症候群。其发病原因主要与精神心理因素有关，如情绪波动，睡眠不佳等，另外，烟酒刺激等也可诱发。患者应注意日常保养及良好的饮食习惯，同时还要保持愉快的心情。治疗应以中医药为主，辨证施治进行身体整体状态的调节。本病属中医的“胃痞”“腹痛”“呕吐”“泄泻”等范畴。常用于消化不良的茶饮材料有山楂、六神曲、陈皮、麦芽等。

大麦茶

茶饮材料　焦大麦 10 克。

泡饮方法　将焦大麦放入杯中，以沸水冲泡，盖闷片刻即可。代茶不拘时饮用。

茶饮功效　消食健胃。

适饮症状　慢性胃炎、胃溃疡者暑季不思饮食或食后不易消化。

三仙茶

茶饮材料　山楂 12 克，炒麦芽 15 克，六神曲 12 克。

泡饮方法　将山楂、炒麦芽和六神曲一并置于锅中，加清水煎煮后，取汁代茶饮。

茶饮功效　消食化滞。

适饮症状　消化不良，不思饮食。

三鲜消滞饮

茶饮材料　鲜山楂 20 克，鲜萝卜 30 克，鲜青橘皮 6 克，冰糖适量。

泡饮方法　将鲜山楂、鲜萝卜、鲜青橘皮洗净、切丝，放入锅中加适量水，先以武火烧沸后改用文火煨半小时，再用干净纱布过滤，去渣取汁，加入冰糖继续煮沸即可。每次 20~30 毫升，每日 3 次，连饮 3 日为 1 个疗程。

鲜山楂

茶饮功效　健脾开胃，消滞散结。

适饮症状　宿食引起的消化不良。

八宝茶

茶饮材料　枸杞子、胡桃仁、松子仁、柏子仁、葡萄干、甜杏仁、红枣、芝麻各10克。

葡萄干

泡饮方法　将以上八味茶材混匀后放入容器，每次取10克，放入茶杯中，以沸水浸泡后，加冰糖少许即可。代茶频饮。

茶饮功效　益气补肾、固本保元。

适饮症状　老年人身体虚弱、四肢无力、消化不良等。

理气消滞茶

茶饮材料　紫苏叶 5 克，陈皮 3 克，莱菔子 3 克，山楂 5 克。

泡饮方法　将紫苏叶、陈皮、莱菔子和山楂一同放入杯中，冲入适量沸水，闷约 15 分钟即可，不拘时温服。

茶饮功效　理气和胃，消食导滞。

适饮症状　脾胃气滞或饮食积滞，症见脘腹胀满、疼痛，食欲不佳，嗳气、恶心呕吐，大便不畅等。

相关禁忌　脾胃气虚者忌饮。

参术健脾茶

茶饮材料　党参 10 克，白术 10 克，麦芽 10 克，陈皮 10 克。

泡饮方法　先将党参、白术、麦芽和陈皮一同研末后，放入茶杯中，冲入适量沸水，盖闷约 25 分钟即可。代茶频饮。

茶饮功效　益脾健胃，助消化。

适饮症状　脾虚运化不良，胃脘胀闷。

相关禁忌　伤食而中焦积滞壅积者忌饮。

萝卜蜂蜜茶

茶饮材料　白萝卜汁 60 毫升，茶叶 10 克，蜂蜜 20 克。

泡饮方法　先将茶叶放入杯中，冲以适量沸水，泡成浓茶后，加入白萝卜汁、蜂蜜，调匀即可。代茶不拘时饮用。

茶饮功效　健脾益气，助消化。

适饮症状　消化不良。

消食导滞茶

茶饮材料　枳实 10 克，白术 10 克，神曲 5 克。

泡饮方法　先将枳实、白术、神曲一同研末后，以纱布袋装，放入茶杯中，冲入适量沸水，盖闷约 15 分钟即可。代茶频饮。

茶饮功效　健胃理气，消食导滞。

适饮症状　脾虚气滞或食积引发的脘腹胀痛等。

厚朴花茶

茶饮材料　厚朴花 2~3 朵。

泡饮方法　将厚朴花放入杯中，冲入沸水泡 3~5 分钟后即可，代茶频饮。

茶饮功效　开郁化湿，行气宽中。

适饮症状　食欲不振、纳谷不香、胃饱不食。

相关禁忌　阴虚津亏者勿用。

啤酒花茶

茶饮材料　干燥的花瓣 3~5 克，少量红糖或蜂蜜。

泡饮方法　将花瓣放入杯中，用一杯滚烫开水冲泡，闷约 10 分钟后即可；加入少量的红糖或蜂蜜饮用。

茶饮功效　健胃，化痰止咳，安神。

适饮症状　消化不良。对失眠、肺结核、胸膜炎等也适用。

（二）胃痛茶饮

胃痛又称胃脘痛，是以胃脘近心窝处常发生疼痛持续 30 分钟以上不能缓解为主要特征的病症，并伴有嗳气、呕吐等症状。其常见的原因有寒邪客胃、饮食伤胃、肝气犯胃和脾胃虚弱等。胃痛在临床上是常见的消化系统疾病的症状，多见于急慢性胃炎、胃及十二指肠溃疡、胃神经官能症等，也可见于胃下垂、胃黏膜脱垂、胰腺炎、胆囊炎及胆结石等病。中医理论认为其治疗当以理气和胃止痛为原则，先辨其虚实，再据其病因，分胃气壅滞，肝胃气滞，胃中蕴热，肝胃郁热，瘀血阻滞，胃阴不足等不同证型，予以相应的治疗方案。常用于胃痛的茶饮材料有艾叶、丹参、生姜等。

艾叶茶

茶饮材料　干艾叶 3 克。

泡饮方法　将干艾叶放入杯中，冲入适量沸水，闷 5~10 分钟后即可。代茶饮用。每日 1 剂，10 日为 1 个疗程。

茶饮功效　温经散寒止痛。

适饮症状　胃寒疼痛。症见胃脘疼痛、喜暖怕冷等。

相关禁忌　阴虚血热者慎饮。

艾叶

丹参山楂止痛茶

茶饮材料　紫丹参15克，山楂15克，檀香10克，蜂蜜50克。

泡饮方法　将紫丹参、山楂和檀香一同放入锅中，加适量清水，煮沸后再以文火煎30分钟，去渣取汁，加入蜂蜜溶化调匀后，代茶饮。每日1剂。

茶饮功效　活血化瘀，通络止痛。

檀香

适饮症状　瘀血所致之胃脘疼痛。症见胃脘疼痛如针刺或如刀割，痛处固定而拒按，夜间更甚，或有便血，舌质紫暗或有瘀点等。

绿梅茶

茶饮材料　绿萼梅6克，绿茶6克。

泡饮方法　将绿萼梅与绿茶一同放入杯中，冲以适量沸水即可。代茶频饮。

茶饮功效　疏肝理气止痛。

适饮症状　肝气犯胃，症见胃脘走窜疼痛，时有胀满，嗳气或排气后有所缓解，吞酸吐酸，情绪波动时加剧等。

相关禁忌　阴虚重症者忌饮。

甘松茶

茶饮材料　甘松10克，陈皮5克。

泡饮方法　将甘松与陈皮切碎后放入茶杯中，冲入适量沸水，盖闷约15分钟即可。去渣后代茶饮。

茶饮功效　解郁和胃，行气止痛。

适饮症状　胃神经痛、胃肠痉挛等，证属脾胃气滞者。

相关禁忌　胃肠实热者忌饮。

姜枣茶

茶饮材料　生姜3片，半夏6克，红枣2枚。

泡饮方法　将生姜、半夏与红枣一同置于锅中，煎煮后，去渣取汁，代茶不拘时温服。每日1剂。

茶饮功效　温中散寒止痛。

适饮症状　胃寒疼痛，症见面寒肢冷，脘痛绵绵等。

参芪薏仁茶

茶饮材料　党参5克，黄芪5克，薏苡仁5克，生姜3克，红枣5枚。

泡饮方法　先将党参、黄芪及薏苡仁炒至微黄后，研末，再与生姜、红枣一同放入茶杯中，冲入适量沸水，盖闷约10分钟。去渣后代茶频饮。

茶饮功效　健脾除湿，补中益气。

适饮症状　老年人气虚，精神疲乏，纳谷不佳，时有便溏者。

相关禁忌　食后腹胀、饮食呆滞者忌饮。

柠檬咸茶

茶饮材料　柠檬10个，食盐适量。

泡饮方法　将柠檬煮熟后去皮，晒干，放入瓷罐中加适量食盐腌制，时间越久效果越佳。每次取15克置于杯中，以沸水冲泡后，代茶频饮。

茶饮功效　健胃理气，生津止渴。

适饮症状　胃脘疼痛，呃逆，食滞，腹泻等。

沙参麦冬茶

茶饮材料　沙参15克，麦冬15克，知母10克，郁金10克。

泡饮方法　将沙参、麦冬、知母及郁金一同捣成粗末后，放入茶杯中，用沸水冲泡20分钟后即可，代茶频饮。每日1剂。

茶饮功效　养阴益胃，润燥止痛。

适饮症状　阴虚胃痛，症见胃脘隐隐灼痛，嘈杂不思饮食，口干唇燥，大便干结等。

（三）腹泻茶饮

腹泻是一种常见症状，是指排便次数明显超过平日习惯的频率，大便不成形且稀薄，甚至泻出如水样，或含未消化食物或脓血、黏液，常伴有排便急迫感、肛门不适、失禁等症状，多发于老人和儿童。可分急性和慢性两类：急性腹泻发病较急剧，病程在2~3周之内，最常见的原因是感染，多由饮食不当、食物中毒、化学药物等因素引起；慢性腹泻是指病程在两个月以上或间歇期在2~4周内的复发性腹泻，多由肠道感染性疾病、肠道非感染性炎症、肿瘤、小肠吸收不良、运动性腹泻、药源性腹泻等引起。中医称之为“泄”“泄泻”“下痢”。腹泻病情较轻者多能治愈，部分病人不经治疗亦可通过饮食调节而自愈，但如持续不止或伴有脓血便、剧烈呕吐或高热，就应立即到医院就诊治疗。常用于腹泻的茶饮材料有藿香、丁香、麦芽、白术、白扁豆等。

苹果茶

茶饮材料　鲜苹果100克。

泡饮方法　将苹果洗净后，去皮，捣烂成泥。放入杯中，以沸水冲泡，不拘时，代茶频饮。每日1剂。

苹果

茶饮功效　健脾益气，生津止渴，涩肠止泻。

适饮症状　慢性腹泻属脾虚证，症见大便溏薄，甚则完谷不化，食荤腥油腻之品则加重，伴有神倦、面色萎黄、腹胀、食欲不振等。

相关禁忌　伤食泻或湿热泻者忌饮。

止泻茶

茶饮材料　麦芽 30 克，鸡内金 10 克，粳米 30 克，茶叶 5 克。

泡饮方法　将麦芽、鸡内金、粳米和茶叶一同放入锅内，用小火焙黄，略捣碎后，放入杯中，用沸水冲泡约 20 分钟后即可，代茶温饮。每日 1 剂。

茶叶

茶饮功效　涩肠止泻。

适饮症状　由于饮食不洁或不当而引起的泄泻。症见腹痛即泻，泻后痛减，少顷复又痛泻，大便稠黏或粪水杂下，秽臭难闻。

相关禁忌　妇人哺乳期忌饮。

藿香佩兰白蔻茶

茶饮材料　藿香 10 克，佩兰 10 克，白蔻仁 5 克。

泡饮方法　将藿香、佩兰及白蔻仁一同捣成粗末，分为 3~5 份，每次取 1 份放入茶杯中，加入沸水，冲泡约 10 分钟后即可。代茶不拘时温饮。每日 1 剂。

茶饮功效　消暑化湿，涩肠止泻。

适饮症状　暑湿泻。症见发病急，腹痛，恶心呕吐，泻水样便。

补脾止泻茶

茶饮材料　白术 20 克，山药 20 克，茯苓 15 克，乌梅 10 克，红糖适量。

泡饮方法　将白术、山药、茯苓和乌梅一同放入锅中，加适量清水，煎沸 30 分钟后去药渣，加入红糖，溶化调匀即可。代茶频饮。每日 1 剂。

茶饮功效　补脾健中，益气止泻。

适饮症状　脾虚泄泻。症见大便时溏稀，时水泻，食生冷油腻或不易消化食物则加重，体倦乏力。

扶中茶

茶饮材料　炒白术 10 克，山药 10 克，龙眼肉 10 克。

泡饮方法　将白术、山药和龙眼肉一同放入锅中，加适量清水煎煮后，去渣取汁，代茶频饮。每日 1 剂。

炒白术

茶饮功效　补脾和中，益气止泻。

适饮症状　久泻久痢，证属脾虚气弱或气血俱虚，症见身形羸弱，食少乏力，心悸等。

相关禁忌　实证之症见气滞腹胀、嗳气、泛酸、大便不爽者忌饮。

止泻花草茶

茶饮材料　玫瑰花6克，茉莉花3克，金银花9克，陈皮3克，甘草3克，绿茶9克。

泡饮方法　将以上六味茶材混匀后，分为3~5份，每次取1份置于杯中，以适量沸水冲泡，闷15分钟左右后，代茶频饮。

茶饮功效　收敛固肠，理气化积，活血止痛。

适饮症状　泄泻，急慢性肠炎，细菌性痢疾，消化不良等。

姜枣茶

茶饮材料　红枣10克，炮姜10克。

泡饮方法　先将红枣和生姜焙干后，研末，置于茶杯中，冲以适量沸水，闷约15分钟即可。代茶频饮。

茶饮功效　益气补脾，温中散寒。

适饮症状　急、慢性肠炎、肠结核、肠功能紊乱等出现的泄泻，症见大便溏薄或完谷不化，甚则水泻。

相关禁忌　腹胀、大便有黏液及阴虚火旺者忌用。

扁豆茶

茶饮材料　白扁豆50克。

泡饮方法　将白扁豆放入锅中，加水煎煮至烂熟，取汁代茶饮。

茶饮功效　健脾和中，消暑化湿，止呕止泻。

适饮症状　湿泻证。症见泄泻频繁，大便如水样，不甚臭秽，腹胀或隐痛等。

相关禁忌　疟疾患者忌饮。

麦芽茶

茶饮材料　炒麦芽30克，乌龙茶5克。

泡饮方法　将麦芽与乌龙茶一同放入杯中，以沸水冲泡10分钟即可，不拘时温服。每日1剂。

茶饮功效　消食健脾，利湿止痢。

适饮症状　辅助治疗小儿热泻或痢疾。

相关禁忌　因麦芽有回乳作用，故妇人哺乳期忌饮。

（四）胀气茶饮

正常成人每天胃肠道可潴留100~150毫升少量的气体，当气体量增多时，就会形成胃肠道胀气。一般来说人体都会本能的有打嗝或是放屁的反应，来排出多余的气体，每天排气10~18次，若有异常，即排气的次数太多或是没有排气，都会造成异常的胀气。主要表现为腹胀腹痛、嗳气和矢气等。胀气大多由于消化不良、大量吞咽空气或某些原因使肠壁能力减退，蠕动减慢所致。而一些疾病也可引起胀气，如胃炎、胃下垂、胃溃疡、幽门梗阻、肝炎、胆囊炎、胆结石、胰腺炎等。中医理论认为，胀气是由于脾胃不和或湿浊痰瘀内蕴，气滞中焦所致。胀气患者应避免食用易产生气体的食物，饭后平卧休息，做腹式呼吸，日常增加运动量，有助于气体排出。常用于胀气的茶饮材料有香附、枳壳、藿香、小茴香等。

加味三仙茶

茶饮材料　焦山楂15克，焦神曲15克，焦麦芽8克，炒莱菔子10克。

泡饮方法　将焦山楂、焦神曲、焦麦芽和炒莱菔子一并放入锅中，加清水800毫升，煎煮15分钟后即可饮用。每日1剂。代茶饮。

茶饮功效　健脾消食。

适饮症状　针对油腻肉类及淀粉类食物之不消化，引起的腹闷、胀气等。

藿香

薄藿茶

茶饮材料　薄荷 2 克，藿香 3 克，茶叶 5 克。

泡饮方法　将薄荷、藿香和茶叶一并置于杯中，冲入适量沸水，盖闷 5 分钟左右。代茶频饮。

茶饮功效　清热解暑，化湿理气。

适饮症状　暑湿所致之腹胀。可松弛肠道肌肉，帮助排气。

相关禁忌　薄荷芳香辛散，发汗耗气，故体虚多汗者忌饮。

小茴香茶

茶饮材料　小茴香 3 克，红糖适量。

泡饮方法　将小茴香放入壶中，冲入沸水，闷约 10 分钟后，加入适量红糖调味即可。

茶饮功效　温肾散寒，和胃理气。

适饮症状　脾胃虚寒型胀气。症见脘腹满胀，时作时止，时轻时重，喜暖喜按，进热饮、热食则舒等。

相关禁忌　阴虚火旺者慎饮。

小茴香

苹果醋饮

茶饮材料　苹果醋 5 克。

泡饮方法　将苹果醋置入杯中，加入温水，调匀后，于正餐时啜饮。

茶饮功效　开胃，助消化。

适饮症状　消化不良引起的腹胀。

相关禁忌　呕吐吞酸及胃酸过多者忌饮。

行气健胃茶

茶饮材料　枳壳 10 克，党参 10 克，木香 5 克。

泡饮方法　将枳壳、党参及木香一并研末后放入茶杯中，冲以沸水，盖闷约 15 分钟即可。代茶频饮。

茶饮功效　健脾益胃，行气消胀。

适饮症状　脾虚型胀气，症见体倦乏力，餐后腹胀或食少便溏。

相关禁忌　枳实行气力强，易耗正气，症状消失即停。孕妇慎用。胃阴不足者忌饮。

茯苓苏梗茶

茶饮材料　茯苓 30 克，紫苏梗 15 克，干姜 3 克。

泡饮方法　将茯苓、紫苏梗及干姜一并放入锅中，加清水煎煮约 30 分钟，取汤，再加入清水煎煮。去渣取汁，将 2 次煎液混匀后服用。每日 1 剂，早晚分饮。

茶饮功效　燥湿运脾，行气消胀。

适饮症状　痰湿阻滞型胀气。症见胃脘痞胀，疼痛，食少，呕恶或泛酸吐痰涎，便溏等。

谷芽金橘茶

茶饮材料　炒谷芽 15 克，金橘 2~3 枚（或橘饼），白糖适量。

泡饮方法　先将金橘洗净，压扁后备用；将炒谷芽放入砂锅内，加清水约 200 毫升，浸泡片刻，煎煮 10 分钟后，再放入金橘共煮 5 分钟，将汤汁倒出，再加水煎一次后，将两次药汁合并，加入少量白糖，调匀即可。代茶不拘时饮用。

茶饮功效　健脾胃，消食积。

适饮症状　食后脘腹胀满。

香苏茶

茶饮材料　陈皮 6 克，香附 6 克，紫苏叶 6 克，雨前茶 6 克，姜 2 片，白糖适量。

泡饮方法　先将陈皮、香附、紫苏叶、雨前茶放入锅中，以清水煎煮约30分钟后，再将姜及适量白糖加入汤中即可。取汤代茶频饮。

茶饮功效　行气和胃。

适饮症状　腹胀而不思饮食。

麦芽茶

茶饮材料　麦芽10克，绿茶1包。

泡饮方法　将麦芽、绿茶放入锅中，以中火煎煮约5分钟后，去渣取汤汁即可，代茶频饮。

茶饮功效　健脾胃，助消化。

适饮症状　食积腹胀。

相关禁忌　患消化道溃疡者不宜多饮。

木瓜陈皮茶

茶饮材料　木瓜12克，陈皮6克。

泡饮方法　将木瓜与陈皮一并置于杯中，冲入沸水，盖闷约15分钟后即可。代茶频饮。

茶饮功效　开胃，理气，消食。

适饮症状　消化不良，食欲不振，脘腹胀满不适。

相关禁忌　胃酸过多、反酸烧心者忌饮。

（五）急性肠胃炎茶饮

急性肠胃炎即胃肠黏膜的急性炎症，是夏秋季的常见病、多发病，由饮食不当或饮食不洁或暴饮暴食等原因引起。引起急性肠胃炎的病原体很多，如细菌性痢疾杆菌、伤寒副伤寒杆菌、大肠杆菌、沙门氏菌、副溶血性弧菌、轮状病毒等。其初起症状为恶心、呕吐，继而腹泻，每日3~5次，甚至数十次不等，大便呈水样，深黄色或绿色，恶臭，伴有腹部绞痛、发热、全身酸痛等。吐泻严重者，还可出现脱水、休克和酸中毒等症状。本病属于中医的“呕吐”“腹痛”“泻泄”等病症范畴。根据其病因和体质的差别，可分为湿热、寒湿和积滞等不同类型。在治疗上，除了服用相应药物、禁食12~24小时外，因为患者可能会出现脱水现象，故必须补充足够的水分。常用于急性肠胃炎的茶饮材料有生姜、野菊花、陈皮等。

四陈茶

茶饮材料　橘红3克，香橼3克，枳壳3克，茶叶3克。

泡饮方法　将以上四味茶材一同置于茶杯中，冲以适量沸水，盖闷约15分钟后即可。代茶频饮。每日1剂。

茶饮功效　化痰和胃，理气宣壅。

适饮症状　湿阻气滞型急性肠胃炎，症见欲吐不得吐，欲泻不得泻，心烦胸闷等。

相关禁忌　脾虚、气虚者及孕妇慎用。

咸柠檬茶

茶饮材料　柠檬5~10个，盐适量。

柠檬

泡饮方法　先将柠檬煮熟后，去皮晒干，放入瓷盅内加适量盐腌制，贮藏日久者更佳。每次一个，置于碗中，冲以沸水，加盖闷片刻，去渣后即可饮用。

茶饮功效　理气和胃，生津止渴。

适饮症状　湿热型急性胃肠炎。症见腹泻频繁，大便黄稀臭浊。

相关禁忌　寒湿泄泻者，溃疡病频频泛酸者忌饮。

浓茶饮

茶饮材料　茶叶100克，精盐3~5克。

泡饮方法　将茶叶和精盐一并放入茶壶中，用沸水冲泡后频饮。每日1剂。

茶饮功效　清热解毒，利湿止泻。

适饮症状　湿热型急性肠胃炎，症见腹泻频繁，大便黄稀臭浊。

党参大米茶

茶饮材料　党参 15~30 克，大米 30 克。

泡饮方法　先将大米炒至黄色，后与党参共置锅中，加清水煎汤，取汤代茶频饮。每日 1 剂。

茶饮功效　补中益气，温中散寒。

适饮症状　虚寒型急性肠胃炎。症见吐泻频繁，腹痛，面色苍白。

香草地榆茶

茶饮材料　兰香草全草 30 克，地榆 9 克。

泡饮方法　将以上两味茶杯置于锅中，加水煎煮 15 分钟即可，去渣取汁，代茶饮每日 1 剂。

茶饮功效　消炎，止泻。

适饮症状　胃肠炎。

木棉花茶

茶饮材料　木棉花 2~3 朵，冰糖适量。

泡饮方法　先将木棉花洗净，放入杯中，冲入沸水，泡 3~5 分钟后，再加入冰糖搅匀即可。代茶频饮。

木棉花

茶饮功效　清热解毒，利湿止泻。

适饮症状　湿热型肠炎，症见腹泻频繁，大便黄稀臭浊。

姜丝茶

茶饮材料　绿茶3克，干姜丝3克。

泡饮方法　将绿茶与干姜丝一并置于杯中，以沸水冲泡，盖闷约15分钟即可。频饮。每日2剂，连服2~3天。

茶饮功效　温中止泻。

适饮症状　寒湿型急性肠胃炎。症见呕吐频繁，暴注下迫，腹部绞痛，大便清稀不臭。

相关禁忌　湿热泄泻者忌用。

报春花茶

茶饮材料　报春花6克。

泡饮方法　将报春花放入杯中，用沸水冲泡约5分钟即可。代茶频饮。每日2剂。

茶饮功效　清热，燥湿，泻火。

适饮症状　湿热型急性肠胃炎。症见腹泻频繁，大便黄稀臭浊。

柚子皮姜茶

茶饮材料　老柚子皮9克，生姜2克，茶叶6克。

泡饮方法　将柚子皮、生姜和茶叶一并放入杯中，加入沸水，冲泡约10分钟后即可。代茶频饮。

茶饮功效　温中散寒，消食止呕。

适饮症状　食积寒滞型急性肠胃炎。症见上腹不适，疼痛，恶心呕吐，腹泻，完谷不化，泻后腹痛减轻等。

相关禁忌　湿热者慎用。

野菊白槿花茶

茶饮材料　野菊花30克，白槿花10克。

泡饮方法　将野菊花和白槿花混匀后，分成2~3份。每次取1份放入杯中，用沸水冲泡，代茶饮用。每日1剂，分2~3次饮用。

茶饮功效　清热利湿，疏风解毒。

适饮症状　湿热型急性肠胃炎。症见腹泻频繁，大便黄稀臭浊。

丁香二菊饮

茶饮材料　丁香花3~5朵，绣线菊1~2朵，洋甘菊1~2朵，适量冰糖或蜂蜜。

泡饮方法　将上述前三味茶材一同放入杯中，冲入沸水泡5分钟左右后，再放入适量冰糖或蜂蜜，调匀即可饮用。

茶饮功效　温中降逆，补肾助阳，散寒止痛。

适饮症状　急性肠胃炎，症见呕吐、呃逆、脘腹冷痛等。

相关禁忌　热病及阴虚内热者忌服。不宜多用，久用。

（六）痢疾茶饮

痢疾是以肠道病（尤其是结肠）炎症为特征的急性肠道传染疾病，古称肠辟、滞下。其病因可能是细菌、病毒、原虫、寄生虫和其他微生物或化学刺激物等。最常见的即细菌性痢疾，是由痢疾杆菌引起的，借由粪便污染了的手、水、食物或通过苍蝇等传播。此病多发于夏秋季节，幼儿及青壮年的发病率较高。痢疾患者大多起病急，有发热、恶寒、腹痛、腹泻、里急后重、下痢赤白、恶心、呕吐等症状，严重者还会出现脱水、血压下降等症状。起初大便呈水样或糊状，后排出脓血便，量少、黏稠，鲜红或粉红色，有里急后重及阵发性腹痛感。中医理论根据其病因将其分为湿热痢、寒湿痢、疫毒痢、虚寒痢、阴虚痢、休息痢。治疗采取的原则是分清寒热虚实，初痢宜通，久痢宜涩，热痢宜清，寒痢宜温，虚实夹杂者则宜通涩兼施、清温并用。常用于痢疾的茶饮材料有葛根、黄芩、黄柏、苦参、马齿苋等。

木耳芝麻茶

茶饮材料　黑木耳60克，黑芝麻15克。

泡饮方法　先将黑木耳和黑芝麻分别放入锅中翻炒，黑木耳炒至由灰转黑略带焦味，黑芝麻略炒出香味，后将二者一同放入锅中，加清水约1500毫升，中火烧沸约30分钟，去渣取汁。每次100毫升左右代茶饮用。亦可加入适量白糖调味。

茶饮功效　凉血止血，润燥滑肠。

适饮症状　久痢便血，肠风下血，痔疮便血。

大蒜龙井茶饮

茶饮材料　龙井茶10克，大蒜1个。

泡饮方法　大蒜去皮捣成泥状，与茶叶一同放入杯中，以沸水冲泡饮用。日服 2~3 次，4~5 日为 1 疗程。

茶饮功效　解毒止痢。

适饮症状　慢性痢疾。

温脾止泻茶

茶饮材料　淫羊藿 10 克，木香 5 克，神曲 10 克。

木香

泡饮方法　将淫羊藿、木香与神曲一同研成粗末后，用纱布袋装，放入茶杯中。冲入适量沸水，闷泡约 15 分钟即可。代茶频饮。

茶饮功效　温肾壮阳，行气止泻。

适饮症状　脾肾阳虚所致久泻久痢。症见泻痢经久不愈，腹痛，喜温喜按，神倦体乏，纳谷不佳等。

相关禁忌　痢疾或泄泻初起以及实邪未去者忌饮。

马齿苋蜜茶

茶饮材料　鲜马齿苋 1000 克，白蜜 20 克。

泡饮方法　将鲜马齿苋捣碎取汁，加入白蜜调匀，隔水炖，每日早晚空腹分两次饮。

茶饮功效　清热利湿。

适饮症状　湿热痢。症见腹痛，心腹胀满，里急后重，下痢赤白脓血，小便短赤等。

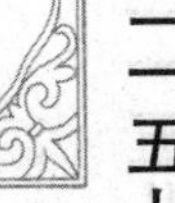

葡萄姜蜜饮

茶饮材料　鲜葡萄汁 50 毫升，生姜汁 50 毫升，绿茶 5 克，蜂蜜适量。

泡饮方法　先将绿茶放入杯中，以沸水冲泡约 15 分钟后，去渣取汁，再与葡萄汁、生姜汁、蜂蜜一同调匀即可。每日 2 次，趁热顿服。

茶饮功效　除烦止渴、健胃止痢。

适饮症状　细菌性痢疾，老年人痢疾。

绿茶蜜饮

茶饮材料　绿茶 5 克，蜂蜜适量。

泡饮方法　将绿茶放入杯中，以沸水冲泡，盖闷约 5 分钟后，调入蜂蜜。趁热顿服，每日 3~4 次。

茶饮功效　清热止痢，生津消食。

适饮症状　阴虚夹湿型痢疾，症见腹痛、腹泻时发时止，腹胀食少，受凉、劳累即发。赤白下痢或鲜血黏稠，午后低热，心烦口干等。

姜茶乌梅饮

茶饮材料　生姜 10 克，乌梅肉 30 克，绿茶 6 克，红糖适量。

泡饮方法　先将生姜、乌梅肉切碎，再与绿茶一同放入茶杯中，冲入沸水，盖闷约半小时后，加入红糖。调匀，趁热顿服，每日 3 次。

茶饮功效　清热止痢，生津消食。

适饮症状　细菌性痢疾，阿米巴痢疾，老年人痢疾。

止痢速效茶

茶饮材料　细茶 9 克，槟榔 9 克，食盐少许。

泡饮方法　先将细茶与食盐同炒后，去盐，与槟榔一同放入锅中，加水煎汤。去渣取汤温服。每日 1~2 剂。

茶饮功效　去壅滞，除湿热，止痢疾。

适饮症状　湿热蕴结型痢疾。症见腹痛阵阵，痛而拒按，便后腹痛暂缓，下痢赤白脓血，黏稠如胶冻，腥臭，肛门灼热，小便短赤等。

苦瓜茶

茶饮材料　干燥苦瓜片 10～15 克。

泡饮方法　将干燥苦瓜片研为粗末后，放入茶杯中，用适量沸水冲泡约 20 分钟即可。不拘时代茶频服。每日 1 剂。

茶饮功效　清热消暑，明目解毒。

适饮症状　热病烦渴，赤白痢疾，中暑，赤眼疼痛，痛肿丹毒，恶疮等。

相关禁忌　脾胃虚寒、腹部冷痛所致泄泻者忌饮。

鸡冠花茶

茶饮材料　鸡冠花 30 克，茶叶 5 克，适量蜂蜜。

鸡冠花

泡饮方法　先拣净杂质，再将鸡冠花撕成小块，与茶叶一并放入锅中，倒入约 500 毫升的水，煎煮成汁后，加入适量蜂蜜，即可代茶饮用。

茶饮功效　涩肠止泻，收敛止带。

适饮症状　赤白带下，久痢不止。

蜀葵花茶

茶饮材料　蜀葵花 3～5 克，红糖适量。

泡饮方法　将蜀葵花的花瓣放入杯中，冲入沸水，搅拌后放入适量红糖，闷泡 5 分钟左右后即可饮用。

茶饮功效　和血止血，解毒散结。

适饮症状　赤白带下，湿热痢疾。对二便不通，酒糟鼻也适用。

相关禁忌　孕妇忌用。

（七）胃炎茶饮

胃炎即胃黏膜的炎症性病变。其发病率高居消化系统疾病之首。临床上以上腹饱胀闷痛、消化不良为主要症状。可以分为急性胃炎和慢性胃炎两类。

急性胃炎是一种自限性急性胃黏膜浅表性炎症或糜烂，包括单纯性胃炎和糜烂性胃炎两种。急性胃炎发病急，轻者仅有食欲不振、腹痛、恶心、呕吐等症状，重者可出现呕血、黑便、脱水等，有细菌感染者常伴有全身中毒症状。可由细菌或病毒感染、物理或化学损伤、重症疾病等因素诱发。

慢性胃炎则以胃黏膜的反复性炎症，胃腺萎缩减少，黏膜层呈特异再生性改建为主要特征，包括慢性浅表性胃炎、慢性萎缩性胃炎等。慢性胃炎临床上以腹部隐痛、食后饱胀、食欲不振及嗳气等为主要症状，尤以饮食不当时明显，部分患者可有反酸、上消化道出血等表现。可由物理化学因素、微生物感染、胆汁返流、中枢神经功能失调和免疫力降低等因素引起。

本病属中医“胃脘痛”，“痞满”“吐酸”等范畴。常用于胃炎的茶饮材料有山楂、陈皮、红枣、蒲公英、枸杞子等。

玫瑰乌梅茶

茶饮材料　鲜玫瑰花 1 朵，乌梅 10 克，麦冬 20 克，石斛 20 克，冰糖 10 克。

泡饮方法　将乌梅、麦冬和石斛一并放入砂锅中，加水约 1000 毫升，小火煎煮 2 次后，将 2 次煎液合并约 300 毫升。取煎液加冰糖，调匀，再放入鲜玫瑰花即可。空腹饮用，每日 1 剂，分 3 次饮用。连服 3 个月以上。

茶饮功效　理气解郁，养阴生津。

适饮症状　阴虚气滞型慢性萎缩性胃炎之胃酸缺乏，症见口干咽燥，舌红少津液，大便干结者。

麦冬二参茶

茶饮材料　麦冬 9 克，党参 9 克，北沙参 9 克，玉竹 9 克，天花粉 9 克，乌梅 6 克，知母 6 克，甘草 6 克。

泡饮方法　将以上各味茶材一并研成粗末后，分成 10 份，每次取 1 份置于杯中，

玉竹

冲入适量沸水，盖闷 10 分钟左右。代茶频饮。每日 1 剂。

茶饮功效　滋阴养胃。

适饮症状　气阴两虚型胃酸减少之萎缩性胃炎。症见形体消瘦，身倦体乏，面色萎黄，纳谷不佳，食后饱胀，心烦口干等。

健胃茶

茶饮材料　徐长卿、麦冬、丹参各 3 克，黄芪 4.5 克，乌梅、生甘草、绿茶各 1.5 克。

泡饮方法　将以上各味茶材一并研成粗末后，分成 5~6 份，每次取 1 份置于茶杯中，冲入沸水，闷泡约 15 分钟后，代茶频饮。每日 1 剂。连饮 3 个月为 1 个疗程。

茶饮功效　益气健脾，滋阴养胃。

适饮症状　阴虚燥热型萎缩性胃炎。

索罗果茶

茶饮材料　索罗果 5~10 克。

泡饮方法　将索罗果置入杯中，冲入沸水闷泡约 10 分钟后即可饮用。

茶饮功效　宽中，理气，杀虫。

适饮症状　慢性胃炎症见胃脘胀满、嗳气或胃寒作痛及蛔虫腹痛等。

相关禁忌　气虚及阴虚者忌用。

参枣荣

茶饮材料　党参10克，红枣10枚，陈皮3克。

泡饮方法　将党参、红枣与陈皮一同放入杯中，冲入适量沸水，闷约15分钟后即可。代茶频饮。

茶饮功效　养胃，消炎。

适饮症状　脾胃气滞型胃炎。症见上腹胀痛、餐后不适，嗳气频作，泛酸等。

茉莉菖蒲茶

茶饮材料　茉莉花6克，石菖蒲6克，青茶10克。

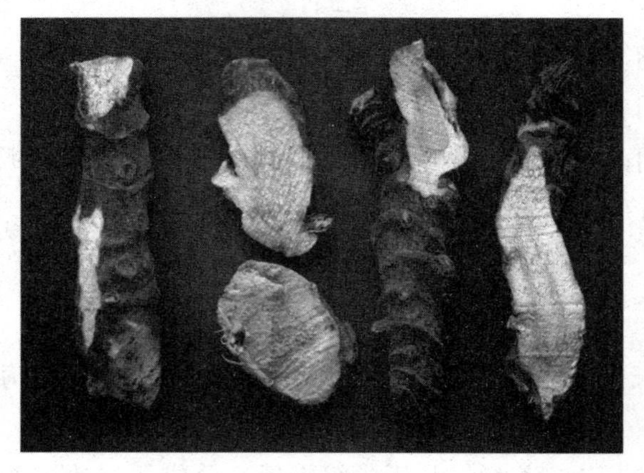

石菖蒲

泡饮方法　将茉莉花、石菖蒲和青茶一并研成粗末后，放入茶杯中，冲入沸水，盖闷约10分钟即可，代茶随饮。每日1剂。

茶饮功效　行气解郁，化湿和胃。

适饮症状　肝郁气滞型慢性胃炎。症见脘腹胀痛，纳谷不佳，心悸失眠，嗳气，大便干燥等。

相关禁忌　肺脾气虚或肾虚喘息者忌用。

槟榔蜜饮

茶饮材料　干槟榔果10克，蜂蜜10克。

泡饮方法　将干槟榔果切成薄片，放入锅中先以清水浸泡2小时左右，后用武火煮沸后，再以文火煎30分钟即可，去渣取汁，调入蜂蜜，搅匀。每日空腹饮用，上、下午各1次，连服4周以上。

茶饮功效　行气消胀，杀虫。

适饮症状　幽门螺杆菌引起的慢性胃炎和胃、十二指肠溃疡。肝郁脾虚型慢性肠炎之久泻、久痢、脱肛等。症见腹部胀痛，腹泻，泻后痛减，伴胸胁胀痛、脘闷纳呆、矢气多，多在情绪紧张或激动后发生。

相关禁忌　泻痢初起腹痛，里急后重者忌饮。

（八）胃及十二指肠溃疡茶饮

胃及十二指肠溃疡是常见的消化道疾病，多与胃酸和胃蛋白酶的消化作用有密切的关系。目前其病因及发病原理尚未完全阐明，普遍认为它是一种多病因疾患，可因遗传、地理环境、精神刺激、饮食习惯及药物等因素致病。因消化系溃疡中约98%发生在胃及十二指肠部位，故又称消化性溃疡。此病具有季节性、长期性、周期性和节律性等特点，易于秋冬或冬春之交天冷时犯病，愈后易反复。其疼痛具有节律性，胃溃疡疼痛多在餐后1小时左右开始，至下次餐前，表现为进食一疼痛一缓解；而十二指肠溃疡疼痛多在餐后3~4小时出现，持续至下次进餐前，进餐可使疼痛缓解，且部分有夜间痛，表现为疼痛一进食一缓解。本病属中医的“胃脘疼痛”，“肝胃气痛”范畴，可分为气滞、郁热、虚寒及瘀血等类型。此病难治难防，故除了相应药物治疗外，要格外注重合理的膳食调养。常用于胃及十二指肠溃疡的茶饮材料有陈皮、蒲公英、芍药、侧柏叶等。

柑橘茶

茶饮材料　橘皮10克，甘草5克。

泡饮方法　先将橘皮洗净，撕碎后，与甘草一同放入茶杯中，用沸水冲泡，闷约10分钟即可。代茶不拘时饮用。

茶饮功效　健脾理气。

适饮症状　消化性溃疡。症见脘胀纳差。

柏叶茶

茶饮材料　侧柏叶15克。

泡饮方法　将侧柏叶置于锅中，加清水约300毫升，煎至150毫升即可。日服3次。

茶饮功效　凉血止血，散肿毒。

适饮症状　对胃及十二指肠溃疡兼出血症状者效佳。

侧柏叶

芍药甘草茶

茶饮材料　芍药 10 克，甘草 5 克。

泡饮方法　先将芍药与甘草研末后，放入茶杯中，冲入适量沸水，盖闷约 15 分钟即可。去渣后代茶饮。

茶饮功效　缓急止痛。

适饮症状　腹部或腿脚痉挛疼痛。如胃神经痛、胃炎、消化性溃疡疼痛及腓肠痉挛等。

相关禁忌　胃肠实热或积滞者不宜饮用。

红花蜜糖饮

茶饮材料　红花 15 克，蜂蜜适量，红糖适量。

泡饮方法　将红花置于茶杯中，冲入适量沸水，盖闷约 10 分钟后，调入适量蜂蜜与红糖，调匀后，代茶不拘时温饮。每日 1 剂。

茶饮功效　止痛，补中缓急。

适饮症状　瘀血型胃及十二指肠溃疡。

柠檬红茶

茶饮材料　柠檬 2 片，红茶 3 克，白糖适量。

泡饮方法　将柠檬洗净、晾干后切片，放入瓷罐后，放适量白糖腌制，经一段时间后即可。每次取 2 片，与红茶一同放入杯中，冲以沸水，盖闷约 10 分钟，调入白糖即可代茶饮用。每日 2~3 次。

茶饮功效　生津止渴，理气和胃，消炎。

适饮症状　急慢性胃炎，消化性溃疡等。

矾蜜水

茶饮材料　枯矾 3 克，蜂蜜 6 克。

枯矾

泡饮方法　将枯矾研末，放入蜂蜜中调匀，再冲入少量水略稀释后，于每次饭前空腹饮用。每日早晚各一次。

茶饮功效　燥湿止泻，收敛止血，解毒敛疮。

适饮症状　适合胃溃疡患者饮用。

相关禁忌　阴虚胃弱，无湿热者忌饮。

健胃消炎茶

茶饮材料　蒲公英 10 克，香附 5 克，陈皮 3 克。

泡饮方法　将陈皮撕碎，香附研成粗末，后将二者与蒲公英一同放入茶杯中，冲入沸水，闷泡约10分钟即可。代茶频饮。

茶饮功效　清热和中，行气止痛。

适饮症状　胃及十二指肠溃疡，浅表性胃炎等。症见胃脘胀痛，不思饮食，消化不良等。

相关禁忌　脾胃虚寒者忌饮。

（九）结肠炎茶饮

结肠炎即溃疡性结肠炎，又称慢性非特异性溃疡性结肠炎，是一种病因不明的结肠黏膜层慢性肠病，以直肠和结肠的浅表性、非特异性炎症病变为主。其主要临床症状以腹泻、黏液脓血便、里急后重、腹痛为主，还可伴有腹胀、消瘦、乏力、肠鸣、失眠、多梦、怕冷等；急重病患者有全身症状，并常伴有肠道外疾病和肝损害、关节炎、皮肤损害、心肌病变、口腔溃疡、虹膜睫状体炎及内分泌病症等。结肠炎病程迁延，易于复发，轻重不等，多见于青壮年。其病因与免疫、遗传、细菌感染、精神、神经、饮食等因素有关。临床上将其分为初发型、慢性复发型、慢性持续型和急性暴发型。本病属中医的“泄泻”“痢疾”“肠风”“便血”等范畴。中医理论认为结肠炎大多是因湿热蕴结、脾肾阳虚、气血两虚、气滞血瘀、饮食失调、劳累过度、精神因素等诱发。常用于结肠炎的茶饮材料有乌梅、石榴皮、茯苓等。

乌梅饮

茶饮材料　乌梅15克，适量白糖。

乌梅

泡饮方法　将乌梅放入锅中，加水约1500毫升，煎至1000毫升时即可。加入适量白糖，调匀。代茶频饮。每日1剂，25日为1个疗程。

茶饮功效　涩肠敛肺，止泻安蛔。

适饮症状　脾胃虚弱型结肠炎。久痢滑肠，虚热烦渴，腹痛呕吐，蛔虫病等。

红茶生姜白糖饮

茶饮材料　红茶10克，生姜10克，白糖20克。

泡饮方法　将红茶、生姜和白糖一同放入杯中，冲入适量沸水，闷约15分钟后，代茶频饮。每日1剂，连服7~8日为1个疗程。

茶饮功效　温中，益气，止泻。

适饮症状　脾胃虚弱型结肠炎，症见大便时溏时泻，水谷不化兼有黏液，稍进油腻之物，则大便次数增多，面色萎黄，肢倦乏力。

白芍饮

茶饮材料　白芍15克，茯苓20克，白术15克，生姜10克，炙附片15克，红糖20克。

泡饮方法　将白芍、茯苓、白术、生姜洗净后切片备用。炙附片先煮30分钟后去水，再与其余四味茶材一同放入炖锅内，加适量清水，武火烧沸后再以文火煎煮30分钟，去渣，加入红糖搅匀即成。代茶饮用。

茶饮功效　散寒柔肝，健脾止泻。

适饮症状　肝脾不调、中焦虚寒型慢性结肠炎。

相关禁忌　虚寒腹痛泄泻者慎饮。

川芎当归茶

茶饮材料　川芎5克，人参5克，白茯苓5克，当归5克，白术5克，白芍5克，桂枝5克，粟米50克。

泡饮方法　将以上茶材洗净后一并放入锅内，加水适量，先用武火烧沸，再以文火煮30分钟，去渣即成。取汤代茶饮，每日1剂。

茶饮功效　益气养血，健脾止泻。

适饮症状　气血双亏型慢性结肠炎。

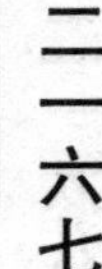

石榴皮茶

茶饮材料　鲜石榴皮10克。

泡饮方法　将鲜石榴皮洗净后切片，放入锅中加入适量清水煎汤或直接放入杯中，以沸水冲泡。代茶频饮。

茶饮功效　涩肠止泻。

适饮症状　久泻、久痢、脱肛等，症见腹部胀痛，腹泻，泻后痛减，伴胸胁胀痛、脘闷纳呆、矢气多，多在情绪紧张或激动后发生。

石榴

相关禁忌　泻痢初起腹痛，里急后重者忌用。

人参山楂茶

茶饮材料　人参10克，山楂10克，白术10克，茯苓15克，莲子10克，山药10克，陈皮6克，泽泻6克，甘草6克，白糖30克。

泡饮方法　将以上茶材洗净，一并放入锅内，加适量清水先用武火烧沸，再用文火煮25分钟左右即可。去渣，加入白糖调匀即可。代茶饮用。每日1剂。

茶饮功效　补脾健中，益气止泻。

适饮症状　脾虚夹滞型肠炎，症见乏力倦怠等。

醋茶

茶饮材料　红茶（或绿茶）10克，米醋适量。

泡饮方法　将茶叶放入杯中，冲入沸水后，加入少许米醋，调匀即可。待温顿服。每日 1~2 剂。

茶饮功效　清热，利湿，止泻。

适饮症状　脾胃湿热型结肠炎。

（十）便秘茶饮

便秘是指由于大肠传导功能失常，粪便在肠内停留时间过久，水液被吸收，导致大便秘结，排便周期延长，排出困难或虽有便意却便出不畅的一类症状。部分患者还可出现腹胀、腹痛、肛门排气多、食欲不振、头晕乏力等症状，并伴有全身不适，失眠，烦躁甚至体重下降。人体的胃肠道对食物的消化吸收一般在 20~40 小时之间，如果相隔 48 小时仍无排便，或每周排便次数少于 3 次，并伴明显排便困难，即可视为便秘。中医根据不同的病机，将便秘分实证和虚证，实证包括热结便秘和气滞便秘，虚证则包括气虚便秘、血虚便秘、阳虚便秘等。常用于便秘的茶饮材料有番泻叶、决明子、火麻仁、蜂蜜等。

葱白阿胶茶

茶饮材料　葱白 10 克，阿胶 10 克。

泡饮方法　先将葱白洗净放入锅中，加水 250 毫升，用中火煎煮 20 分钟，待熟后加入阿胶，使其烊化，和匀温服。每日 1 剂，连服 3~5 日。

茶饮功效　温中通便。

适饮症状　冷秘，阳虚便秘。

相关禁忌　实热所致便秘者不宜用。

番泻叶茶

茶饮材料　番泻叶 3~10 克。

泡饮方法　将番泻叶放入杯内，以沸水冲泡饮用。

茶饮功效　泻热导滞。

适饮症状　热结便秘，症见大便干燥，口干口臭，面赤身热，小便短赤，心烦，腹胀或腹痛等。

相关禁忌　不宜久饮，病愈即停。脾胃虚寒食少便溏者慎用。

番泻叶

麻仁蜜饮

茶饮材料　火麻仁 15 克，蜂蜜 10 克。

泡饮方法　先将火麻仁炒香，研成细末后放入杯中，加入蜂蜜，冲以温水，代茶频饮。

茶饮功效　润肠通便。

适饮症状　老人、小儿及产妇之便秘。

相关禁忌　急性肠炎泻下，成水样便者忌饮。

决明子茶

茶饮材料　决明子 15 克。

泡饮方法　将决明子放入杯中，以沸水冲泡，盖闷约 10 分钟后温服。

茶饮功效　润肠通便，清肝明目。

适饮症状　习惯性便秘，高血压，高血脂。

四仁通便茶

茶饮材料　炒杏仁 2 克，松子仁 2 克，火麻仁 2 克，柏子仁 2 克。

泡饮方法　将炒杏仁、松子仁、火麻仁、柏子仁一同捣碎，放入茶杯中，以适量沸水冲泡，盖闷约 15 分钟后即可。代茶频饮。每日 1 剂，连服 1~3 天。

茶饮功效　润肠通便。

适饮症状　老年津枯液少之便秘，症见大便干结，形体消瘦，或见颧红，眩晕耳鸣，心悸怔忡，腰膝酸软等。

相关禁忌　婴幼儿慎用，若使用，应酌情减量。

决明苁蓉茶

茶饮材料　决明子 2 克，肉苁蓉 2 克，蜂蜜 3 克。

泡饮方法　先将决明子炒黄，后与肉苁蓉一同研制成末，放入茶杯中，以适量沸水冲泡，闷约 15 分钟后，加入蜂蜜，调匀即可。代茶频饮。

肉苁蓉

茶饮功效　温阳，润肠，通便。

适饮症状　阳虚便秘，习惯性便秘，老年便秘。

相关禁忌　阴虚火旺或肠胃实热之便秘者忌用。

枳术生地黄茶

茶饮材料　枳实 2 克，炒白术 3 克，生地黄 3 克。

泡饮方法　将枳实、炒白术和生地黄一同置于茶杯中，用适量沸水冲泡，闷约 15 分钟即可。代茶频饮。

茶饮功效　健脾消积，养阴通便。

适饮症状　气阴两虚，饮食停滞之便秘。症见脘腹痞满，不思饮食等。

相关禁忌　实热便秘者，寒积便秘者忌饮。

冬葵子茶

茶饮材料　冬葵子 20 克。

泡饮方法　将冬葵子置于锅中，加水 2000 毫升，大火煮沸后分多次代茶饮用。

茶饮功效　行水滑肠。

适饮症状　便秘患者属津液亏损者。

相关禁忌　脾虚肠滑者忌服；孕妇慎服。

桑葚冰糖饮

茶饮材料　桑葚 40 克，冰糖 20 克。

泡饮方法　将桑葚洗净后，放入锅内，加水适量，煮沸 1 小时左右后，加入冰糖调匀即可。

茶饮功效　补肝、益肾、熄风、滋液。

适饮症状　阴血亏虚之便秘。症见低热、口干、大便干燥等。

丹参佛手冰糖饮

茶饮材料　紫丹参 30 克，广佛手 10 克，冰糖 10 克。

泡饮方法　将紫丹参、广佛手一同置于锅中，加以清水煎煮约 10 分钟后，加入冰糖，调匀，代茶饮服。

茶饮功效　活血化瘀，散结导滞。

适饮症状　气滞血瘀型便秘，如高血压、冠心病、女性情志郁结等所致便秘。

（十一）痔疮茶饮

痔疮即人体直肠末端黏膜下和肛管皮肤下静脉丛发生扩张和屈曲所形成的柔软静脉团，是人类特有的常见病、多发病。据资料表明，痔疮占所有肛肠疾病中的 87.25%，故又有“十人九痔”之说。根据其发生的位置与肛门齿状线的关系，可分为内痔、外痔和混合痔。痔疮的主要症状即患处作痛、便血。严重时会出现内痔凸出肛门外（脱垂），排便后才缩回。引起痔疮发病的原因有很多，如习惯性便秘、妊娠和盆腔肿物、久病卧床、体弱消瘦、久坐久立、运动不足、劳累过度、过食辛辣及一些慢性肠道疾病等。其中不良饮食习惯导致的持续性便秘是常见的致病因素。痔疮轻者给人的正常生活带来不便；重者影响健康，便血日久，可致不同程度的贫血，甚至休克，危及生命。因此，患了痔疮要积极应对，调整饮食结构，养成良好的排便习惯。常用于痔疮的茶饮材料有决明子、槐花、槐角、木槿花等。

金针荣糖茶

茶饮材料　金针菜100克，红糖适量。

泡饮方法　将金针菜与红糖一并放入锅中，加入适量清水煎煮约30分钟即可。去渣取汤，代茶饮用。每日1剂。

金针菜

茶饮功效　清热利尿，养血平肝。

适饮症状　痔疮疼痛，伴出血。

柿饼蜂蜜茶

茶饮材料　柿饼、香油、生姜、蜂蜜各250克。

泡饮方法　将柿饼去核切片，入锅中用香油炸至八成熟（呈焦黄色，不可炸成焦黑色），出锅晾干，研成细末。把柿饼末、生姜及锅中剩余香油混合后分成3等份备用。晚上睡前取1份，以半杯沸水冲泡温服，3份连续3天服完。未愈者，半个月后，以同法再服3天可愈。

茶饮功效　润肺，滑肠，止血。

适饮症状　内痔、外痔、混合痔兼便秘。

槐花茶

茶饮材料　槐花（鲜品 30 克，干品 10 克）。

泡饮方法　将槐花放入杯中，冲入适量沸水，盖闷约 15 分钟后即可。每日 1 剂，代茶频饮。连服 15~30 日。

茶饮功效　清热，凉血，止血。

适饮症状　痔疮便后带血。

木槿花茶

茶饮材料　木槿花（鲜品 30~60 克，干品 6~9 克）。

泡饮方法　将木槿花去杂质后放入杯中，冲入适量沸水，盖闷约 10 分钟后即可。每日 1 剂，代茶随饮。

木槿花

茶饮功效　清热、利湿、凉血。

适饮症状　痔疮出血，肠风便血，赤白痢，赤白带下等。

相关禁忌　泻痢初起腹痛，里急后重者忌饮。

决明润肠茶

茶饮材料　决明子 30 克。

泡饮方法　将决明子炒至微黄后，研碎，放入杯中，用沸水冲泡 5~10 分钟，代茶频饮。

决明子

茶饮功效　清肝明目，润肠通便。

适饮症状　多种肛肠疾病。

山茶花茶

茶饮材料　干山茶花 6~8 朵。

泡饮方法　取干燥花蕾，置于杯中，以沸水冲泡，闷约 10 分钟后即可，代茶频饮。

茶饮功效　清热止血，收敛凉血。

适饮症状　痔疮便血。

相关禁忌　脾胃虚寒者勿用。

木耳芝麻茶

茶饮材料　黑木耳 60 克，黑芝麻 60 克（各 2 份）。

泡饮方法　取黑木耳与黑芝麻混匀，一份炒熟，一份生用。每次取生熟混合药 15 克放入杯中，以沸水冲泡，闷约 15 分钟即可，代茶频饮。

茶饮功效　润肠通便，止血。

适饮症状　痔疮出血，肠风下血，便秘，肛裂等。

无花果饮

茶饮材料　无花果 4~6 个，冰糖 20 克。

泡饮方法　将无花果洗净、去皮后与冰糖一同放入锅内，加水约 1000 毫升。先以武火煮开后，再用文火煎煮约 15 分钟即可。代茶不拘时饮用。连服 7~10 天为 1 个疗程。每年服用 1 个疗程。

茶饮功效　健胃清肠，消肿解毒。

适饮症状　痔疮便秘的治疗与预防。

槐角饮

茶饮材料　槐角 15 克，适量红糖水。

泡饮方法　先将槐角切成段后，加入适量红糖水浸透，再置入锅中加细砂炒至金黄，放通风处备用。每次取 5 克，置于杯中，用沸水冲泡，代茶饮用。每日 1 剂，分 2~3 次服用。

槐角

茶饮功效　清热，润肝，凉血，止血。

适饮症状　痔疮便后出血，血痢，崩漏，血淋等。

（十二）胰腺炎茶饮

胰腺炎是胰腺因胰蛋白酶的自身消化作用而引起的疾病，可分为急性和慢性两种。急性胰腺炎是由于胰腺消化酶对其自身消化的一种急性炎症；慢性胰腺炎是指胰腺的复发性的或持续性的炎性病变。其发病原因与胆汁或十二指肠液反流入胰管或胰管梗阻。其他如创伤和手术，某些感染、药物、高血钙或高脂血症等，也是胰腺炎诱发因素。本病属于中医“脾心痛、脘痛、结胸”等范畴。其临床特点是突然发作的持续性的上腹部剧痛，伴有发热、恶心、呕吐，血清和尿淀粉酶活力升高，严重者可发生腹膜炎和休克。慢性胰腺炎表现为反复发作的急性胰腺炎或胰腺功能不足的征象，可有腹痛、腹部包块、黄疸、脂肪泻、肉质下泄、糖尿病等表现。常用于胰腺炎的茶饮材料有大黄、黄芩、黄连、蒲公英等。

金银花山楂蜜饮

茶饮材料　金银花 30 克，山楂 10 克，蜂蜜 25 克。

泡饮方法　将金银花、山楂放入锅内，加适量清水，用武火烧沸 3 分钟后，取药汁，其渣再加清水煎熬 3 分钟，再取药汁，将两次药汁一起放入锅内，烧沸后，加蜂蜜，搅匀即成。代茶频饮。

茶饮功效　清热解毒，健脾消积。

适饮症状　胰腺炎。

山楂荷叶饮

茶饮材料　山楂 30 克，荷叶 15 克。

泡饮方法　将山楂与荷叶一同放入砂锅内，加适量清水，用武火烧沸后，转用文火煎煮约半小时后，去渣取汁即可。代茶饮用。

茶饮功效　清热，化积，散瘀。

适饮症状　胰腺炎发作期。

瓜果饮

茶饮材料　白萝卜，西瓜，番茄，雪梨，荸荠，绿豆芽。

番茄

泡饮方法　取以上一种或几种瓜果，榨汁后频饮。

茶饮功效　清热解毒，补充维生素。

适饮症状　禁食后刚允许低脂流食阶段的急性胰腺炎。

大黄蜜茶

茶饮材料　大黄20克，蜂蜜适量。

泡饮方法　将大黄置于大茶缸中，冲入沸水200毫升，闷泡15分钟，加入蜂蜜，搅匀代茶饮用。

茶饮功效　泻热润燥，通里攻下。

适饮症状　胰腺炎发作期。

相关禁忌　病愈停饮，不可长期服用。因为大黄具有双向调节作用，久服会引起便秘。大黄性寒，长期服用有损脾胃，特别是老年人、体弱者。

桑菊枸杞饮

茶饮材料　桑叶9克，菊花9克，枸杞子9克，决明子6克。

泡饮方法　将桑叶、菊花、枸杞子和决明子一同放入锅中煎水代茶饮用，可连续服用。

茶饮功效　清肝泻火。

适饮症状　慢性胰腺炎。

蒲公英茶

茶饮材料　蒲公英（干品）30克，柴胡10克，枳壳15克。

泡饮方法　将蒲公英、柴胡和枳壳一同放入锅内，煎水代茶饮用。每日1剂，分3次服用，连服半月以上。

茶饮功效　清热解毒，理气散结。

适饮症状　胰腺炎。

茵陈莱菔饮

茶饮材料　茵陈50克，莱菔子30克，白糖适量。

泡饮方法　将茵陈、莱菔子一起放入锅中，加清水煎煮约半小时后，去渣取汁，再加入白糖调匀即可。代茶饮用。

莱菔子

茶饮功效　清热利湿，消积。

适饮症状　胰腺炎发作期。

山楂麦芽饮

茶饮材料　山楂10克，炒麦芽10克。

泡饮方法　先将山楂洗净后，切成薄片，再与炒麦芽一同放入杯中，冲入沸水，盖闷30分钟即可。代茶不拘时饮用。

茶饮功效　健脾消食。

适饮症状　慢性胰腺炎。

黄花马齿饮

茶饮材料　黄花菜30克，马齿苋30克。

泡饮方法　将黄花菜、马齿苋洗净，放入锅内，加适量清水，先以武火烧沸后，改文火煎煮约30分钟即可，去渣取汁，代茶频饮。

茶饮功效　清热解毒消炎。

适饮症状　胰腺炎禁食后刚开始进食流质阶段。

（十三）肝炎茶饮

肝炎是由肝炎病毒引起，使肝脏受到损伤，而出现肝功能异常的炎症性急性传染病。目前可分为甲、乙、丙、丁、戊五型。其中以乙型肝炎传播最为广泛，危害性最

为严重，常见于儿童及青壮年，一年四季均可发病，少数患者可转化为肝硬化或肝癌。其临床主要症状有食欲不振、体虚乏力、恶心呕吐、上腹不适、肝区疼痛、腹泻及腹胀、大便不成形等，部分患者还伴有发热、黄疸等症状。乙肝病毒的传播途径有经血传染（如输血、蚊虫及各种吸血昆虫叮咬）、母婴传播（孕妇是乙肝带原者，通过产道直接传染给新生儿）、体液传播（唾液、尿液、血液、乳汁、胆汁、阴道分泌物及精液等）。如果治疗不及时，乙肝病毒未能清除，则会转为慢性，患者将长期携带病毒，检查表现为乙肝抗原阳性。但是，乙肝难治却并不难防，大家要把好预防关，从根源上杜绝乙肝病毒的传播。应做好乙肝疫苗接种工作，保持积极乐观的心态，生活规律，合理饮食，注意起居和个人卫生。

本病属于中医“黄疸”“胁痛”等范畴。中医理论认为肝炎是由脾湿内郁复感湿热疫邪所致。常用于肝炎的茶饮材料有板蓝根、茵陈、过路黄等。

加味柴胡茶

茶饮材料　柴胡15克，枳壳10克，白芍12克，甘草10克。

泡饮方法　先将柴胡、枳壳、白芍和甘草研制成粗末，后一同放入杯内，以沸水冲泡即可。代茶饮用。每日1剂。

柴胡

茶饮功效　疏肝清热，理气宽中。

适饮症状　肝郁化火型肝炎，症见胁下胀痛，走窜不定，急躁易怒，时欲太息，胸闷不适，嗳气频作，食欲减退，妇女伴乳胀、月经不调等。

山楂五味子茶

茶饮材料　山楂50克，五味子30克，白糖30克。

泡饮方法　将山楂和五味子置于锅中，以水煎2次，去渣取汁后混匀，加入白糖调匀即可，代茶饮用。每日1剂。

茶饮功效　补益肝肾，化瘀降酶。

适饮症状　肝炎转氨酶增高。

郁金清肝茶

茶饮材料　广郁金（醋制）10克，炙甘草5克，绿茶2克，蜂蜜25克。

泡饮方法　将广郁金、炙甘草、绿茶一同放入锅中，加水约1000毫升，煎煮约30分钟后即可，再加入蜂蜜，搅匀，取汁不拘时频饮。每日1剂。

茶饮功效　疏肝解郁，利湿祛瘀。

适饮症状　肝炎，肝硬化，脂肪肝及肝癌等。

板蓝根茶

茶饮材料　板蓝根18克。

泡饮方法　将板蓝根研成粗末后，放入杯中，冲以沸水，盖闷约15分钟后，代茶频饮。

板蓝根

茶饮功效　清热解毒。

适饮症状　预防及辅助治疗肝炎。

两山柳枝茶

茶饮材料　山楂 10 克，山药 10 克，鲜柳枝（带叶）90 克。

泡饮方法　将鲜柳枝洗净，切碎后与山楂、山药一同放入砂锅中，加入适量清水，煎煮两次，去渣取汁后混匀，代茶徐饮。每日 1 剂，20 剂为 1 个疗程。

茶饮功效　健脾益胃，利尿退黄，止痛。

适饮症状　急性肝炎。

祛黄茶

茶饮材料　茵陈 30 克，栀子 15 克，金钱草 30 克。

泡饮方法　将茵陈、栀子、金钱草置于锅中，加水 2000 毫升，大火煮沸后分多次代茶饮用。

金钱草

茶饮功效　清利湿热，利胆退黄。

适饮症状　肝炎患者属身目黄色鲜艳者。

相关禁忌　血虚萎黄及脾胃虚寒者慎用。

养肝茶

茶饮材料　柠檬草 5 克，迷迭香 5 克，小蓟 5 克，马鞭草 5 克。

泡饮方法　将以上四味茶材，放入杯中，用沸水冲泡 15 分钟后，代茶饮。

茶饮功效　促进肝脏代谢，解毒。

适饮症状　慢性肝炎，经常饮酒的人。

过路黄茶

茶饮材料　过路黄 10 克，绿茶 1 克。

泡饮方法　将过路黄与绿茶一同放入杯中，冲以沸水，盖闷约 10 分钟后即可。频饮。

茶饮功效　清热，利湿，退黄。

适饮症状　黄疸型慢性肝炎。

过路黄

虎杖黄芩茶

茶饮材料　虎杖 10 克，黄芩 5 克。

泡饮方法　将虎杖研为细末与黄芩置于杯中，冲入沸水 200 毫升，闷泡 15 分钟后，代茶饮用。

茶饮功效　利湿退黄。

适饮症状　肝炎患者属身目俱黄者。

相关禁忌　虎杖所含鞣质可与维生素 B_1 永久结合，故长期大量服用虎杖时，应酌情补充维生素 B_1；脾胃虚寒者不宜饮用；孕妇慎用。

护肝茶

茶饮材料　茵陈 10 克，板蓝根 10 克，郁金 5 克，丹参 5 克。

泡饮方法　先将茵陈、板蓝根、郁金及丹参研末后，一同放入茶杯中，冲入沸水，闷泡约 15 分钟即可，代茶饮。

茶饮功效　清热解毒，活血退黄。

适饮症状　黄疸型肝炎，症见身目俱黄，周身乏力，食欲低下，头面部、颈部散布蜘蛛痣，肝区胀痛或刺痛等。

茵陈茶

茶饮材料　茵陈 3 克，栀子 2 克，陈皮 1 克。

泡饮方法　将茵陈、栀子和陈皮一同放入茶杯中，冲入沸水，闷泡约 15 分钟即可，代茶频饮。

茶饮功效　清热利湿，润下退黄。

适饮症状　黄疸型肝炎，症见身目俱黄，色鲜明，发热口渴，腹胀便秘，恶心欲吐，有时伴失眠等。

相关禁忌　阴黄、萎黄、急性黄疸者忌饮。

灵芝甘草茶

茶饮材料　灵芝 6 克，甘草 5 克。

泡饮方法　将灵芝和甘草一同放入锅中，加清水约 400 毫升，煎煮约 20 分钟后，取汁代茶饮。

茶饮功效　益气护肝，安神定志。

适饮症状　适合迁延性肝炎患者康复期饮用，症见肝功能损害不明显，伴有神疲乏力，纳谷不佳，腹胀便溏等。

相关禁忌　急性肝炎、慢性活动型肝炎患者，血小板减少，有出血倾向者忌饮。

化瘀养肝茶

茶饮材料　山楂 25 克，丹参 50 克，枸杞子 25 克，冰糖 6 克，蜂蜜 100 克。

泡饮方法　将以上茶材煎煮约 20 分钟后，取汁代茶饮。每日 3 次，可长期服用。

茶饮功效　滋补肝肾，活血化瘀。

适饮症状　肝炎及肝纤维化患者，尤其适用于血淤体质的肝炎患者，一般在舌尖及边缘可见明显瘀斑者。

相关禁忌　胃气虚者，山楂的分量可减半。

丹参

（十四）脂肪肝茶饮

脂肪肝是指由于各种原因引起的肝细胞内脂肪堆积过多的病变。正常人体的肝内总脂量，占肝重的3%~5%。如果脂肪含量超过肝重的5%即为脂肪肝，严重者脂肪量可达40%~50%，其脂类主要为甘油三酯、脂酸。脂肪肝一般可分为急性和慢性两种。轻者多无自觉症状，部分患者仅有轻度的疲乏、食欲不振、腹胀、嗳气、肝区胀满等感觉。但急重症患者则表现出疲劳、恶心、呕吐和不同程度的黄疸，并可在短期内发生肝昏迷及肾衰，甚至数小时内死于并发症。目前，脂肪性肝病正严重威胁人们的健康，成为仅次于病毒性肝炎的第二大肝病，是肝硬化的常见原因。引起脂肪肝的原因很多，其中肥胖、过量饮酒、糖尿病是三大主要病因。早期诊治对阻止其进展和改善预后十分重要。脂肪肝患者应严格控制饮食，调整饮食结构，戒酒，并增强体育锻炼。常用于脂肪肝的茶饮材料有决明子、山楂、大黄、枸杞子、荷叶等。

合欢花山楂饮

茶饮材料　生山楂15克，合欢花30克。

泡饮方法　将山楂、合欢花一同放入锅中，加清水煎煮，去渣取汁即可。代茶饮。每日1剂，20日为1个疗程。

茶饮功效　理气解郁，活血降脂。

适饮症状　脂肪肝。

螺旋藻橘皮茶

茶饮材料　螺旋藻5克，鲜橘皮10克。

泡饮方法　将螺旋藻拣去杂质，晒干；将鲜橘皮外皮用清水反复洗净，切成细丝，与螺旋藻同置杯中，冲入沸水，盖闷约15分钟即可，代茶不拘时饮用。

茶饮功效　降低血脂，健脾燥湿。

适饮症状　各种类型的脂肪肝。

乌龙降脂茶

茶饮材料　乌龙茶4克。

泡饮方法　将乌龙茶放入茶杯中，用沸水冲泡，加盖闷10分钟即可饮用。每杯茶可连泡3~5次。

茶饮功效　消脂减肥。

适饮症状　各种类型的脂肪肝。

绞股蓝银杏叶茶

茶饮材料　绞股蓝5克，银杏叶6克。

泡饮方法　先将绞股蓝、银杏叶洗净、晒干，一同研为细末，以纱布袋装后放入杯中，以沸水冲泡，代茶频饮。每日2袋，每袋可冲泡3~5次。

银杏叶

茶饮功效　活血降脂。

适饮症状　各种类型的脂肪肝。

荷叶消脂茶

茶饮材料　鲜荷叶 1 张（干荷叶半张）。

泡饮方法　将荷叶洗净，切成细丝，放入锅中，加适量清水煎煮约 20 分钟后，去渣取汁即可。代茶频饮。

茶饮功效　升阳利湿，消脂减肥。

适饮症状　各种类型的脂肪肝。尤其适宜夏季饮用。

鲜荷叶

核桃仁酸奶茶

茶饮材料　核桃仁 50 克，酸牛奶 200 毫升。

泡饮方法　将核核仁晒干后，研成细末，再与酸牛奶一同放入家用电动粉碎机中，捣搅约 1 分钟即可。每日早晚各用一次。

茶饮功效　补虚降脂。

适饮症状　脂肪肝兼体虚。

夏枯草丝瓜保肝茶

茶饮材料　夏枯草 30 克，丝瓜络 10 克（或新鲜丝瓜 50 克），冰糖适量。

泡饮方法　将前两味茶材放入锅中，加水 500 毫升，大火煎煮，再改小火煮至约 200 毫升，去渣取汁；将冰糖熬化，加入药汁煮 10～15 分钟即可。每日 1 剂，分 2 次服。

茶饮功效　泻热凉血，去淤化痰。

适饮症状　饮酒过量及糖尿病引起的脂肪肝。

相关禁忌　寒性体质者忌饮。

番茄酸奶茶

茶饮材料　番茄200克，酸牛奶200毫升。

泡饮方法　先将番茄外表皮用温水浸泡片刻，反复洗净，连皮切碎，放入果汁捣搅机中快速捣搅1分钟，加酸牛奶拌匀，取番茄酸奶汁即可。每日早晚各饮一次。

茶饮功效　凉血平肝，补虚降脂。

适饮症状　各种类型的脂肪肝。

玫瑰茉莉花茶

茶饮材料　玫瑰花6克，茉莉花6克，青茶10克。

茉莉花

泡饮方法　将玫瑰花、茉莉花和青茶一并放入杯中，冲入适量沸水，闷5~10分钟后即可。代茶饮用。每日1剂，30日为1个疗程。

茶饮功效　疏肝理气，清热解郁，消食祛脂。

适饮症状　胆固醇及甘油三酯高。

（十五）肝硬化茶饮

肝硬化是由各种原因长期损害肝脏所引起的肝脏慢性、进行性、弥漫性、纤维性病变。其特征即肝细胞变性、坏死、形成再生结节，纤维组织表生，形成假小叶，正常肝小叶结构和血管形成遭到破坏。其主要的临床表现是肝功能受损和门静脉高压。早期病情不易发现，以蜘蛛痣、肝掌、肝功轻度异常、疲劳、恶心、厌食、消化不良等为主要症状，晚期则肝功能衰竭及门静脉高压明显，出现贫血、瘀伤、尿少、腹水、脾肿大等症状。按其不同的病因，肝硬化可分为肝炎后肝硬化、胆汁性肝硬化、营养性或酒精性肝硬化、淤血性肝硬化、代谢障碍性肝硬化、化学性肝硬化等。肝硬化可并发上消化道出血、肝性脑病、感染及原发性肝癌等。目前对其治疗尚无特效方法，仅对症或针对其并发症加以施治。肝硬化应以预防为主，即纠正潜在的病因。此病属中医的"胁痛""积聚""鼓胀"等范畴，治疗以理气、化瘀、行水为主，虚者以扶本为主，标本兼治。常用于肝硬化的茶饮材料有玉米须、半枝莲、茯苓、白术等。

五味红枣茶

茶饮材料　五味子 10 克，红枣 5 枚，冰糖 20 克。

泡饮方法　先将五味子洗净，去杂质；红枣洗净，去核；冰糖打碎。后将其一同放入锅内，加入清水约 250 毫升，先以武火煮沸，再用文火炖煮约 25 分钟即可。取汤水代茶频饮。

茶饮功效　补养肝肾，益气生津。

适饮症状　肝硬化转氨酶增高，证属体虚气弱者。

郁草绿茶

茶饮材料　绿茶 2 克，蜂蜜 25 克，郁金 10 克，甘草 5 克。

泡饮方法　将绿茶、郁金、甘草放入锅中，加水 100 毫升煮沸 10 分钟后，过滤取汁，再加入蜂蜜搅匀即可。

茶饮功效　疏肝解郁，利湿祛瘀。

适饮症状　气滞血瘀型的肝硬化患者，可见肝部疼痛、食欲减退、胸腹闷胀、嗳气不舒等症状。

灵芝黄芪茶

茶饮材料　灵芝 15 克，黄芪 15 克。

泡饮方法　将灵芝、黄芪一同放入锅中加适量清水煎煮 1 小时左右。代茶饮。

黄芪

茶饮功效　健脾益肾，化气行水。

适饮症状　脾肾阳虚型肝硬化。症见脘腹胀满，食少纳呆，神疲畏寒，肢冷浮肿，面色萎黄或白，小便短少等。

相关禁忌　患有发热病者，急性病者，热毒疮疡者，阳气旺者，从及食滞胸闷，胃胀腹胀之人忌饮。

玉米须饮

茶饮材料　玉米须 30 克，冬瓜子 15 克，赤小豆 30 克。

泡饮方法　将玉米须、冬瓜子和赤小豆一同放入锅中，加适量清水一同煎煮，约 20 分钟后即可，取汤代茶饮。每日 1 剂。

茶饮功效　利胆，利尿。

适饮症状　肝硬化之腹水。

杞菊养肝乌龙茶

茶饮材料　菊花适量，枸杞子 20 克，乌龙茶 5 克。

泡饮方法　将上述全部茶材放入大茶杯中，用开水冲泡，加盖稍泡片刻，频饮。

茶饮功效　滋补肝肾，疏风明目。

适饮症状　预防肝硬化。

相关禁忌　有感染症状，或脾胃虚弱、消化不良的人不宜饮用。

黑白茶

茶饮材料　黑牵牛子 0.5 克，白牵牛子 0.5 克。

泡饮方法　将上述两味茶材一同研成细末，放入杯中，冲入温水，搅匀后饮服。每日 1 剂。

茶饮功效　泄水通便，除湿消满。

适饮症状　湿浊阻滞型肝硬化。症见腹胀，胁胀或疼痛等。

半枝莲茶

茶饮材料　半枝莲 30 克。

泡饮方法　将半枝莲放入锅中，加入清水煎煮约 20 分钟。取水代茶饮。

半枝莲

茶饮功效　利水清热，化瘀抗癌。

适饮症状　肝硬化之腹水者。

相关禁忌　虚证患者忌饮。

参苓茶

茶饮材料　人参 5 克（或用党参 15 克），茯苓 15 克，生姜 3 片。

泡饮方法　先将人参、生姜切片，后与茯苓一同放入锅中，加水煎煮 2 次，将 2

次药汁混合后，早晚分 2 次饮服。

茶饮功效　益气健脾，利湿开胃。

适饮症状　脾虚夹湿型肝硬化。症见腹大胀满，胁下痞胀或疼痛，纳食减少，食后胀甚，小便短少等。

山楂红枣三七茶

茶饮材料　山楂 20 克，红枣 12 克，三七粉 3 克，蜂蜜适量。

泡饮方法　将山楂、红枣放入锅内，加适量清水煎煮约 20 分钟后，加入三七粉、蜂蜜调匀即可。取汤水代茶温饮。

茶饮功效　疏肝健脾，活血化瘀。

适饮症状　肝脾血瘀型肝硬化。症见腹大坚满，按之不陷而硬，青筋怒张，胁腹疼痛，面色黧黑，头颈胸部红点赤缕，大便色黑等。

三、五官科疾病茶饮

（一）眼睛疲劳茶饮

眼睛疲劳又称视力疲劳，是指阅读、写字或作近距离工作稍久后，出现字迹或目标模糊，眼部干涩，眼睑沉重，有疲劳感，以及眼部疼痛与头痛，休息片刻后，症状明显减轻或消失。此种症状一般以下午和晚上最为常见。严重时甚至恶心、呕吐。有时尚可并发慢性结膜炎、睑缘炎或麦粒肿反复发作。引起眼睛疲劳的原因主要有以下三个因素：一是眼部因素。（1）调节异常，因过度使用调节力而易发生视疲劳。（2）眼肌的平衡失常，隐斜注视物体时可引起视疲劳。（3）瞳孔大小异常，瞳孔过大过小，双眼瞳孔大小不等引起视疲劳。二是全身因素，全身疾病引起疲劳，眼耐受力降低，加上眼部因素的影响更易发生视力疲劳。三是环境因素，用眼卫生、照明度不合理，长时间注视不动等均可引起视力疲劳。营养不足，饮食补充不足，视力功能营养不良也可引起视力疲劳。常用于缓解眼睛疲劳的茶饮材料有枸杞子、菊花、决明子等。

杞菊茶

茶饮材料　枸杞子 10 克，菊花 3 克。

泡饮方法　将枸杞子、菊花置于杯中冲入沸水 200 毫升，闷泡 15 分钟后，代茶饮用。

茶饮功效　滋补肝肾，养阴明目。

适饮症状　眼睛疲劳，视力衰退。

相关禁忌　素有胃寒胃痛、慢性腹泻便溏者勿饮用，正在感冒发烧、身体有炎症的人最好也不要饮用。

决明子茶

茶饮材料　决明子25克。

泡饮方法　将决明子置于杯中，冲入沸水200毫升，闷泡5分钟后，代茶饮用。

茶饮功效　清肝明目。

适饮症状　眼睛酸涩，视力疲劳。

相关禁忌　脾虚便溏者不宜饮用。决明子有宫缩催产作用，孕妇不宜饮用，另长期饮用决明子可能会引发月经不规律，严重的会导致子宫内膜不正常，应引起重视。

车前草茶

茶饮材料　车前草30克。

泡饮方法　将车前草置于杯中，冲入沸水200毫升，闷泡5分钟后，代茶饮用。或水煮代茶饮服。

茶饮功效　清热，明目，利水。

适饮症状　眼睛酸涩，视力疲劳。

相关禁忌　虚滑精气不固者禁用。

枸杞茶

茶饮材料　枸杞子15克。

泡饮方法　将枸杞子放入锅中，加水煎煮30分钟，待温凉后代茶饮用。

茶饮功效　补肝，益肾，明目。

适饮症状　眼睛酸涩，视力疲劳。

相关禁忌　枸杞子虽然具有很好的滋补和治疗作用，但也不是所有的人都适合服用的，由于它甘平滋补，故感冒发烧、身体有炎症、腹泻的人最好不要饮用。

（二）结膜炎茶饮

结膜炎又称为“红眼病”，症状和体征表现为眼红、眼睑红肿、眼痒、眼烧灼感、

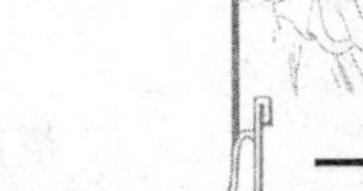

流泪或溢泪、晨起时眼分泌物多而难以睁眼等。多发于春秋季节，常流行于学校、幼儿园等集体生活环境。中医认为结膜炎属风热邪毒或兼胃肠积热侵犯肝经，上攻于目所致。结膜炎有急、慢性之分。慢性结膜炎是一种眼的慢性炎症，过敏和环境因素是其病因，病程可达数周或数月。空气污染、烟雾、角膜接触镜配不当，刺激性气体、化学药品等环境因素均可引起结膜炎症。急性结膜炎多因细菌、病毒引起，普通感冒，流感或其他病毒感染均可引起，发病较急，病程短。细菌感染引起的急性结膜炎通常为单眼，流泪，分泌物较稠，如未能及时治疗，可引起严重的并发症。结膜炎的日常注意事项包括：用生理盐水或2%的硼酸水冲洗眼睛、注意避光、避免传染他人、不能遮盖患眼、忌用手揉搓眼睛、切忌游泳、避免长期用氯霉素眼药水点眼睛等。常用于结膜炎的茶饮材料有金莲花、菊花、桑叶、金银花等。

金莲菊花茶

茶饮材料　金莲花 10 克，菊花 5 克，甘草 5 克。

泡饮方法　将金莲花、菊花和甘草分别用清水快速冲净沥干，放入锅中，加 800 毫升水煎煮，大火煮开后转小火约煮 3 分钟，即可去渣当茶饮用。

茶饮功效　清热解毒。

适饮症状　急性结膜炎。

相关禁忌　素有脾胃虚寒、胃寒胃痛、慢性腹泻便溏者勿饮用。另，湿浊中阻而脘腹胀满、呕吐及水肿者，禁止长期大量饮服甘草。

桑菊黄豆茶

茶饮材料　冬桑叶 20 克，菊花 15 克，黄豆 60 克，白糖 30 克。

泡饮方法　将黄豆浸透，同冬桑叶、菊花一起放入锅中，加水适量，煮后去渣，放入白糖，待白糖溶化后即可代茶饮用。

茶饮功效　清肝明目、消炎散风。

适饮症状　急性眼结膜炎。

相关禁忌　素有胃寒胃痛、慢性腹泻便溏者及外感风寒咳嗽者，不宜饮用。

双花连翘茶

茶饮材料　金银花 5 克，连翘 5 克，菊花 3 克，桑叶 3 克。

泡饮方法　将金银花、连翘、菊花、桑叶置于杯中，用沸水冲泡，代茶饮用。

黄豆

茶饮功效　清热解毒，凉血消炎。

适饮症状　急性眼结膜炎。

相关禁忌　素有脾胃虚寒，或有气虚，或有寒痢，或外感风寒咳嗽者，不宜饮用。

菊花龙井茶

茶饮材料　菊花 12 克，龙井茶 3 克。

泡饮方法　将菊花、龙井茶放入杯中，开水冲沏，代茶饮。

茶饮功效　疏风清热。

适饮症状　急性眼结膜炎的辅助治疗。

相关禁忌　素有胃寒胃痛、慢性腹泻便溏者勿饮用。

（三）近视茶饮

目前普遍的看法认为近视是由多种因素导致的。一是遗传因素。研究认为高度近视眼的双亲家庭，下代近视的发病率较高。二是环境因素。青少年的眼球正处在生长发育阶段，调节能力很强，眼球壁的伸展性也比较大，阅读、书写等近距离工作时，不仅需要眼的调节作用的发挥，双眼球还要内聚，眼外肌对眼球施加一定的压力，久而久之，眼球的前后轴就可能变长。每增长 1 毫米近视就达-3.00 屈光度（也就是普通说的 300 度），这种近视即所谓真性近视。绝大多数为单纯性近视，一般度数都比较低，发病多在青春期前后，进展也比较缓慢。三是营养不良。眼睛在生长发育期间缺乏某种或某些重要的营养物质，使眼球组织变得比较脆弱，在环境因素的作用下，眼球壁的巩膜容易扩张，从而使眼睛的前后轴伸长而发生近视。缺乏的食物种类越多，

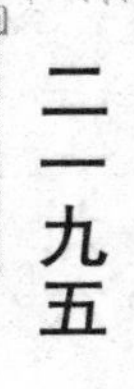

总量越大，近视的发生率越高，近视的程度也越高。所以，补充蛋白质、钙、锌、维生素 A、B_1、B_2、C、E、叶黄素等营养物质有助于预防近视。常用于近视的茶饮材料有决明子、野菊花、金银花等。

近视明目茶

茶饮材料　决明子 5 克，野菊花 5 克，金银花 5 克，龙眼肉 3 克，绿茶 3 克。

泡饮方法　将决明子、野菊花、金银花、龙眼肉、绿茶置于杯中，冲入沸水，闷泡 10 分钟后饮用即可。

茶饮功效　清肝明目。

野菊花

适饮症状　青少年近视引起的视物不清以及办公室人员、司机等长时间用眼引起的视疲劳。

相关禁忌　素有胃寒胃痛、慢性腹泻便溏者勿饮用；决明子具有宫缩催产作用，孕妇不要饮用，另外长期饮用决明子可能会引发月经不规律，严重的会导致子宫内膜异常，应引起重视。

人参远志饮

茶饮材料　人参 20 克，远志 60 克。

泡饮方法　分别用清水将人参、远志快速冲净沥干，共杵为末，分成每包 8 克，每次 1 包，沸水冲泡代茶饮，连服 7~10 天。

远志

茶饮功效　益气养心，益智明目。

适饮症状　眼睛近视，素有体虚。

相关禁忌　人参为大补元气之品，实证、热证者不宜饮服。

（四）白内障茶饮

白内障是指眼球里透明的水晶体出现混浊的一种常见眼病，初起混浊轻微或范围较小不影响视力，而后渐渐加重至明显影响视力甚至失明。老化、遗传、代谢异常、外伤、辐射、中毒和局部营养不良等均可引起晶状体囊膜损伤，使其渗透性增加，丧失屏障作用，或导致晶状体代谢紊乱，使晶状体蛋白发生变性，形成混浊。严重的白内障可致盲。一般只有手术才能治疗白内障，多采用白内障摘除术，术后在眼内植入人工晶状体、配戴眼镜或角膜接触镜以矫正视力。白内障病人要多吃深绿色、新鲜的蔬菜，并尽量避免食用油炸食品、人造脂肪、人造黄油、动物脂肪以及全脂奶粉、奶油、奶酪、冰淇淋等含乳糖丰富的乳制品。中医学认为，早期白内障常见有肝肾两亏、脾虚气弱、肝阳上亢三种类型，除采取必要的治疗外，还可根据中医辨证施治的原则采用日常茶饮治疗。茶水中的大量鞣酸能阻断体内产生自由基的氧化反应发生，因此对白内障有一定的预防作用。常用于白内障的茶饮材料有枸杞子、决明子等。

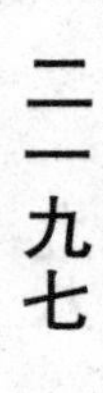

扁豆红枣茶

茶饮材料　白扁豆 50 克，红枣 15 克。

泡饮方法　将白扁豆放于锅中，用水浸泡 4 小时，与红枣一同加水煮汤，代茶饮用。

茶饮功效　健脾和胃，益气生津，消暑化湿。

适饮症状　白内障病人的辅助治疗。

白扁豆

相关禁忌　患疟疾者忌服；另外，一些女性月经期间，常会出现眼肿或脚肿，也不适合饮服。

决明子茶

茶饮材料　决明子 100 克。

泡饮方法　将决明子洗净，除去杂质，晒干后微火炒香，分成每包 10 克，用纱布袋装好。每日 1 包，沸水冲泡，量不宜多，代茶饮用。

茶饮功效　清热平肝。

适饮症状　白内障的辅助治疗。

相关禁忌　脾虚便溏者不宜饮用；决明子具有宫缩催产作用，孕妇忌饮。另外，长期饮用决明子可能会引发月经不规律，严重的会导致子宫内膜异常，应引起重视。

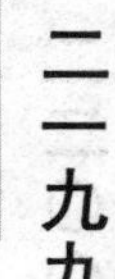

枸杞茶

茶饮材料　枸杞子 15 克。

泡饮方法　将枸杞子置于杯中，冲入沸水 200 毫升，闷泡 5 分钟后，代茶饮用。

茶饮功效　补益肝肾。

适饮症状　白内障的辅助治疗。

相关禁忌　枸杞子虽然具有很好的滋补和治疗作用，但也不是所有的人都适合服用的，由于它甘平滋补，故感冒发烧、身体有炎症、腹泻的人最好不要饮用。

（五）青光眼茶饮

青光眼是指由眼压升高而引起视神经损害和视野缺损的眼病，为眼科中最严重、可致盲的眼病之一。正常的情况下，眼内有透明的液体叫房水，其可营养眼内组织，并维持眼内眼压。因房水不断生成，不断排出，保持着动态平衡，故眼压比较稳定。但如生成过多或排出受阻，便会使眼压升高，超过一定程度，就会造成青光限。慢性青光眼可用缩瞳药治疗。急性青光眼可能是间歇性的。想要根本解决高眼压问题，必须动手术使水样液有流出的管道。无论是何种青光眼，若不治疗，会造成视力的损伤或失明。常用于青光眼的茶饮材料有车前草、枸杞子、五味子、夏枯草，菊花等。

车前草茶

茶饮材料　车前草 10 克，红枣 7 枚。

泡饮方法　将车前草、红枣一起放入锅中，加水适量，煮后去渣，代茶饮用。

车前草

茶饮功效　清肝泻火。

适饮症状　青光眼的辅助治疗。

相关禁忌　脾胃虚寒者慎饮。

桑杞五味茶

茶饮材料　桑葚 20 克，枸杞子 5 克，五味子 3 克。

泡饮方法　将桑葚、枸杞子、五味子置于杯中，冲入沸水 200 毫升，闷泡 15 分钟后，代茶饮用。

茶饮功效　补肝益肾。

适饮症状　原发性青光眼的辅助治疗。

相关禁忌　泡饮时忌用铁器，因桑葚中含有溶血性过敏物质及透明质酸，过量食用后容易发生溶血性肠炎。少年儿童不宜多饮，会影响人体对铁、钙、锌等物质的吸收。脾虚便溏者、糖尿病人忌饮服。

夏菊薄荷饮

茶饮材料　夏枯草 15 克，菊花 6 克，薄荷 9 克。

泡饮方法　将夏枯草、菊花、薄荷置于杯中，冲入沸水 200 毫升，闷泡 10 分钟后，代茶饮用。

茶饮功效　清热舒肝。

适饮症状　原发性青光眼的辅助治疗。

相关禁忌　脾胃虚弱者慎饮。薄荷芳香辛散，发汗作用较强，耗气，故表虚多汗者不宜饮用，阴虚内热者忌用。

决明芝麻煎饮

茶饮材料　生石决明 18 克，生地黄 15 克，桑叶 9 克，黑芝麻 10 克，白糖适量。

泡饮方法　将黑芝麻用纱布包好，与生石决明、生地黄、桑叶一同放于砂锅内，加水适量，煮后代茶饮用，连服 6~7 天。

茶饮功效　平肝潜阳。

适饮症状　原发性青光眼的辅助治疗。

相关禁忌　脾胃虚寒者慎服，消化不良、胃酸缺乏者禁饮。

（六）鼻窦炎茶饮

鼻窦炎为鼻窦黏膜的炎症，上领窦炎最多见，其他依次为筛窦、额窦和蝶窦的炎症。鼻窦炎可以单发，亦可以多发。最常见的致病原因为鼻腔感染后继发鼻窦化脓性炎症。此外，变态反应、机械性阻塞及气压改变等均易诱发鼻窦炎，牙的感染可引起齿源性上领窦炎。鼻窦炎是一种常见病，可分为急性和慢性两类，急性化脓性鼻窦炎多继发于急性鼻炎，以鼻塞、多脓涕、头痛为主要特征；慢性化脓性鼻窦炎常继发于急性化脓性鼻窦炎，以多脓涕为主要表现，可伴有轻重不一的鼻塞、头痛及嗅觉障碍。本病相当于中医学“鼻渊”等范畴。是因外感风寒、肺经风热，胆腑郁热、脾经湿热、肺脾气虚等所致。平时注意锻炼身体，劳逸结合，衣着适度，多呼吸新鲜空气，避免鼻子干燥。常用于鼻窦炎的茶饮材料有苍耳子、辛夷、白芷等。

辛夷苏叶茶

茶饮材料　辛夷花 2 克，紫苏叶 6 克。

泡饮方法　将辛夷花、紫苏叶放入杯中，冲入沸水，加盖闷泡 15 分钟，代茶饮用。连服 15~25 日。

茶饮功效　散风行血，消炎通鼻。

适饮症状　鼻窦炎、过敏性鼻炎。

相关禁忌　阴虚火旺者忌饮。

白芷银花茶

茶饮材料　白芷 5 克，银花 15 克，防风 5 克，白糖适量。

泡饮方法　将白芷、银花、防风三味茶材一起放入锅中，加水适量煮 15 分钟，煮后去渣，加糖代茶饮。

茶饮功效　疏风清热，散邪通窍。

适饮症状　副鼻窦炎。

相关禁忌　脾胃虚寒、血虚有热、阴虚头痛者禁饮。

苍耳子茶

茶饮材料　苍耳子 6 克，辛夷 6 克，白芷 6 克，薄荷 5 克，茶叶 3 克。

泡饮方法　将苍耳子、辛夷、白芷、薄荷、茶叶放入杯中，冲入沸水，加盖闷泡

20分钟，代茶饮用。连服15~25日。

苍耳子

茶饮功效　发汗通窍，散风祛湿。

适饮症状　鼻炎、鼻窦炎。

相关禁忌　血虚头痛、阴虚火旺者不宜饮用。另外，薄荷芳香辛散，发汗作用较强，耗气，故表虚多汗者亦不宜饮用。

（七）咽喉痛茶饮

咽喉痛是一种非常常见的病症，多发于一年中的寒冷季节，感冒、扁桃腺炎、鼻窦炎、百日咳、咽喉炎以及病毒感染通常都伴有喉咙痛。多数急性咽喉痛会在数天至数周内自动消失；然而，如果疼痛持续存在或在几天内加重，则需要引起重视。如果长期不加以治疗，该病可能导致风湿热，危害心脏和肾脏。任何刺激喉咙及口腔黏膜的物质都可能引起咽喉痛，包括：病毒、细菌感染、过敏反应、灰尘、香烟、废气、热饮料或食物，牙齿或牙龈感染有时也会累及咽喉，慢性咳嗽、极干燥的环境、胃酸反流及说话过大声同样会刺激喉咙，声音嘶哑是常见的副作用。常用于咽喉痛的茶饮材料有菊花、麦冬、生甘草、胖大海、桑叶等。

百合绿豆饮

茶饮材料　百合20克，绿豆50克，冰糖适量。

泡饮方法　将百合、绿豆一起放入锅中，加清水适量，煮熟后去渣，加入冰糖，代茶饮服。

茶饮功效　清热润肺，养阴生津。

适饮症状　咽炎、咽喉痛、温燥咳嗽。

相关禁忌　凉燥导致的咳嗽、咽痛不宜饮服。

咽炎茶

茶饮材料　杭白菊 1.5 克，麦冬 3 克，生甘草 3 克，胖大海 2 枚。

泡饮方法　将杭白菊、麦冬、生甘草、胖大海合成 1 包，放入茶杯中，倒入沸水冲泡，当茶饮服，1 包药冲泡 3 杯水，每日用 1~2 包。

茶饮功效　润肺养阴，利咽生津。

适饮症状　慢性支气管炎，咽炎、咽喉痛。

杭白菊

相关禁忌　凡脾胃虚寒泄泻，胃有痰饮湿浊及外感风寒咳嗽者均忌饮。不适合长期泡饮此方。

生姜桑叶茶

茶饮材料　生姜 3 片，冬桑叶 9 克，西河柳 15 克。

泡饮方法　将生姜、冬桑叶、西河柳一起放入锅中，加水适量煮，煮后去渣，代茶饮。

茶饮功效　疏风散热。

适饮症状　小儿风热感冒，发热较高，鼻塞无涕，咽喉肿痛。

相关禁忌　内热较重者及外感风寒者不宜饮用。

爽咽茶

茶饮材料 余甘子10克，青果3枚，薄荷3克，冰糖10克。

泡饮方法 将余甘子、青果、薄荷及冰糖一并置入杯中，冲入沸水闷泡约10分钟即可。

茶饮功效 生津止渴，爽口利咽。

适饮症状 咽喉肿痛、急性咽喉炎、扁桃体炎等。

相关禁忌 脾胃虚寒者慎服。

（八）喉炎茶饮

喉炎是由于感染、发声不当、变态反应和各种理化刺激等原因引起喉部的炎症。简单的喉炎通常由普通感冒这类感染引起。由于病因复杂，临床表现各异，可将喉炎分为急性、慢性、特异性和变态反应性喉炎。急性喉炎治疗较易，一般抗菌消炎就有明显效果；而慢性喉炎，用抗菌消炎药无济于事，所以家庭调养用食疗、中药治疗就显得相当重要。常用于喉炎的茶饮材料有西洋参、蝉衣、藏青果、胖大海、木蝴蝶等。

青果大海茶

茶饮材料 藏青果3个，胖大海1枚。

泡饮方法 将藏青果、胖大海放入杯中，沸水冲泡，代茶频频少饮细咽，连饮1周以上。

茶饮功效 清热生津，利咽解毒。

适饮症状 慢性喉炎喉痒干咳。

相关禁忌 胖大海有缓泻通便作用，不宜大量长期饮用。

蝉蝶茶

茶饮材料 蝉衣20克，木蝴蝶20克。

泡饮方法 将蝉衣、木蝴蝶研成粗末混匀，每次用6克，沸水冲泡，代茶饮用。

茶饮功效 润肺舒肝，利咽开音。

适饮症状 慢性喉炎声音嘶哑，证属风热上攻者。

相关禁忌 脾胃虚寒、大便稀溏、不能吃凉东西者不宜饮用。

蝉蝶

洋参蝉衣茶

茶饮材料　西洋参薄片6克，蝉衣6克。

泡饮方法　将西洋参、蝉衣放入杯中，冲入白开水，泡15分钟后开始饮用，细咽慢饮。杯中水饮尽后再冲入开水，从早喝到晚，连饮1周以上。

茶饮功效　养阴生津，利咽开音。

适饮症状　慢性喉炎声音嘶哑。

相关禁忌　中焦脾胃虚寒或夹有寒湿，见有腹部冷痛，泄泻的人不宜饮用。

蜡梅柑橘茶

茶饮材料　蜡梅花（干品）6克，生甘草1克，桔梗3克。

泡饮方法　将蜡梅花、生甘草、桔梗放入茶杯中，沸水冲泡，代茶饮。

茶饮功效　宣肺化痰，开郁利咽。

适饮症状　慢性咽喉炎咽痛，痰滞喉中，咳不出吞不下者。

相关禁忌　桔梗性升散，气机上逆之呕吐、呛咳、眩晕以及阴虚火旺咳血者不宜用，用量过大易致恶心呕吐。

（九）牙痛茶饮

牙痛是指牙齿因各种原因引起的疼痛，为口腔疾患中常见的症状之一，可见于西

医学的龋齿、牙髓炎、根尖周围炎和牙本质过敏等，遇冷、热、酸、甜等刺激时牙痛发作或加重。早期，牙龈发痒、不适、口臭，继之牙龈红肿、松软，容易出血，疼痛，反复发作。日久牙龈与牙根部的牙周膜被破坏，形成一个袋子，叫牙周袋，袋内常有脓液溢出，炎症继续扩大，可成为牙周脓肿，病情加重，局部疼痛、肿胀，初为硬性，后变为软性，有波动感，可自行穿破，流出脓液。出脓后，疼痛可减轻，或反复发作。本病属中医的“牙宣”“骨槽风”范畴。多因平素口腔不洁或过食膏粱厚味、胃腑积热、胃火上冲，或风火邪毒侵犯、伤及牙齿，或肾阴亏损、虚火上炎、灼烁牙龈等引起。常用于牙痛的茶饮材料有牛蒡子、金银花、野菊花等。

牛蒡子茶

茶饮材料　牛蒡子10克。

泡饮方法　将牛蒡子捣碎放入锅中，加水适量，煮后去渣，代茶饮。

牛蒡子

茶饮功效　疏风散热，解毒消肿。

适饮症状　风火牙痛。

相关禁忌　牛蒡子性寒而滑利，有滑肠通便之弊，故脾虚腹泻者应慎用。

牙痛口疮茶

茶饮材料　沙参30克，细辛3克。

泡饮方法　将沙参、细辛研成粗末，置茶杯中，冲入沸水适量，盖闷15分钟。代茶频饮，1日内饮完。

茶饮功效　养阴清热，散火止痛。

适饮症状　虚火牙痛。

相关禁忌　胃虚寒或肾阳不足之浮火而致的牙痛，口疮不宜饮用。

三花茶

茶饮材料　金银花 20 克，野菊花 10 克，茉莉花 10 克，冰糖适量。

泡饮方法　将金银花、野菊花、茉莉花放入杯中，用沸水冲泡，加入冰糖代茶饮。

茶饮功效　清热解毒，和中。

三花茶

适饮症状　胃火牙痛。

相关禁忌　脾胃虚寒便溏者不宜饮用。

（十）口臭茶饮

口臭是人口中散发出来的难闻的口气，可由多种原因引起。西医认为，口臭可与口腔疾病、胃肠道疾病、吸烟、饮酒、喝咖啡、节食减肥等因素有关。中医认为口臭可以分为以下几个类型。一是胃火口臭，多由火热之邪犯胃所致，其证除口臭外，每兼面赤身热，口渴饮冷，或口舌生疮，或牙龈肿痛，流脓出血等，应清泻胃火。二是食积口臭，多由过饱伤胃、缩食停滞胃中引起，其证口出酸腐臭味，脘腹胀痛，不思饮食，嗳气口臭等，应消食导滞。三是热痰口臭，多由热痰犯肺或热痰郁久化脓化腐引起，其证除口臭外，每兼咳吐痰浊或脓血，胸痛短气等，应清肺涤痰。四是虚热口臭，多由阴虚生内热所致，口臭而兼见鼻干，干咳，大便干结，为肺阴虚弱之候，当清润肺脏。常用于口臭的茶饮材料有菊花、甘草、佩兰、藿香、山楂、陈皮等。

二仁饮

茶饮材料　火麻仁、郁李仁各6克。

泡饮方法　将火麻仁、郁李仁一起放入锅中，加水适量，煮后去渣，代茶饮。

郁李仁

茶饮功效　润燥，滑肠，通便。

适饮症状　便秘引起的口臭。

相关禁忌　阴虚液亏及孕妇慎饮。

山楂陈皮茶

茶饮材料　生山楂10克，陈皮6克，生甘草4.5克。

泡饮方法　将生山楂、陈皮、生甘草一起放入锅中，加水适量，煮后去渣，代茶饮。

茶饮功效　理气健脾，化滞消积。

适饮症状　消化系统疾病引起的口臭。

相关禁忌　热证或阴虚内热者慎用。胃酸过多、消化性溃疡和龋齿者及服用滋补药品期间忌饮用。

菊花甘草茶

茶饮材料　菊花10克、甘草6克，冰糖适量。

泡饮方法　将菊花、甘草置于茶杯中，冲入沸水200毫升，闷泡15分钟，加入冰糖，搅匀，代茶饮用。

茶饮功效　清热解毒。

适饮症状　胃火口臭。

相关禁忌　素有胃寒胃痛、慢性腹泻便溏者勿用。另外，如有湿浊中阻而脘腹胀满、呕吐及水肿者，禁止长期大量饮服甘草。

佩兰藿香饮

茶饮材料　佩兰 15 克，藿香 10 克。

佩兰

泡饮方法　将佩兰、藿香以纱布包好，放入带盖容器（不宜用铁器皿）内，加入 800~1000 毫升沸水，冲泡 30 分钟后去除药物，分 4 次温服。7 天为 1 个疗程，可饮用 1~2 个疗程。

茶饮功效　芳香化湿，醒脾开胃。

适饮症状　湿浊引起的口中异味。

相关禁忌　本品辛散力强，有伤阴耗气之弊，气阴虚者不宜饮用。

麦冬甘草茶

茶饮材料　麦冬 30 克，甘草 5 克。

泡饮方法　将麦冬和甘草放入带盖容器（不宜用铁器皿）内，加入沸水冲泡 30 分钟后即可当茶饮用，上述药量为 1 日剂量，7 天为 1 个疗程，可饮用 1~3 个疗程。

茶饮功效　润肺养阴，益胃生津。

适饮症状　老年阴津不足、唾液少引起的口臭。

相关禁忌　凡脾胃虚寒泄泻，胃有痰饮湿浊及外感风寒咳嗽者均忌饮。

（十一）牙龈炎茶饮

牙龈炎是指牙龈发炎，发生红肿或有出血现象。本病由于只侵犯牙龈，不侵犯其他牙周组织，所以牙齿不发生松动，X光片检查牙槽骨、牙周膜、牙骨质无异常。牙龈炎有多种类型，但最常见的、发病率最高的是慢性单纯性龈炎，又称为不洁性龈炎、边缘性龈炎。这种龈炎是由于龈缘附近牙面上的菌斑引起的一种慢性炎症。青春期和成年人较普遍患有轻微牙龈炎，若未能及早发现，情况可能会变得严重，并可能会演变成牙周病（一种可以导致牙齿脱落的严重齿龈疾病）。常用于牙龈炎的茶饮材料有金银花、野菊花等。

二花茶

茶饮材料　金银花10克，野菊花10克，白糖适量。

泡饮方法　将金银花、野菊花置于杯中，冲入沸水200毫升，闷泡10分钟后，加入白糖搅匀，代茶饮用。

茶饮功效　清热解毒。

适饮症状　胃脘积热化火，牙龈红肿疼痛，溢脓者。

相关禁忌　脾胃虚寒便溏者不宜饮服。

升麻饮

茶饮材料　升麻10克，薄荷6克。

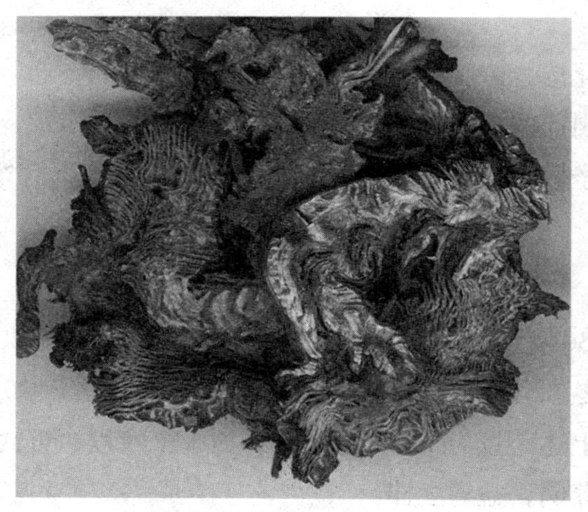

升麻

泡饮方法　将升麻、薄荷一起放入锅中，加水适量，水煮代茶饮。

茶饮功效　清热散风，消肿止痛。

适饮症状　风热上攻所致牙龈红肿疼痛。

相关禁忌　长期、大剂量饮用可引起头晕、头痛、恶心、腹泻、心率减慢等多种不适；怀孕与哺乳期妇女，表虚多汗者，不宜饮用；阴虚内热者忌饮。

（十二）口腔溃疡茶饮

口腔溃疡俗称“口疮”，是发生在口腔黏膜上的表浅性溃疡，大小可从米粒至黄豆大小、成圆形或卵圆形，溃疡面为凹、周围充血，可因刺激性食物引发疼痛，一般一至两个星期可以自愈。口腔溃疡成周期性反复发生，医学上称“复发性口腔溃疡”。可一年发病数次，也可以一个月发病几次，甚至新旧病变交替出现。中医学认为，口疮多为阳明胃火内盛，或少阴心火独旺。日常防治口腔溃疡应注意保持口腔清洁，常用淡盐水漱口，戒除烟酒，生活起居有规律，保证充足的睡眠。坚持体育锻炼，饮食清淡，多吃蔬菜水果，少食辛辣、厚味的刺激性食品，保持大便通畅。妇女经期前后要注意休息，保持心情愉快，避免过度疲劳，饮食要清淡，多吃水果、新鲜蔬菜，多饮水等，以减少口疮发生的机率。常用于口腔溃疡的茶饮材料有金银花、乌梅等。

金银乌梅茶

茶饮材料　金银花 15 克，乌梅 15 克（带核），白糖少许。

泡饮方法　将金银花、乌梅用水浸泡 30 分钟后倒入砂锅内，加清水 1000 毫升，用小火煮 30 分钟后加入白糖搅匀，滤出汤液，代茶饮用。

茶饮功效　清热解毒、敛肺生津。

适饮症状　口腔溃疡。

相关禁忌　脾胃虚寒及气虚者忌饮，妇女正常月经期以及妇女产前产后忌饮。

苦瓜茶

茶饮材料　鲜苦瓜 160 克（干品 80 克）。

泡饮方法　将苦瓜放入锅中，加水适量，水煮代茶饮。

茶饮功效　清暑，涤热，解毒。

适饮症状　胃热型口腔溃疡。

相关禁忌　脾胃虚寒者，用之则吐泻腹痛。

（十三）中耳炎茶饮

中耳炎是中耳黏膜由细菌（如链球菌、葡萄球菌、肺炎双球菌）感染引起的化脓性炎症。好发于儿童，分急性和慢性两种。急性中耳炎多由急性上呼吸道感染，急性传染病后，或其他如营养不良、贫血，鼓膜穿孔再感染而诱发；慢性中耳炎多由急性中耳炎治疗不当，迁延而成。急性中耳炎耳镜检查见鼓膜外凸、充血，穿孔后可见脓液搏动溢出。血白细胞增加，中性粒细胞增高尤甚。慢性中耳炎可分单纯型和胆脂瘤型。单纯型鼓膜穿孔多位于紧张部中央，分泌物为黏脓性胆脂瘤型鼓膜穿孔多位于鼓膜后部边缘或松弛部，或为鼓膜大穿孔。本病如失治、误治，迁延不愈，可损害听力，甚至出现颅内颅外并发症。中医将化脓性中耳炎归入“脓耳”“聤耳”“耳疳”范畴。内因多为肝、胆、肾、脾脏功能失调；外因多为感受风热之邪或时行邪毒、循肺经，直犯中耳而致病。常用于中耳炎的茶饮材料有桑叶、菊花、夏枯草等。

桑叶菊花茶

茶饮材料　桑叶 10 克，菊花 10 克，茶叶 6 克。

泡饮方法　将桑叶、菊花、茶叶置于杯中，冲入沸水 200 毫升，闷泡 15 分钟后代茶饮用。

茶饮功效　清肝平肝，泄热凉血。

适饮症状　肝胆火盛、邪热外侵之化脓性中耳炎。

相关禁忌　素有胃寒胃痛、慢性腹泻便溏者及外感风寒咳嗽者，不宜饮用。

夏桑菊茶

茶饮材料　夏枯草 15 克，桑叶 12 克，野菊花 15 克，红糖适量。

泡饮方法　将夏枯草、桑叶、野菊花一起放入锅中，加适量水，水煮去渣，加红糖适量，搅匀代茶饮用。

茶饮功效　清利肝胆，泻火解毒。

适饮症状　肝胆郁热型中耳炎。

相关禁忌　素有胃寒胃痛、慢性腹泻便溏者不宜饮用。另外，夏枯草属于寒凉之物，湿重、脾虚的人或患风湿病的人饮用，就容易造成腹泻甚至加重病情。

白菜薄荷芦根饮

茶饮材料　大白菜根 3~4 个，芦根 10 克，薄荷 3 克。

夏枯草

泡饮方法　将大白菜根、芦根、薄荷一起放入锅中，加水煎煮 15～30 分钟，去渣代茶饮。

茶饮功效　辛凉发散，疏风清热。

适饮症状　邪热外侵型化脓性中耳炎。

相关禁忌　脾胃虚寒者慎饮；表虚多汗者不宜饮用，阴虚内热者忌饮。

四、内分泌与新陈代谢系统疾病茶饮

（一）甲状腺机能亢进茶饮

甲状腺机能亢进症系指由多种原因导致甲状腺功能增强，分泌甲状腺激素过多，造成机体的神经、循环及消化等系统兴奋性增高和代谢亢进为主要表现的临床综合征。典型的临床表现包括甲状腺素过多引起的代谢增高和神经兴奋两大症状群。西医治疗甲亢有三种方法：药物治疗、手术切除和同位素治疗。服用抗甲状腺药物是主要的治疗手段，但一定要在医生的指导下选用抗甲状腺药物，并定期到医院检查，以便确定和调整用药的剂量，一般应当坚持服药一年半到两年，患者不要自己随意减少剂量或停药，以免疾病复发。手术治疗和同位素治疗应根据患者的实际状况决定。常用于甲状腺机能亢进的茶饮材料有麦冬、沙参等。

贝母茶

茶饮材料　浙贝母 10 克，冰糖适量。

泡饮方法　将浙贝母放入锅中，以水500毫升煮成300毫升，去渣加少许冰糖，代茶饮用。

茶饮功效　清热化痰。

适饮症状　甲状腺机能亢进。

相关禁忌　脾胃虚寒及寒痰、湿痰、气滞者慎饮用。

润燥茶

茶饮材料　黄精、玉竹、麦冬、沙参、百合各10克。

泡饮方法　将黄精、玉竹、麦冬、沙参、百合置于杯中，冲入沸水200毫升，闷泡10~15分钟后代茶饮用。

茶饮功效　滋养肝肾，益气润燥。

适饮症状　甲状腺机能亢进引起的阴虚有热，口干。

相关禁忌　脾虚便溏，痰湿痞满气滞，风寒咳嗽者忌饮。

（二）甲状腺机能减退茶饮

甲状腺机能减退症系甲状腺激素合成与分泌不足，或甲状腺激素生理效应不好而致的全身性疾病。若功能减退始于胎儿或新生儿期，称为克汀病；始于性发育前儿童称幼年型甲减；始于成人称成年型甲减。成年型甲减多见于中年女性，男女之比均为1∶5，起病隐匿，病情发展缓慢。常用于甲状腺机能减退的茶饮材料有肉苁蓉。

肉苁蓉茶

茶饮材料　肉苁蓉20克，冰糖适量。

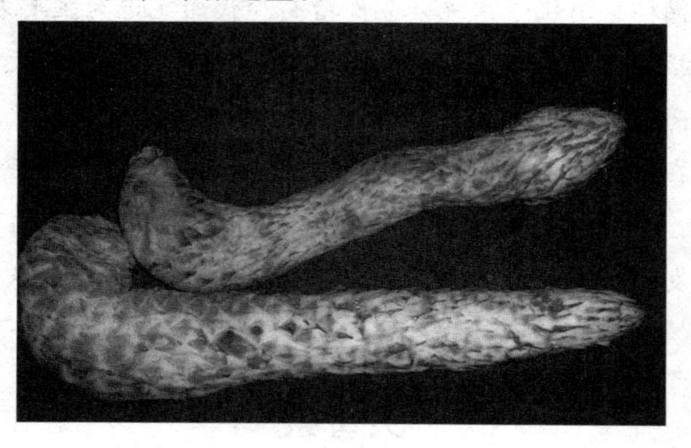

肉苁蓉

泡饮方法　将肉苁蓉放入锅中，以水1000毫升煮成600毫升，去渣加少许冰糖，代茶饮用。

茶饮功效　益精养血。

适饮症状　用于甲状腺机能减退症。

相关禁忌　忌用铁器煎煮，胃弱便溏者忌饮。

（三）糖尿病茶饮

糖尿病是由于遗传和环境因素相互作用，引起胰岛素绝对或相对分泌不足以及靶组织细胞对胰岛素敏感性降低，引起蛋白质，脂肪、水和电解质等一系列代谢紊乱综合征，其中以高血糖为主要标志。糖尿病的诊断依据是血糖和临床症状，临床典型病例可出现多尿、多饮、多食、消瘦等表现，即“三多一少”症状。糖尿病无法治愈，其主要危害在于它的并发症，尤其是慢性并发症。急性并发症包括糖尿病合并感染、糖尿病高渗综合征、乳酸性酸中毒，慢性并发症包括脑血管、心血管、下肢血管等大血管并发症和肾脏、眼底等微血管并发症，临床上称为糖尿病视网膜病变、糖尿病肾病、糖尿病高血压等。常用于糖尿病的茶饮材料有菊花、槐花、乌梅、麦冬、北沙参、花粉等。

乌梅茶

茶饮材料　乌梅15克。

泡饮方法　将乌梅置于杯中，冲入沸水200毫升，闷泡15分钟后，代茶饮用。

乌梅

茶饮功效　收涩生津。

适饮症状　糖尿病有虚热者。

相关禁忌　有实邪者忌饮，胃酸过多者慎饮。

甜叶菊茶

茶饮材料　甜叶菊3克。

泡饮方法　将甜叶菊置于杯中，冲入沸水200毫升，闷泡5分钟后，代茶饮用。

茶饮功效　生津止渴。

适饮症状　糖尿病患者属口干舌燥者。

相关禁忌　避免大量饮用，一天可用的分量需控制在5克以下，以免服用过量导致不孕。孕妇、月经期忌用。

麦冬茶

茶饮材料　麦冬、党参、北沙参、玉竹、花粉各9克，乌梅、知母、甘草各6克。

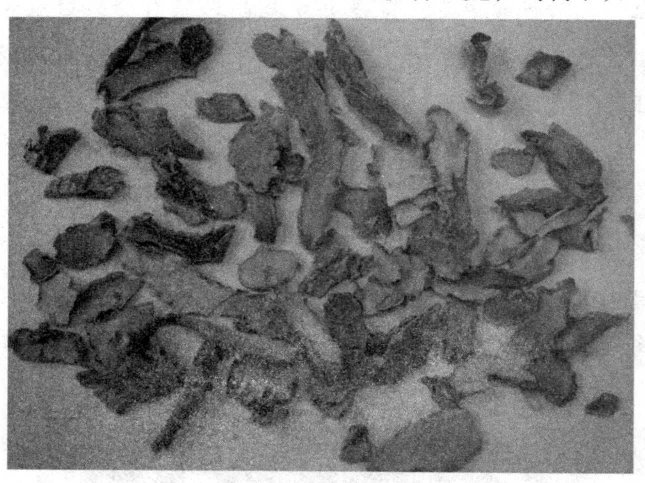

知母

泡饮方法　将以上茶材一同共研为细末放入杯中，冲入沸水200毫升，闷泡15分钟后，代茶饮用。

茶饮功效　清热生津。

适饮症状　糖尿病患者口干舌燥，津液亏乏。

相关禁忌　脾胃虚寒，泄泻，胃有痰饮湿浊，胃酸过多及外感风寒咳嗽者均忌饮。

黄精枸杞茶

茶饮材料　黄精15克，枸杞子10克，绿茶3克。

泡饮方法　将黄精、枸杞子、绿茶置于杯中，以温开水冲泡，代茶饮。

茶饮功效　补中，养肝，滋肾，润肺。

适饮症状　轻型糖尿病患者。

相关禁忌　外邪实热，脾虚有湿，中寒泄泻，痰湿痞满气滞者忌饮。

黄精

菊槐绿茶饮

茶饮材料　菊花、槐花、绿茶各 3 克。

泡饮方法　将菊花、槐花、绿茶置于杯中，冲入沸水 200 毫升，闷泡 15 分钟后代茶饮用。

茶饮功效　清热，凉血，平肝。

适饮症状　糖尿病伴高血压患者。

相关禁忌　素有脾胃虚寒、慢性腹泻便溏者勿饮用。

苦瓜茶

茶饮材料　鲜苦瓜 1 个，绿茶适量。

泡饮方法　将苦瓜放入锅中，加水适量，煮开后冲泡绿茶，代茶饮。

茶饮功效　清暑解毒。

适饮症状　轻型糖尿病患者。

相关禁忌　脾胃虚寒者不宜饮用。

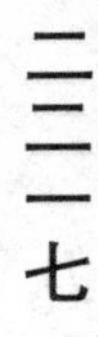

（四）痛风茶饮

痛风是一种由于嘌呤代谢紊乱所导致的疾病，是尿酸过量产生或尿酸排泄不充分引起的尿酸堆积造成的，尿酸结晶会堆积在软骨、软组织、肾脏以及关节处。血液中尿酸长期增高是痛风发生的关键原因。急性痛风性关节炎发病前没有任何先兆。轻度外伤，暴食高嘌呤食物或过度饮酒，手术，疲劳，情绪紧张，内科急症（如感染，血管阻塞）均可诱发痛风急性发作。常在夜间发作的急性单关节或多关节疼痛通常是首发症状。痛风常可发生痛风性肾病、缺血性心脏病、肾结石、肥胖症、高血脂症、糖尿病、高血压等并发症。本病中医称为历节、白虎历节、白虎风等名，或认为痛风属痹证范畴，与痛痹、风痹关系密切。常用于痛风的茶饮材料有白茅根、车前子、玉米须、茯苓、泽泻、川牛膝、桑寄牛等。

茯苓泽泻茶

茶饮材料　茯苓 15 克，泽泻 6 克。

泡饮方法　将茯苓、泽泻研为细末置于杯中，冲入沸水 200 毫升，闷泡 10 分钟后，代茶饮用。

茶饮功效　利湿降浊。

泽泻

适饮症状　用于痛风患者急性期。

相关禁忌　肾功能不佳者不宜饮用。

牛膝菊花茶

茶饮材料　川牛膝6克，菊花3克。

泡饮方法　将川牛膝研为细末后与菊花一同置于杯中，冲入沸水200毫升，闷泡15分钟后，代茶饮用。

茶饮功效　活血化瘀，祛风除湿。

适饮症状　痛风患者日常保健用。

相关禁忌　腹泻、体质虚寒者不宜饮用。

双桑茶

茶饮材料　桑寄生10克，桑枝10克。

泡饮方法　将桑寄生、桑枝一同置于杯中，冲入沸水200毫升，闷泡10分钟后，代茶饮用。

茶饮功效　祛风除湿，通络补肾。

适饮症状　痛风恢复期患者。

相关禁忌　感冒、喉咙发炎者不宜饮用。

紫花苜蓿茶

茶饮材料　紫花苜蓿5克。

泡饮方法　将经过加工除去豆腥味的干燥苜蓿置于杯中，冲入沸水200毫升，闷泡5分钟后，代茶饮用。

茶饮功效　清热利湿、和胃利肠。

适饮症状　痛风患者日常保健用。

白茅车前茶

茶饮材料　白茅根20克，车前子30克。

泡饮方法　将白茅根、车前子研为细末放入杯中，以沸水冲泡。代茶饮用，冲淡为度。

茶饮功效　清热利湿。

适饮症状　痛风患者急性期。

相关禁忌　腹泻者不可饮用。

玉米须茶

茶饮材料　玉米须10克。

泡饮方法　将玉米须置于杯中，冲入沸水200毫升，闷泡5分钟后，代茶饮用。

茶饮功效　利湿消肿。

适饮症状　痛风伴有水肿患者。

相关禁忌　肠胃较弱者不建议饮用。

灵仙木瓜茶

茶饮材料　威灵仙12克，木瓜6克。

泡饮方法　将威灵仙、木瓜放入锅中，加水适量，煮开后去渣，代茶饮。

茶饮功效　祛风除湿。

适饮症状　痛风恢复期患者。

相关禁忌　便秘者不可饮用。

威灵仙

（五）单纯性肥胖茶饮

单纯性肥胖是指并非由于其他疾病或医疗的原因，仅仅是由于能量摄入超过能量消耗而引起的肥胖。在所有肥胖者中，99%以上是单纯性肥胖。这种肥胖的确切发病机制还不十分清楚，引起单纯性肥胖的病理改变主要是脂肪细胞的数量增多、体积增大，这种体积增大是细胞内脂肪堆积的结果。其中超重在20%~30%为轻度肥胖，30%~50%为中度肥胖，50%以上为重度肥胖。肥胖可诱发高血压病、冠心病、糖尿病、痛风、胆石症等。中医认为本病多因素禀脾胃薄弱，复加饮食不节，嗜食膏粱厚味，或肝气郁结，气滞痰生，或多静少动所致。根据临床表现一般分为痰湿困脾、气滞血瘀、脾胃热盛等证型。常用于单纯性肥胖的茶饮材料有荷叶、普洱茶、山楂、何首乌、泽泻、麦芽、苦丁茶、陈皮等。

三花减肥茶

茶饮材料　玫瑰花2克，茉莉花2克，玳玳花2克，川芎5克，荷叶5克，绿茶3克。

玳玳花

泡饮方法　将以上茶材研为细末，置入茶杯中，用沸水冲泡，盖闷10分钟后，代茶频饮，当日内饮尽。

茶饮功效　芳香化浊，行气活血。

适饮症状　单纯性肥胖。

相关禁忌　虚寒泻痢，滑泄不禁者禁饮。

荷叶减肥茶

茶饮材料　荷叶15克，山楂3克，薏苡仁3克，橘皮3克。

泡饮方法　将上述茶材一同研为细末，放入茶杯中，用沸水冲泡即可，代茶饮用。可连续服用30日。

茶饮功效　理气行水，降脂化浊。

适饮症状　单纯性肥胖，高血脂症。

相关禁忌　脾胃虚寒，泻痢，滑泄不禁者忌饮。

健美减肥茶

茶饮材料　何首乌 3 克，泽泻 2 克，丹参 2 克，绿茶 2 克。

泡饮方法　将何首乌、泽泻、丹参 3 味茶材研成粗末，放入茶杯中，用适量沸水冲泡，盖闷 20~30 分钟，然后加入绿茶，轻摇，再盖闷 5~6 分钟，代茶饮用。

茶饮功效　活血利湿，降脂减肥。

适饮症状　血脂偏高，体型肥胖者。

相关禁忌　有胃溃疡者，不宜饮用。

山楂降脂茶

茶饮材料　山楂 5 克，炒山楂 5 克，陈皮 10 克，红茶 3 克。

泡饮方法　将山楂、炒山楂、陈皮、红茶一同置于杯中，冲入沸水，加盖闷 10 分钟左右后，代茶饮用。

茶饮功效　消食，理气，降脂。

适饮症状　单纯性肥胖症，高血脂症。

相关禁忌　儿童不宜多饮，孕妇忌饮。

炒山楂

迷迭香茶

茶饮材料　迷迭香 5~10 克。

泡饮方法　将迷迭香放入杯中，用沸水冲泡 15 分钟后，代茶频饮。

茶饮功效　促进血液循环，降低胆固醇，抑制肥胖。

适饮症状　肥胖、高血脂、高血压患者。

瘦腰茶

茶饮材料　山楂 6 克，槐花 6 克，麦芽 9 克，枸杞子 18 克，白萝卜 100 克。

泡饮方法　先将萝卜放入锅中，加入适量清水煮沸，再加入山楂、槐花、麦芽、枸杞子煮 15 分钟后，去渣代茶饮。

茶饮功效　消积化浊，减肥消脂。

适饮症状　肥胖者瘦腰减肥。

相关禁忌　脾胃虚寒者不宜饮用，孕妇忌饮。

枸杞苦丁茶

茶饮材料　枸杞子 2 克，苦丁茶 1 克，决明子 2 克，青皮 1 克，红枣 2 枚。

泡饮方法　将枸杞子、苦丁茶、决明子、青皮、红枣置于杯中，冲入沸水 200 毫升，泡 15 分钟后，代茶饮用。

苦丁茶

茶饮功效　清热通便，降脂健脾。

适饮症状　单纯性肥胖兼便秘者。

相关禁忌　素有慢性胃肠炎患者、虚寒体质者、经期女性、新产妇慎饮。

普洱山楂茶

茶饮材料　普洱茶 4 克，山楂 10 克。

泡饮方法　将普洱茶、山楂置于杯中，加入沸水闷泡 10 分钟后，或加清水煮沸 5 分钟，代茶饮用。

茶饮功效　健脾消食。

适饮症状　单纯性肥胖症及咳嗽痰多等症。

相关禁忌　虚寒泻痢，滑泄不禁者忌饮。

山楂陈皮茶

茶饮材料　山楂 4 克，陈皮 9 克。

泡饮方法　将山楂、陈皮置于杯中，冲入沸水 200 毫升，泡 10 分钟，代茶饮用。

茶饮功效　消食、理气、降脂。

适饮症状　血脂偏高，形体肥胖兼食欲不振者。

相关禁忌　儿童不宜多饮，孕妇忌饮。

五、泌尿系统疾病茶饮

（一）尿路感染茶饮

尿路感染是指微生物侵入尿路引起的感染，又称尿感。可分为上尿路感染（主要是肾盂肾炎）和下尿路感染（主要是膀胱炎），有些肾盂肾炎与急性膀胱炎临床表现极相似，不容易鉴别，故临床上统称为尿路感染。尿感以女性居多，未婚少女发病率低于已婚女性，这与性生活有关。男性极少发生尿感，50 岁以后因前列腺肥大，才较多发生。膀胱炎主要表现为小便次数增多，小便冲动强烈。排尿时尿道有烧灼感或疼痛，即所谓尿频，尿急，尿痛。但一般无明显的全身感染症状。肾盂肾炎临床表现除可有尿频、尿急、尿痛症状外，还可有腰痛、肋脊角压痛、叩痛和全身感染性症状，如寒战、发热、头痛、恶心、呕吐、疲倦等。本病与中医淋证有相似之处。常用于尿路感染的茶饮材料有白茅根、车前草、竹叶等。

绿豆芽汁

茶饮材料　鲜绿豆芽 500 克，白糖适量。

泡饮方法　先将绿豆芽去杂质洗净，沥水，然后用洁净纱布包绞取汁液，加入白糖适量，调味代茶饮服。

绿豆芽

茶饮功效　利尿通淋，清热解毒。

适饮症状　急性尿路感染。

相关禁忌　体质虚寒，脾胃虚寒者不宜多吃，且绿豆芽嘌呤含量高，痛风患者应避免食用。

茅根车前茶

茶饮材料　白茅根、车前草各 100 克。

泡饮方法　将白茅根、车前草放入锅中，加水适量，煮沸去渣，放糖少许，以汤代茶饮用。

茶饮功效　清热利湿。

适饮症状　急性尿路感染。

相关禁忌　腹泻者不宜饮用。

竹叶茅根茶

茶饮材料　鲜竹叶、白茅根各30克。

泡饮方法　将白茅根研为细末后与鲜竹叶置于杯中，以沸水冲泡，温浸10余分钟后，代茶饮。

茶饮功效　清热利湿。

适饮症状　急性尿路感染。

相关禁忌　腹泻者不可饮用。

苦瓜茶

茶饮材料　鲜苦瓜1个，绿茶1撮。

泡饮方法　将鲜苦瓜上端切开，去掉籽瓤，装入绿茶，把瓜挂于阴凉通风处晾干。将外部洗净、擦干，连同茶叶切碎，混匀。每次取10克，放入茶杯中以沸水冲泡，温浸10分钟后，代茶饮用。

茶饮功效　清热解毒。

适饮症状　急性尿路感染。

相关禁忌　脾胃虚寒者忌饮。

（二）肾炎茶饮

肾炎种类很多，其中肾小球肾炎是一种常见的疾病，临床上又分急性肾小球肾炎和慢性肾小球肾炎。急性肾小球肾炎简称为急性肾炎，是一种由于感染后变态反应引起的两侧肾脏弥漫性肾小球损害为主的急性疾病，本病的特点是起病较急，在感染后1~3周出现血尿、蛋白尿、管型尿、水肿、少尿、高血压等系列临床表现。慢性肾小球肾炎简称为慢性肾炎，是各种原发性肾小球疾病导致的一组长病程的（甚至数十年）以蛋白尿、血尿、水肿、高血压为临床表现的疾病。此病常见，尤以男性青年发病率高。本病治疗困难，大多渐进为慢性肾功能衰竭，预后较差。大多数肾炎都因过度疲劳引起，因此对于工作紧张、易出现疲劳的人员来说，注意早期预防，合理安排生活非常重要，要注意保暖，避免感冒，劳逸结合。常用于肾炎的茶饮材料有鱼腥草、玉米须、西瓜皮、冬瓜皮等。

玉米二皮赤豆茶

茶饮材料　玉米须20克，西瓜皮15克，冬瓜皮15克，赤小豆10克。

泡饮方法　将赤小豆放入锅中，加水适量泡半个小时，再加玉米须、西瓜皮、冬瓜皮同煮，去渣后代茶饮用。

茶饮功效　利尿消肿。

适饮症状　慢性肾炎。

相关禁忌　因营养不良而致虚肿者慎用，肠胃较弱者不宜饮用。

玉米

鱼腥草茶

茶饮材料　鲜鱼腥草100克。

泡饮方法　将鱼腥草置于暖壶中，加入沸水，浸泡半小时后，代茶饮用。

茶饮功效　清热解毒，利尿通淋。

适饮症状　急、慢性肾炎。

相关禁忌　虚寒症及阴性外疡者忌饮，本方不宜长久使用。

（三）尿毒症茶饮

尿毒症是指人体不能通过肾脏产生尿液，将体内代谢产生的废物和过多的水分排出体外引起的毒害。尿毒症常见症状有食欲消失、感觉迟钝、情感淡漠、嗜睡、尿量减少、颜面和下肢水肿、贫血、皮肤瘙痒、肌肉痉挛，有时可以辗转不安，甚至出现癫痫。尿毒症可以缓慢发生，长期隐蔽而不被发现。急性肾功能衰竭可以在几天内发生，出现明显尿毒症症状。尿毒症可以引起糖代谢紊乱、蛋白质代谢障碍、脂肪代谢异常等代谢异常，以及尿毒症性心包炎、尿毒症性心肌炎、心律失常、转移性心肌钙化、高血压等心血管系统疾病。常用于尿毒症的茶饮材料有西瓜皮、绿豆、白茅根等。

绿豆西瓜皮饮

茶饮材料　绿豆 100 克，西瓜皮 30 克。

泡饮方法　将绿豆洗净放入锅中，加适量水煮汤，至汤色碧绿纯清后，去绿豆，然后将洗净切块的西瓜皮放入再煮，煮沸后去渣，代茶饮用。

茶饮功效　清热止渴，利小便。

绿豆

适饮症状　尿毒症水肿。

相关禁忌　中寒湿盛者忌饮。

甘蔗白茅根茶

茶饮材料　甘蔗 100 克（切片），白茅根 150 克。

泡饮方法　将甘蔗、白茅根放入锅中，加水适量，煮沸去渣，代茶饮。

茶饮功效　滋阴利尿。

适饮症状　尿毒症少尿、水肿。

相关禁忌　脾胃虚寒，腹泻者不可饮用。

甘蔗

枸杞子茯苓茶

茶饮材料　枸杞子 10 克，茯苓 10 克，红茶 3 克。

泡饮方法　将枸杞子、茯苓、红茶置于杯中，以沸水冲泡，闷 10 余分钟后，代茶饮。

茶饮功效　健脾益肾、利尿通淋。

适饮症状　尿毒症，少尿，尿痛。

相关禁忌　枸杞子甘平滋补，故感冒发烧、身体有炎症、腹泻的人最好不要饮用。

（四）肾结石茶饮

肾结石是由于机体内胶体和晶体代谢平衡失调所致，与感染、营养代谢紊乱、泌尿系统异物、尿郁积以及地理气候等因素有关。男性比女性容易患此症，儿童发生此病比较罕见。本病属于中医“石淋”范畴，由湿热蕴结下焦，尿液煎熬成石，膀胱气化失司所致。临床表现各异，轻者可以完全没有症状，严重的可发生无尿、肾功能衰竭、中毒性休克以及死亡。结石嵌顿在肾盂输尿管交界部或输尿管内下降时，可出现肾绞痛，为突然发作的阵发性刀割样疼痛，疼痛剧烈难忍，病人辗转不安，疼痛从腰部或侧腹部向下放射至膀胱区，外阴部及大腿内侧，有时有大汗、恶心呕吐。由于结石对黏膜损伤较重，故常有肉眼血尿。疼痛和血尿常在病人活动较多时诱发。结石并发感染时，尿中出现脓细胞，有尿频、尿痛症状。当继发急性肾盂肾炎或肾积脓时，可有发热、畏寒、寒战等全身症状。双侧上尿路结石或肾结石完全梗阻时，可导致无

尿。常用于肾结石的茶饮材料有石韦、车前子、玉米须、白茅根、蒲公英、车前草等。

石韦茶

茶饮材料　石韦、车前子各60克，栀子30克，甘草15克。

泡饮方法　将石韦、车前子、栀子、甘草一同研为粗末，放入锅中，加水适量，煎煮后去渣，代茶饮用。

茶饮功效　清热利湿，排石通淋。

适饮症状　肾结石、尿路结石，小便短赤者为佳。

石韦

相关禁忌　脾虚便溏，内伤劳倦，阳气下陷，肾虚精滑及内无湿热者忌饮。本方不宜长期饮用。

核桃茶

茶饮材料　核桃仁90克，白糖适量。

泡饮方法　将核桃仁磨成粉，越细腻越好，放在容器中，加入适量水调成浆状。锅内加水300毫升，加入白糖，置火上烧至糖溶于水，放入核桃仁浆拌匀，烧至微滚即成，代茶饮用。

茶饮功效　补肾润肠。

适饮症状　肾结石。

相关禁忌　痰火喘咳，泻痢，腹胀及感冒风寒者忌服饮。

玉米须茶

茶饮材料　玉米须50克，车前子20克，生甘草10克。

泡饮方法　将玉米须、车前子、生甘草放入锅中，加水适量，煎煮后去渣，代茶饮用。

茶饮功效　清热利尿，排石通淋。

适饮症状　肾结石，小便困难者为佳。

相关禁忌　脾胃较弱者不宜饮用。

公英茶

茶饮材料　蒲公英、车前草、活血丹、三月泡、金钱草各30克。

泡饮方法　将蒲公英、车前草、活血丹、三月泡、金钱草一同研成细末，分成15份，取1份放入茶杯中，用沸水浸泡，当茶饮。

活血丹

茶饮功效　清热解毒，利尿消肿。

适饮症状　脏器结石，尤宜胆、肾结石症。

相关禁忌　阳虚外寒、脾胃虚弱、精气不固者忌饮。

(五) 前列腺炎茶饮

前列腺炎是以尿频、尿急、尿痛、尿不尽、尿等待、血尿为主症的疾病，早期伴有少许白色液体滴出，在腹部、会阴部或直肠内出现疼痛，属中医劳淋、精浊、白浊等范畴。临床可分为急性前列腺炎和慢性前列腺炎，急性前列腺炎除主症的表现外，还可引起急性尿潴留、急性精囊炎或附睾炎及输精管炎、精索淋巴结肿大或有触痛、性功能障碍等并发症；慢性前列腺炎的症状多样，轻重亦千差万别，有些可全无症状，有些则浑身不适。常见的症状有尿频、尿道灼热、疼痛并放射到阴茎头部、清晨尿道口可有黏液等分泌物、排尿困难、后尿道和肛门处坠胀不适感、下蹲及长时间坐在椅凳上胀痛加重、性功能障碍、性欲减退、射精痛及合并神经衰弱症等方面。此病为男性常见病与多发病，由于目前对它发病的原因还了解的不是十分清楚，再加上它比较特殊的解剖结构以及多发生于性活动频繁的人群等多方面的原因，使得对它的治疗不是很容易。前列腺炎有症状复杂，病程迁延，顽固难愈，容易复发等特点。常用于前列腺炎的茶饮材料有白茅根、蒲公英、车前草等。

二鲜饮

茶饮材料　鲜藕 80 克，鲜茅根 30 克。

泡饮方法　将鲜藕、鲜茅根放入锅中，加水适量，煎煮后去渣，代茶饮用。

藕

茶饮功效　养阴，利尿，止血。

适饮症状　血热型急性前列腺炎。

相关禁忌　脾胃虚寒者忌饮，忌用铁器煎煮。

蒲公忍冬茶

茶饮材料　蒲公英 30 克，忍冬藤 60 克。

泡饮方法　将蒲公英、忍冬藤放入锅中，加水适量，煎煮后去渣，代茶饮用。

茶饮功效　清热解毒。

适饮症状　急性前列腺炎。

相关禁忌　脾胃虚寒，阳虚外寒，泄泻不止者禁饮。

车前赤豆茶

茶饮材料　赤小豆60克，车前草150克。

泡饮方法　将赤小豆放入锅中，加水适量泡半个小时，加车前草同煮，去渣后代茶饮用。

茶饮功效　清热解毒，利水消肿。

适饮症状　前列腺炎。

相关禁忌　因营养不良而致虚肿者慎用，肠胃较弱者不建议饮用。

（六）前列腺增生茶饮

前列腺增生为老年男性常见疾病，又称良性前列腺增生、前列腺肥大。临床表现主要为排尿异常。早期表现为尿频，夜尿增多，排尿困难，尿流无力。晚期可出现严重的尿频、尿急，排尿困难，甚至点滴不通，小腹胀满，可触及充盈的膀胱。临床可分为梗阻和刺激两类，梗阻症状为排尿踌躇、间断、终末滴沥、尿线细而无力、排尿不尽等。刺激症状为尿频、夜尿多、尿急、尿痛。症状可因寒冷、饮酒及应用抗胆碱药、精神病药物等加重。长期梗阻可导致乏力、嗜睡、恶心呕吐等尿毒症症状。常用于前列腺增生的茶饮材料有决明子、杏仁、石韦、车前草等。

决明子蜂蜜饮

茶饮材料　炒决明子10~15克，蜂蜜适量。

决明子蜂蜜饮

泡饮方法　将决明子研成细末放入杯中，加水适量，冲入蜂蜜搅匀，代茶饮用。

茶饮功效　润肠通便。

适饮症状　前列腺增生兼习惯性便秘者。

相关禁忌　可引起腹泻，不宜长期饮用。

杏梨石韦饮

茶饮材料　苦杏仁 10 克，石韦 12 克，车前草 15 克，大鸭梨 1 个，冰糖少许。

泡饮方法　将苦杏仁去皮、尖打碎，鸭梨切成块去核，与石韦、车前草一同放入锅中，加适量水煎煮，去渣后加入冰糖，搅匀后代茶饮用。

茶饮功效　泻肺火，利水道。

适饮症状　前列腺增生。

相关禁忌　阴虚咳嗽，大便溏泄，无湿热，精气不固者忌饮。

（七）肾病综合征茶饮

肾病综合征不是一个独立性疾病，而是肾小球疾病中的一组临床症候群。典型表现为大量蛋白尿、低蛋白血症、水肿伴或不伴有高脂血症，诊断标准应为大量蛋白尿和低蛋白血症。大量蛋白尿是肾小球疾病的特征，在肾血管疾病或肾小管间质疾病中出现如此大量的蛋白尿较为少见。由于低蛋白血症、高脂血症和水肿都是大量蛋白尿的后果，因此，认为诊断的标准应以大量蛋白尿为主。本病属中医的“臌胀”“水肿”等范畴。肾病综合征的并发症有感染、高凝状态、静脉血栓形成、急性肾衰、肾小管功能减退、骨和钙代谢异常及内分泌代谢异常等，其中急性肾衰为肾病综合征最严重的并发症，常需透析治疗。常用于肾病综合征的茶饮材料有玉米须、车前草、石韦、益母草、白茅根等。

鱼腥草茶

茶饮材料　鱼腥草 100~150 克。

泡饮方法　将鱼腥草置于暖壶中，加入沸水，浸泡半小时后，代茶饮用。

茶饮功效　清热解毒，利尿通淋。

适饮症状　肾病综合征。

相关禁忌　虚寒症及阴性外疡忌服，本方不宜长久使用。

鱼腥草

黄芪玉米茅根茶

茶饮材料　生黄芪、石韦各25克，玉米须、白茅根各30克，川芎9克。

泡饮方法　将生黄芪、石韦、玉米须、白茅根、川芎放入锅中，加适量水煎煮，煮后去渣，代茶饮用。

茶饮功效　补气固表，利尿通淋。

适饮症状　肾病综合征各个阶段。

相关禁忌　阴虚者忌服，肠胃较弱者不宜饮用。

玉米车前赤豆茶

茶饮材料　玉米须20克，车前草20克，赤小豆10克。

泡饮方法　将赤小豆放入锅中，加水适量泡半个小时后，再加玉米须、车前草同煮，去渣后代茶饮用。

茶饮功效　利尿消肿。

适饮症状　肾病综合征急性期。

相关禁忌　因营养不良而致虚肿慎用，肠胃较弱者不宜饮用。

黄芪丹参茶

茶饮材料　丹参、黄芪、石韦、益母草各30克。

泡饮方法　将丹参、黄芪、石韦、益母草放入锅中，加入适量水，煎煮后去渣，代茶饮用。

丹参

茶饮功效　活血祛瘀，利尿通淋。
适饮症状　肾病综合征。
相关禁忌　阴虚者忌服，妊娠者勿服。

六、心血管系统疾病茶饮

（一）高血脂茶饮

高血脂是指血浆中的胆固醇、甘油三酯、磷脂和未脂化的脂酸等血脂成分增高的一种疾病。一般表现不是很明显，大多是在检查身体时，或者做其他疾病检查时被发现的。高血脂症出现的主要表现是并发症，如高血脂症可以并发心脏问题、出现大脑供血问题或者出现肝功能异常、肾脏问题，甚至出现高血脂症胰腺炎，这些都可能成为高脂血症的症状。高血脂的高危人群（中老年男性，绝经后的妇女，有高脂血症、冠心病、脑血管病家族史的健康人以及超重或肥胖者）需定期进行健康体检、适当锻炼、注意饮食、戒烟等。常用于高血脂的茶饮药材有生山楂、罗布麻叶、乌梅等。

菊花山楂茶

茶饮材料　菊花 15 克，生山楂 20 克。
泡饮方法　将菊花、生山楂放入锅中，加水适量，煎煮后去渣，或将二者置于杯中，冲入沸水，泡 10 分钟后，代茶饮用。

茶饮功效　健脾，消食，清热，降脂。

适饮症状　冠心病，高血压，高血脂症，肥胖。

相关禁忌　素有脾胃虚寒、慢性腹泻便溏者忌饮。

沙苑子白菊花茶

茶饮材料　沙苑子 30 克，白菊花 10 克。

泡饮方法　将沙苑子、白菊花放入锅中，加水适量，煎煮后去渣，代茶饮用。

茶饮功效　平补肝肾，降低血脂，降压明目。

适饮症状　高血脂症、高血压病证属肝肾不足者。

相关禁忌　阴虚火脏及小便利者不宜饮用。

沙苑子

红花绿茶饮

茶饮材料　红花 5 克，绿茶 5 克。

泡饮方法　将红花、绿茶放入有盖杯中，用沸水冲泡 3 分钟后，代茶饮用。一般冲泡 3~5 次。

茶饮功效　降低血脂，活血化瘀。

适饮症状　血瘀痰浊型高血脂症，身体肥胖，胸闷刺痛，脘痞腹胀。

相关禁忌　孕妇忌饮。

罗布麻茶

茶饮材料　罗布麻叶6克，山楂15克，五味子5克，冰糖适量。

泡饮方法　将罗布麻叶、山楂、五味子置于杯中，冲入沸水200毫升，闷泡15分钟后，加入冰糖，搅匀代茶饮用。

茶饮功效　平肝安神，清热利水。

适饮症状　高血压、高血脂症。

相关禁忌　素有脾胃虚寒、慢性腹泻便溏者忌饮。不宜做普通茶叶长期泡水饮用。

山楂乌梅饮

茶饮材料　山楂30克，乌梅15克。

泡饮方法　将山楂、乌梅放入锅中，加水适量，煎煮后去渣，代茶饮用。

茶饮功效　降血脂，止泻。

适饮症状　血管粥样硬化，高血脂。

相关禁忌　有实邪者忌饮，胃酸过多者慎饮；妇女正常月经期以及妇女产前产后忌饮。

（二）心肌炎茶饮

心肌炎指心肌中有局限性或弥漫性的急性、亚急性或慢性的炎性病变，可原发于心肌，也可是全身性疾病的一部分。根据病因可分为病毒性心肌炎和中毒性心肌炎；病毒性心肌炎，以肠道病毒，尤其是柯萨奇B病毒感染最多见。临床表现可出现疲乏、发热、胸闷、心悸、气短、头晕，严重者可出现心功能不全或心源性休克、心率增快，与体温升高不成比例，心界扩大，杂音改变，心律失常等体征，中医的“心悸”“胸痹”“心痛”即是病毒性心肌炎。中毒性心肌炎是指毒素或毒物所致的心肌炎症，除白喉、伤寒、菌痢等感染性疾病外毒素、内毒素对心肌损害外，某些生物毒素如蛇毒、毒草、河豚、乌头等，以及某些药物或化学物质如奎尼丁、奎宁、依米丁、锑剂、有机磷、有机汞、砷、一氧化碳、铅、阿酶素等，均可引起心肌损害产生中毒性心肌炎。常用于心肌炎的茶饮材料有灯芯草、竹叶等。

红玉茶

茶饮材料　红参3克，肉桂4.5克，玉竹、山楂各12克，黄精10克，炒枣仁15

克，炙甘草6克。

泡饮方法　将上述茶材放入锅中，加适量水浸泡，煎煮后去渣代茶饮用。

茶饮功效　扶阳救逆，益气养阴，活血安神。

适饮症状　病毒性心肌炎慢性期证属阴阳两虚、瘀血阻络者。

相关禁忌　有实邪者禁饮。

灯芯竹叶茶

茶饮材料　灯芯草3克，竹叶5克。

泡饮方法　将灯芯草、竹叶置于杯中，冲入沸水200毫升，闷泡10分钟后，代茶饮用。

茶饮功效　清火利湿，除烦安神。

适饮症状　病毒性心肌炎急性期证属心火炽盛者。

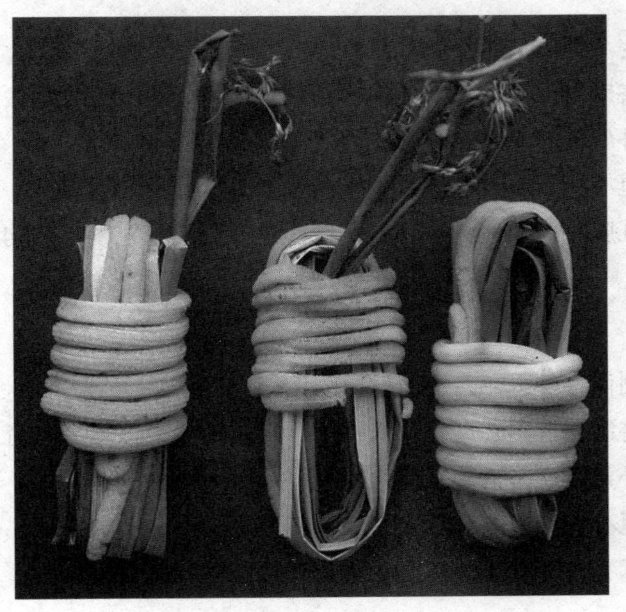

灯芯草

相关禁忌　脾胃、下焦虚寒，小便失禁，大便便溏者禁饮。

（三）冠心病茶饮

冠心病是一种由冠状动脉器质性（动脉粥样硬化或动力性血管痉挛）狭窄或阻塞引起的心肌缺血缺氧（心绞痛）或心肌坏死（心肌梗塞）的心脏病，亦称缺血性心脏病。临床分为心绞痛型、心肌梗塞型、无症状性心肌缺血型、心力衰竭和心律失常型、猝死型五型。本病属于中医“胸痹”范畴。控制冠心病的关键在于预防。常用于冠心病的茶饮材料有丹参、菖蒲、酸梅、麦冬、生地黄、桃仁等。

人参叶茶

茶饮材料　人参叶 5 克。

泡饮方法　将人参叶置于杯中，冲入沸水 200 毫升，闷泡 3 分钟后，代茶饮用。

茶饮功效　补气益肺。

适饮症状　冠心病患者属气虚明显者。

相关禁忌　不宜与藜芦、五灵脂、皂荚同用；有实证者不宜使用；脾胃虚寒者慎服。另外，人参叶不宜与茶叶同泡，以免影响效果。

补益麦冬茶

茶饮材料　麦冬 30 克，生地黄 30 克。

泡饮方法　将麦冬、生地黄放入锅中，加水适量，小火煎煮后去渣，代茶饮服。

茶饮功效　补气，养血，宁心。

适饮症状　冠心病、心绞痛。

相关禁忌　凡脾胃虚寒泄泻，胃有痰饮湿浊及外感风寒咳嗽者均忌饮。

首乌菊花茶

茶饮材料　制何首乌 12 克，菊花 9 克。

泡饮方法　将制何首乌、菊花放入锅中，加水适量，煎煮后去渣，代茶饮用。

茶饮功效　补益精血，清热平肝。

适饮症状　冠心病或兼高血压。

相关禁忌　素有胃寒胃痛、痰湿较重、慢性腹泻便溏者忌饮。

丹参茶

茶饮材料　丹参 9 克，绿茶 3 克。

泡饮方法　将丹参制成粗末，每次取 9 克，加绿茶 3 克，放茶杯中，冲入沸水，闷 10 分钟后，代茶饮。

茶饮功效　活血化瘀，清心，化痰。

适饮症状　冠心病、心绞痛等的治疗与预防。

相关禁忌　孕妇及无瘀血者慎饮。

桃仁山楂茶

茶饮材料　桃仁 2 克，山楂 4 克，陈皮 1 克。

桃仁

泡饮方法　将桃仁、山楂、陈皮置于杯中，冲入沸水，闷泡 15 分钟后，代茶饮用。

茶饮功效　理气止痛，活血化瘀。

适饮症状　冠心病瘀血证较明显者。

相关禁忌　孕妇忌饮。

舒心菖蒲茶

茶饮材料　菖蒲 3 克，酸梅肉 5 枚，红枣肉 5 枚，红糖适量。

泡饮方法　将菖蒲、酸梅肉、红枣肉放入锅中，加水适量，煎煮后去渣，加入红糖，搅匀代茶饮用。

茶饮功效　化痰开窍，补脾益气。

适饮症状　冠心病及其疑似者饮用。

相关禁忌　阴虚阳亢，汗多、精滑者慎饮；小儿、产后及温热、暑湿诸病前后忌饮。

（四）动脉硬化茶饮

动脉硬化是动脉的一种非炎症性病变，可使动脉管壁增厚、变硬，失去弹性和管腔狭小。主要有三种类型：细小动脉硬化、动脉中层硬化和动脉粥样硬化。随着年龄增长而出现，通常是在青少年时期发生，至中老年时期加重、发病。男性较女性多，近年来本病在我国逐渐增多，成为老年人死亡的主要原因之一。动脉硬化的原因中最重要的是高血压、高血脂、抽烟三大危险因子，与肥胖、糖尿病、运动不足、紧张状态、高龄、家族病史、脾气暴躁等亦有关系。在动脉硬化的预防和保养上，应坚持合理饮食，不吸烟并防被动吸烟，坚持适量的体力活动，释放压抑或紧张情绪。常用于动脉硬化的茶饮材料有山楂、桑葚、决明子、夏枯草、橘皮、何首乌、五味子等。

返老还童茶

茶饮材料　乌龙茶3克，槐角18克，何首乌30克，冬瓜皮18克，山楂肉15克。

泡饮方法　将槐角、何首乌、冬瓜皮、山楂肉一同放入锅中，加适量水煮汤，用汤汁冲泡乌龙茶，代茶饮。

何首乌

茶饮功效　补肝、肾，降血脂。

适饮症状　胆固醇增高引起的动脉硬化。

相关禁忌　大便溏泻或痰湿较重者忌饮；孕妇忌饮。

脑清茶

茶饮材料　炒决明子25克，甘菊、夏枯草、橘皮、何首乌、五味子各3克，麦冬、枸杞子、龙眼肉各6克，桑葚12克。

泡饮方法　将上述茶材一同共研为粗末，分成若干份，每次取一份用开水冲泡，代茶饮。

茶饮功效　滋补肝肾，平肝清热。

适饮症状　脑动脉硬化症，神经衰弱症，高血压病，冠心病。

相关禁忌　脾虚便溏者不宜饮用；决明子具有宫缩催产作用，孕妇不宜饮用，另外长期饮用决明子可能会引发月经不规律，严重的会导致子宫内膜不正常，应引起重视。

豆麦茶

茶饮材料　黑豆30克，浮小麦30克，莲子7个，黑枣7个。

泡饮方法　将上述茶材放入锅中，加入适量水，同煮去渣，调入冰糖少许搅匀，代茶饮。

茶饮功效　益智安神。

适饮症状　脑动脉硬化证属心肾不交者。

相关禁忌　无汗而烦躁或虚脱汗出者忌饮。

山楂桑葚子饮

茶饮材料　鲜山楂30克（干品20克），桑葚30克（干品20克）。

鲜山楂

泡饮方法　将山楂、桑葚冲洗干净，用温开水浸泡，放入锅中，加水适量，以文火煎煮20分钟即成，去渣代茶饮用。

茶饮功效　补益肝肾，滋阴养血，消食降脂，软化血管。

适饮症状　动脉硬化证属阴亏血虚者。

相关禁忌　脾胃虚寒及便溏者禁饮。

桑菊山楂茶

茶饮材料　菊花、银花各30克，桑叶12克，山楂15克。

泡饮方法　将菊花、银花、桑叶、山楂置于杯中，冲入沸水，闷泡10~15分钟后，代茶饮。

茶饮功效　清热平肝，活血化瘀。

适饮症状　高血压，高胆固醇，动脉硬化。

相关禁忌　脾胃虚寒腹泻便溏者及外感风寒咳嗽者，不宜饮用。

（五）心肌梗塞茶饮

心肌梗塞是指心肌的缺血性坏死，是在冠状动脉病变的基础上，冠状动脉的血流急剧减少或中断，使相应的心肌出现严重而持久的急性缺血，最终导致心肌的缺血性坏死。发生急性心肌梗塞的病人，在临床上常有持久的胸骨后剧烈疼痛、发热、白细胞计数增高、血清心肌酶升高以及心电图反映心肌急性损伤、缺血和坏死的一系列特征性演变，并可出现心律失常、休克或心力衰竭，属冠心病的严重类型。心肌梗塞的原因，多数是冠状动脉粥样硬化斑块或在此基础上血栓形成，造成血管管腔堵塞所致。按照病因、病理、心电图和临床症状的不同，心肌梗塞可分为各种不同的类型，除上述共有的表现外，各有其特殊性。急性心梗应住院治疗，采取积极措施。常用于心肌梗塞的茶饮材料有丹参、三七等。

丹参砂仁饮

茶饮材料　丹参15克，砂仁3克，檀香屑1.5克。

泡饮方法　将丹参、砂仁、檀香屑研成粗末，每次取20克，放入茶杯中，以沸水冲泡10~20分钟后即可代茶饮用。

茶饮功效　理气，活血，止痛。

适饮症状　心肌梗塞证属气滞血瘀者。

相关禁忌　孕妇及无瘀血者忌饮。

砂仁

西洋参三七灵芝茶

茶饮材料　西洋参、三七各 30 克，灵芝 60 克。

泡饮方法　将西洋参、三七、灵芝一同共研成粗末。每次取 3 克放入茶杯中，用白开水冲泡，代茶饮，将药末一齐吃下。

茶饮功效　益气，活血，养心。

适饮症状　冠心病心绞痛或心肌梗死后的辅助治疗。

相关禁忌　中焦脾胃虚寒或夹有寒湿，见有腹部冷痛，泄泻的人不宜饮用；孕妇忌饮。

三七

（六）贫血症茶饮

贫血是指单位容积循环血液中的红细胞比积、红细胞数或血红蛋白量低于正常值，以及全血容量减少，并由此而引发的综合症状的总称。正常成人血红蛋白量男性为12～16g/dl，女性为11～15g/dl；红细胞数男性为每立方毫米400万～550万，女性为每立方毫米350万～500万。凡低于以上指标的即是贫血。属中医“血虚”“虚劳”“虚黄”等范畴。临床以面色苍白或萎黄无华、唇甲色淡、困倦乏力、气短头晕、动则心悸、形体消瘦和出血为特征。造成贫血的原因有多种：缺铁、出血、溶血、造血功能障碍等。贫血的具体分类为缺铁性贫血、出血性贫血、溶血性贫血、巨幼红细胞性贫血、恶性贫血、再生障碍性贫血。一般要给予富于营养和高热量、高蛋白、多维生素、含丰富无机盐的饮食，以助于恢复造血功能。另外要避免过度劳累，保证睡眠时间。常用于贫血的茶饮材料有川芎、当归、地黄、龙眼等。

龙眼茶

茶饮材料　龙眼肉8克，绿茶6克，冰糖适量。

泡饮方法　将龙眼肉与绿茶一起放入杯中，以沸水冲泡5分钟，加入适量冰糖调匀，代茶饮用。

茶饮功效　补心脾，益气血，安心神。

适饮症状　贫血证属气血两亏者。

相关禁忌　内有痰火及湿滞停饮者忌饮。

龙眼茶

黄芪人参茶

茶饮材料　黄芪 600 克，人参 600 克，蜂蜜适量。

泡饮方法　锅中放入清水，把切好片的黄芪与人参放入锅中煎煮成浓汁。将蜂蜜放入调匀。每次饮用时，取约 10 克，加入温开水冲泡饮用即可。

茶饮功效　补气生血。

适饮症状　贫血证属脾肺气虚兼肠燥便秘者。

相关禁忌　阴虚、实证、热证者忌饮。

地黄茶

茶饮材料　川芎 5 克，当归 6 克，地黄 10 克。

泡饮方法　把川芎、当归、地黄研磨成细末置于杯中，冲入沸水，泡约 15 分钟后即可饮用。

茶饮功效　活血养血。

适饮症状　贫血证属血虚萎黄者。

相关禁忌　阴虚火旺，上盛下虚者忌饮。

七、神经系统疾病茶饮

（一）偏头痛茶饮

偏头痛是反复发作的一种搏动性头痛，属众多头痛类型中的“大户”。它发作前常有闪光、视物模糊、肢体麻木等先兆，约数分钟至一小时左右出现一侧头部一跳一跳的疼痛，并逐渐加剧，直到出现恶心、呕吐后，感觉才会有所好转，在安静、黑暗环境内或睡眠后头痛可缓解。在头痛发生前或发作时常伴有神经、精神功能障碍。同时，它是一种可逐步恶化的疾病，发病频率通常越来越高。据研究显示，偏头痛患者比平常人更容易发生大脑局部损伤，进而引发中风。其偏头痛的次数越多，大脑受损伤的区域就会越大。经常服用治疗偏头痛的茶饮可以轻松缓解这些症状，降低中风的发生概率。常用于偏头痛的茶饮材料有川芎、菊花、石膏等。

川芎茶

茶饮材料　茶叶 9 克，川芎 9 克。

泡饮方法　将上述两味茶材放入锅中，加入清水，同煎 10 分钟后，取汁代茶饮，每日 1 剂。

茶饮功效　活血止痛。

适饮症状　顽固性偏头痛。

菊花石膏茶

茶饮材料　菊花、石膏、川芎各 10 克，茶叶 5 克。

泡饮方法　将上述前三味茶材一同研成细末，混匀，每次取 3 克和茶叶一同用沸水冲服，每日 1 剂。

茶饮功效　清头目，止头痛。

适饮症状　肝阳上亢的偏头痛。

相关禁忌　脾肾虚寒者忌用。

石膏

谷精草绿茶

茶饮材料　绿茶 1 克，谷精草 5~15 克，蜂蜜 25 克。

泡饮方法　将上述前两味茶材放入锅中，加水 300 毫升，煮沸 5 分钟后，去渣，加蜂蜜，早、中、晚饭后饮服。

茶饮功效　提神健脑止痛。

适饮症状　各种偏头痛。

葱豉茶

茶饮材料　淡豆豉、薄荷、栀子仁各10克，葱白6克，荆芥2克，生石膏50克。

泡饮方法　将上述六味茶材一同放入锅中，加水1000毫升，煎取400毫升，去渣取汁，冲泡茶叶10克，代茶饮。

茶饮功效　解表清里，疏风清热。

适饮症状　外感风热引起的偏头痛。

姜橘汤

茶饮材料　生姜、橘皮各15克。

泡饮方法　将生姜切片，橘皮研末，放入锅中，加适量水，文火煎煮15分钟后，去渣取汁，早、中、晚饭前服。

茶饮功效　化浊祛痰，温胃，止痛，止呕。

适饮症状　偏头痛伴见脘腹胀满、恶心呕吐者。

桃仁茶

茶饮材料　核桃仁5个，冰糖适量。

泡饮方法　将核桃仁掰碎放入锅中，加适量水，与冰糖文火煎煮15分钟即可。

茶饮功效　益脑止痛。

适饮症状　慢性偏头痛，时发时止，伴有记忆力减退。

（二）脑膜炎茶饮

脑膜炎是一种脑膜或脑脊膜（头骨与大脑之间的一层膜）被感染的疾病。开始的症状类似感冒，如发热、头痛和呕吐，接下来嗜睡和颈部疼痛，特别是向前伸脖子时痛。此病通常伴有细菌或病毒感染身体任何一部分的并发症，比如耳部、鼻窦或上呼吸道感染。细菌型脑膜炎是一种特别严重的疾病，如果治疗不及时，可能会在数小时内死亡或造成永久性的脑损伤。病毒型脑膜炎则比较严重，但大多数人能完全恢复，少数遗留后遗症。对于脑膜炎，我们的重点是防患于未然，同时注意患者的恢复调理。常用于脑膜炎的茶饮材料有银耳、红枣、大蒜等。

大蒜茶

茶饮材料　大蒜10克，白糖适量。

大蒜

泡饮方法　将大蒜去皮捣烂放入锅中，加凉开水500毫升，泡水取汁，加适量白糖，分3次服用，连服一周。

茶饮功效　解毒杀菌。

适饮症状　脑膜炎预防。

银耳红枣茶

茶饮材料　银耳30克，红枣10枚，冰糖适量。

泡饮方法　将银耳、红枣和冰糖一起放入锅中，用水煎煮，饮用。每日1剂。

茶饮功效　滋阴补脑。

适饮症状　脑膜炎患者的后期调理。

橄榄萝卜茶

茶饮材料　橄榄10枚，萝卜250克。

泡饮方法　将以上二味茶材洗净，放入锅中，加水煎汤，代茶饮。

茶饮功效　消食下气，增强抵抗力。

适饮症状　预防流行性脑膜炎。

（三）中风茶饮

中风在这里是指脑中风，也就是急性脑血管病。因其发病大多数比较急骤，故又称“脑血管意外”，还常叫作“脑卒中”。凡因脑血管阻塞或破裂引起的脑血液循环障碍和脑组织机能或结构损害身勺疾病都可以称为中风。所以，中风大致可以分为两大类，即缺血性中风和出血性中风，在这里一般指的是脑动脉系统的缺血或出血。不论是缺血性中风还是出血性中风，都会造成不同范围、不同程度的脑组织损害，因而产生多种多样的神经精神症状，严重的还会危及生命，治愈后很多病人留有后遗症。中风是危害人类健康的大敌。适当的茶饮可以帮助机体恢复，很适合中风病人日常饮用。常用于中风的茶饮材料有红花、菊花、槐花、丹参等。

桑葚首乌茶

茶饮材料　桑葚30克，制首乌30克。

泡饮方法　将上述两味茶材放入锅中，用水适量浸泡10分钟，之后煎汤代茶饮，每日1剂。

茶饮功效　补肝肾，益精血。

适饮症状　中风后遗症兼肾虚。

秦艽丹参茶

茶饮材料　秦艽6克，丹参10克。

泡饮方法　将秦艽和丹参磨成粗末置于杯中，用沸水冲泡。加盖闷10~15分钟后，代茶频饮，每日1剂。

秦艽

茶饮功效　祛风通络，活血养血。

适饮症状　中风，症见手足麻木，肌肤不仁。

红菊槐花茶

茶饮材料　红花20克，菊花20克，槐花15克。

泡饮方法　将上述三味茶材放于杯中，以沸水冲泡，加盖闷5分钟后，代茶饮，每日1剂。

茶饮功效　活血祛瘀，降脂。

适饮症状　中风后遗症合并血脂增高。

相关禁忌　孕妇忌饮。不宜大量，久服。

（四）老年痴呆症茶饮

老年性痴呆是指老年期出现的已获得的智能在本质上出现持续的损害，智能缺失和社会适应能力降低。是逐渐发病，以智能障碍为主的慢性进行性疾病，家属往往讲不出病员从什么时候开始起病，直到老年痴呆症状较明显时才到医院检查，主要表现为：在智能方面出现抽象思维能力丧失、推理判断与计划不足、注意力缺失；在人格方面出现兴趣与始动性丧失、情绪迟钝或难以抑制、社会行为不端、不拘小节；在记忆方面出现遗忘，不能学习，时间、地形、视觉与空间定向力差；在言语与认知功能方面出现说话不流利，综合能力缺失。老年痴呆症属于中医学的“呆病”“健忘”“虚劳”“善忘”等范畴，且多以中医的“虚证”表现出来。以中药为主要组成的茶饮对于老年痴呆的防治有着独特的效果。常用于老年痴呆症的茶饮材料有山楂、枸杞子、桑葚、海带等。

双耳饮

茶饮材料　银耳10克，黑木耳10克，冰糖30克。

泡饮方法　将银耳、黑木耳用温水发泡，与冰糖一同放入锅中，加水煎煮1小时即可，可分次或一次食用，每日1剂。

茶饮功效　滋肾，健脑。

适饮症状　老年性痴呆的预防和发病早期的治疗。

黄豆红枣饮

茶饮材料　黄豆200克，红枣10枚。

泡饮方法　将黄豆炒熟，磨成粉备用。红枣洗净，加水泡涨，用旺火煮开后转用小火炖至熟烂，取黄豆粉一勺加入其中，服食，每日 1 剂。

茶饮功效　益气养血，健脑益智。

适饮症状　健忘、高血压、老年性痴呆等症的辅助治疗。

海带茶

茶饮材料　海带结 50 克，枸杞子 10 克。

泡饮方法　将海带结用清水洗净，泡柔软，放入锅中，加适量水与枸杞子同煮 40 分钟后，代茶饮，隔日 1 剂。

茶饮功效　补肝益肾，消炎健脑。

适饮症状　老年性痴呆症的预防。

核桃桑葚茶

茶饮材料　桑葚 50 克，核桃仁 30 克。

泡饮方法　将上述两味茶材放入锅中，加水煎煮 30 分钟后，分次食用，每日 1 剂。

茶饮功效　益智健脑。

适饮症状　老年性痴呆的预防和初起症状的缓解。

山楂枸杞茶

茶饮材料　生山楂、枸杞子各 15 克。

泡饮方法　将上述两味茶杯放入杯中，以开水冲泡 30 分钟后即可，代茶徐饮。

茶饮功效　活血健脑。

适饮症状　辅助治疗由中风导致的老年痴呆症。

黄芪茶

茶饮材料　黄芪 15 克。

泡饮方法　将黄芪切片，放入杯中，用沸水冲泡，加盖闷 10 分钟，代茶频饮，每日 1 剂。

茶饮功效　补气行滞。

适饮症状　老年痴呆症的预防。

相关禁忌　炎热季节及阴虚火旺之人不宜长期饮用。

（五）帕金森氏病茶饮

帕金森氏病又称“震颤麻痹”，是一种常见于中老年的神经系统变性疾病。震颤是指头及四肢颤动、振摇，麻痹是指肢体某一部分或全部肢体不能自主运动。其得名是因为一个名为帕金森的英国医生首先描述了这些症状，包括运动障碍、震颤和肌肉僵直。有人这样形容帕金森氏病：“帕金森氏病就是让你不能动的病。”一般在50~65岁开始发病，发病率随年龄增长而逐渐增加，60岁发病率约为1‰，70岁发病率达3‰~5‰，我国目前大概有170万人患有这种疾病。目前资料显示，帕金森氏病发病人群中男性稍高于女性，迄今为止对本病的治疗均为对症治疗，尚无根治方法可以使变性的神经细胞恢复。有一些茶饮对于缓解其症状具有一定的效果。常用于帕金森氏病的茶饮材料有龙眼肉、酸枣仁、天麻等。

陈皮白芍酸枣饮

茶饮材料　陈皮5克，生白芍10克，酸枣仁15克。

泡饮方法　将酸枣仁、生白芍、陈皮放入锅中，加水煎煮10分钟，加盖闷10分钟即可，代茶饮。

酸枣仁

茶饮功效　平肝安神。

适饮症状　帕金森氏病兼有食欲不振、烦躁失眠。

双豆茶

茶饮材料　绿豆30克，黑豆30克，绿茶5克，冰糖适量。

泡饮方法　将绿豆、黑豆放入锅中，加水煮熟，放入冰糖，趁热冲泡绿茶，代茶频饮，每日1剂。

茶饮功效　清热平肝。

适饮症状　帕金森氏病兼内热口干者。

枣仁龙眼茶

茶饮材料　龙眼肉、炒枣仁各15克，蜂蜜适量。

泡饮方法　将上述两味茶材放入锅中，加入水煎成汁，再加适量蜂蜜即成，每日2次，早、晚服用。

茶饮功效　益气，活血，安神。

适饮症状　帕金森氏病证属气血亏虚者。

相关禁忌　本品甘温助火，故虚火上炎者不宜服。

酸枣天麻饮

茶饮材料　酸枣30克，天麻15克。

泡饮方法　将上述两味茶材放入锅中，加水煎煮30分钟后，代茶饮，每日1剂。

茶饮功效　平肝熄风。

适饮症状　帕金森氏病震颤者。

天麻

沙棘菊花饮

茶饮材料　沙棘50克，菊花10克。

泡饮方法　将沙棘、菊花洗净后放入锅中，加入清水煎汤，早、晚各服用一次，也可代茶饮。

茶饮功效　平肝，降血脂。

适饮症状　帕金森氏病合并高脂血症。

（六）眩晕茶饮

中医认为，“眩”即眼花，“晕”即头昏，二者常同时发生，故称“眩晕”。现代研究认为，眩晕是由于机体空间定向和平衡功能失调所产生的主观感觉异常，是一种运动性错觉。可分为真性眩晕和一般性眩晕两种。真性眩晕是由神经系统引起的，有明显的自身或他物旋转感或倾倒感，呈阵发性，伴有眼震、平衡失调和植物神经症状，如面色苍白、恶心、出汗、血压脉搏改变等；一般性眩晕多由某些全身性疾病或神经官能症引起，以头昏的感觉为主，感到头重脚轻，自身或外物晃动不稳，常较持续，也可阵发，伴发的症状一般较轻或不明显。常见的病症有美尼尔氏综合征、内耳眩晕症等，另外，高血压、低血压、脑性眩晕、神经衰弱等疾病也是以眩晕为主要临床症状的。眩晕症病人在日常生活中应避免劳累，消除精神刺激，饮食以清淡易消化、低盐、低脂为宜，注意保持生活规律，保证充足睡眠，保持心情愉悦。常用于眩晕的茶饮材料有竹茹、决明子、桑叶、栀子等。

芦根茶

茶饮材料　鲜芦根2支，竹茹7克，焦山楂15克，炒谷芽15克，橘红4克，桑叶10克。

泡饮方法　将以上六味茶材一并放入锅中，加入适量清水煎煮即可。取水代茶饮服。

茶饮功效　清眩明目。

适饮症状　各种眩晕症。

栀子茶

茶饮材料　芽茶30克，栀子30克。

泡饮方法　将芽茶与栀子一并放入锅中，加入800~1000毫升清水，煎煮至400~500毫升即可。每日1剂，分2次早晚温服。

茶饮功效　清肝泻火，凉血降压。

适饮症状　高血压引起的头痛、头晕、尿黄。

桑叶

决明茶

茶饮材料　决明子 10 克，蜂蜜适量。

泡饮方法　将决明子放入杯中，冲入沸水，闷约 5 分钟后，加入蜂蜜，搅拌均匀即可。代茶徐饮。

茶饮功效　清肝，明目，通便。

适饮症状　高血压引起的头晕兼便秘者。

菊槐龙胆茶

茶饮材料　菊花 6 克，槐花 6 克，龙胆草 6 克，绿茶 6 克。

龙胆草

泡饮方法　将以上四味茶材一并放入茶壶中，以沸水冲泡，待色变浓后即可饮用。

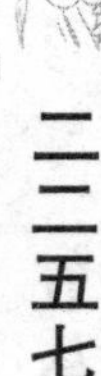

每日代茶频饮。

茶饮功效　清热散风，凉血降压。

适饮症状　高血压引起的眩晕。

三宝茶

茶饮材料　普洱茶 5 克，菊花 5 克，罗汉果 5 克。

泡饮方法　先将普洱茶、菊花和罗汉果一同制成粗末，后装入纱布袋，放入杯中以沸水冲泡 10 分钟左右即可。每日 1 袋，代茶温饮。

茶饮功效　清上散风，降压消脂。

适饮症状　高血压、高血脂及肝阳上亢之头痛头晕。

绿茶芝麻饮

茶饮材料　芝麻 5 克，绿茶 1 克，红糖适量。

泡饮方法　先将芝麻炒熟，后与绿茶、红糖一并放入杯中，加入沸水，闷泡约 15 分钟即成。代茶饮用。

茶饮功效　养肝补肾，润五脏。

芝麻

适饮症状　阴虚所致的头晕。

桑菊竹叶茶

茶饮材料　菊花 10 克，桑叶 10 克，竹叶 15 克。

泡饮方法　先将菊花、桑叶和竹叶切碎后一同置于茶杯中，冲入适量沸水，盖闷

竹叶

约10分钟即可。代茶频饮。

茶饮功效　平肝清心，祛风清热。

适饮症状　肝火或风热上扰所致的耳鸣、耳聋，伴头昏头痛，心烦失眠等。

相关禁忌　清气不升，或肾虚精亏所致之虚证耳鸣者慎用。

健神茶

茶饮材料　五加皮15克，五味子15克，白糖15克。

泡饮方法　将五加皮和五味子研成粗末后，与白糖一并放入茶杯中，冲入适量沸水，加盖闷20分钟即可。代茶频饮。

茶饮功效　益气固精，强筋壮骨。

适饮症状　体虚所致的头晕，失眠，健忘；咳喘，盗汗，自汗，遗精；虚劳羸瘦，腰酸腿痛。

相关禁忌　大便秘结、内有实邪者忌服。

（七）神经痛茶饮

周围感觉神经分布区周期性发作的不明原因的疼痛，又称为自发痛。按病变的部位可分为周围神经性痛和中枢神经性痛。三叉神经痛（痛性抽搐）以沿三叉神经任何分支（位于耳前）的短暂及剧痛为主要特征，通常进入中年后发病，女性发病率高于男性。初期发作间隔为数周或数月，之后发作越来越频繁，碰触患部、说话、吃东西或冷风吹面即可轻易引起发作。使用止痛药有帮助，但要根治则需进行手术。舌咽神经痛引起反复发作的剧烈疼痛，通常发作于40岁以上男性。剧痛起于咽喉，放射到耳，或沿颈部下行。疼痛可自然或经诱发（例如喷嚏、呵欠或咀嚼）而产生。发作间

隔期一般较长，在止痛药起作用前发作即已平息。神经痛在临床上不易及时诊断，在治疗上也没有特别有效的方法，而传统的茶饮疗法却常常有事半功倍的效果。常用于神经痛的茶饮材料有芹菜、洋甘菊、灵芝等。

党参甘草红枣茶

茶饮材料　党参6克，甘草6克，青皮6克，红枣6克，白糖15克。

泡饮方法　将上述前四味茶材放入锅中，用适量水煎汤，去渣取汁，加入白糖代茶饮，每日1剂。

茶饮功效　宁神益智，缓急止痛。

适饮症状　肋间神经痛兼心悸气短者。

三白灵芝茶

茶饮材料　白芍10克，白术10克，灵芝10克，白糖15克，甘草6克。

泡饮方法　将上述四味茶材（除白糖）放入锅中，用水浸泡20分钟，煎煮20分钟，去渣取汁，加入白糖，代茶饮。

茶饮功效　平肝，降压，止痛。

适饮症状　肋间神经痛兼高血压者。

芹菜蜜汁

茶饮材料　鲜芹菜150克，蜂蜜适量。

鲜芹菜

泡饮方法　将芹菜洗净捣烂取汁，加蜂蜜适量炖服，每日1剂。

茶饮功效　清热解毒，养肝。

适饮症状　高血压头痛、神经痛。

洋甘菊茶

茶饮材料　洋甘菊5~7朵，冰糖适量。

泡饮方法　将洋甘菊放入杯中，用沸水冲泡，加盖闷30分钟即可，加入冰糖少许，代茶饮。

茶饮功效　祛风解表，平肝明目，镇定安神。

适饮症状　各种神经痛，痛经。

相关禁忌　不宜过量饮用。因其有通经的效果，故怀孕妇女禁用。

（八）多动症茶饮

多动症是一种常见的儿童心理疾病。这类孩子智力一般正常，但存在与实际年龄不相符合的注意力涣散、活动过多、冲动任性、自控能力差的特点。如果不加以纠正，会影响孩子的学习。这类儿童无目的性活动过多，平时手脚不停，无目的地乱闯、乱跑，自控能力差，大人说话的时候迫不及待地插嘴，对同伴时常有莫名其妙的挑衅行为等。他们的注意力很难集中，很少有做某一件事精神投入、注意力集中的表现：多动症儿童常常玩得高兴时又喊又叫，手舞足蹈，莫名兴奋，得意忘形；受到强制性约束的时候，不是安静下来，而是表现出闹脾气、不高兴、发泄沮丧情绪，采取敌意和对抗性行为。还常伴有运动的协调性差，并有知觉、语言、记忆的障碍。家长如发现孩子常有努嘴、耸肩、点头、挤眼或全身的扭动，同时有“嘿嘿”的叫声或口出脏语，应怀疑有多动症，要及时到医院神经科诊治。除了正常的治疗之外，有一些茶饮对于改善症状效果明显。常用于多动症的茶饮材料有金银花、胖大海、菊花、钩藤等。

芡莲红枣饮

茶饮材料　莲子20克，芡实15克，红枣12克，冰糖适量。

泡饮方法　将上述前三味茶材放入锅中，加水同煮，加入冰糖少许，代茶饮。

茶饮功效　补肾，益气，安神。

适饮症状　小儿多动症，见睡眠不安、遗尿者。

莲子

竹笋荸荠饮

茶饮材料　竹笋 15 克，荸荠 9 克，红糖适量。

泡饮方法　将以上三味茶材放入锅中，加水同煮，代茶饮，每日 1 剂。

茶饮功效　清热化痰。

适饮症状　小儿多动症，兼有湿热内蕴、痰火扰心者。

宁心补血茶

茶饮材料　熟地黄 10 克，竹叶 6 克，莲子 3 克。

泡饮方法　将以上三味茶材放入锅中，用水适量煎汤，去渣取汁，代茶饮，每日 1 剂。

茶饮功效　补血宁心。

适饮症状　小儿多动症，见心肝血虚，睡眠不安，小便短赤者。

蝉衣茶

茶饮材料　蝉衣 6 克。

泡饮方法　将蝉衣碾碎放入杯中，用沸水冲泡，加盖闷 20 分钟后，代茶饮。

茶饮功效　祛风止惊，安神。

适饮症状　小儿多动症。

钩藤饮

茶饮材料　钩藤 10 克。
泡饮方法　将钩藤放入杯中，用沸水冲泡，盖闷20分钟后，代茶饮用，每日1剂。
茶饮功效　养肝熄风。
适饮症状　小儿多动症抽搐动作明显者。

银花茶

茶饮材料　金银花 3 克，菊花 3 克，胖大海 3 克。
泡饮方法　将以上三味茶材放入杯中，用沸水冲泡，代茶饮，每日 1 剂。
茶饮功效　清热泻火利咽。
适饮症状　有消除咽部异物感的作用，可改善孩子习惯性清嗓动作。
相关禁忌　经常饮用胖大海会产生大便稀薄、胸闷等副作用，不宜久饮。

珍珠花茶

茶饮材料　珍珠粉 1 克，花茶 5 克。
泡饮方法　将花茶放入杯中，用沸水冲泡，凉温，冲服珍珠粉，早晚各 1 次。
茶饮功效　镇惊安神。

兰花茶

适饮症状　小儿多动症，见易冲动攻击性强者。

八、免疫系统疾病茶饮

（一）自体免疫失调茶饮

自身免疫反应达到一定程度而导致的自体免疫失调。免疫系统最基本的功能是认识自身和识别异体，达到保护自身和排斥异体的目的。正常人体血清中可存在多种针对自身抗原的抗体，但它们的水平极低，不足以破坏自身成分，可清除衰老蜕变的自身组织，这就是自身免疫反应。当这种反应过强，导致严重组织损伤，表现出临床症状时，就称为自身免疫病。临床常见的自体免疫失调疾病有30多种，按照系统可分为：类风湿关节炎等结缔组织疾病，重症肌无力等神经肌肉疾病，原发性肾上腺皮质萎缩等内分泌性疾病，萎缩性胃炎等消化系统疾病，肺肾出血性综合征等泌尿系统疾病，特发性白细胞减少症等血液系统疾病。这类疾病治疗起来比较困难，但日常茶饮可以帮助缓解症状，增强自身免疫力，提高生活质量。常用于自体免疫失调的茶饮材料有菊花、罗汉果、川贝、蜂蜜、麦冬、金银花等。

菊花罗汉果饮

茶饮材料　白菊花9克，罗汉果1枚。

泡饮方法　将以上两味茶材放入茶杯中，用沸水冲泡代茶饮。每日1剂，不拘时频饮。

茶饮功效　清热，润肺，明目。

适饮症状　干燥综合征之风热肺燥，症见口干咽燥，两目干涩，口渴，尿黄便结。

莲心茶

茶饮材料　麦冬12克，莲子心3克，绿茶3克。

泡饮方法　将以上三味茶材放入杯中，用沸水冲泡饮用。每日1剂，不拘时频饮。

茶饮功效　养阴清火。

适饮症状　干燥综合征之阴虚内热，症见口鼻咽干，目涩，视物昏花，尿少便结等。

相关禁忌　便溏者慎饮。

枇杷蜂蜜茶

茶饮材料　枇杷叶60克，川贝10克，麦芽糖60克，蜂蜜15克。

泡饮方法　将枇杷叶放入砂锅内，加清水煎两次，去渣浓缩后，加川贝末、麦芽糖、蜂蜜收膏。每次取适量用开水冲服，每日 2~3 次。

川贝

茶饮功效　清肺化痰，润燥止咳。

适饮症状　干燥综合征之阴虚肺燥，症见咽干口燥，干咳痰少，目涩而干，小便黄赤，大便干燥等。

鸡血藤茶

茶饮材料　鸡血藤 500 克。

泡饮方法　将鸡血藤放入锅中，加水煎煮 40 分钟后，代茶频饮。每日 1 剂。

茶饮功效　活血通络。

适饮症状　重症肌无力症。

灵芝茶

茶饮材料　灵芝 10 克。

泡饮方法　将灵芝打粉，布包，放入锅中，加水煎煮 40 分钟，每日 1 剂，代茶饮。

茶饮功效　增强免疫力。

适饮症状　硬皮病关节炎，类风湿性关节炎，支气管哮喘，红斑狼疮等。

桑葚红花饮

茶饮材料　桑葚 20 克，红花 10 克。

泡饮方法　将以上两味茶材放入锅中，加水煎取汁饮用。每日1剂，不拘时饮用。

茶饮功效　养血活血。

适饮症状　干燥综合征之阴虚血淤，症见口鼻干燥，面色青暗，头晕目眩，大便干燥等。

首乌参豆汤

茶饮材料　何首乌10克，黑豆50克，北沙参30克。

泡饮方法　将黑豆浸泡一夜后，放入锅中，先煮一个小时，再加入北沙参、何首乌，共煮半小时后取汁即可饮用。每日1剂，不拘时频饮。

茶饮功效　滋补肝肾，养阴润燥。

适饮症状　干燥综合征之气阴两虚，症见口鼻咽喉干燥，气短乏力，眼目干涩，大便干燥。

丝瓜饮

茶饮材料　老丝瓜1条，白糖适量。

丝瓜

泡饮方法　将丝瓜洗净切碎放入锅中，加水适量，煮沸30分钟后，静置片刻，去渣取汁，加白糖即可，每日1剂，不拘时饮用。

茶饮功效　清热解毒，祛风通络。

适饮症状　红斑狼疮，症见关节疼痛，灼热红肿，活动受限，伴发热口渴，烦躁等。

银麦饮

茶饮材料　金银花、菊花、甘草、麦冬、蚤休各10克。

泡饮方法　将以上五味茶材放入锅中，加水煎取汁饮用。每日1剂，不拘时饮用。

茶饮功效　凉血解毒。可提高机体的细胞免疫力，预防和控制感染。

适饮症状　红斑狼疮。

红枣生地饮

茶饮材料　红枣10枚，生地黄30克，紫草10克，甘草10克。

泡饮方法　将以上四味茶材放入锅中，加水适量煎煮30分钟后，去渣取汁，代茶饮。

茶饮功效　清热凉血止血。

适饮症状　血小板减少性紫癜。

花生衣红枣汤

茶饮材料　花生衣5~10克，红枣10枚，党参15克。

花生衣

泡饮方法　将以上三味茶材放入锅中，加水煎煮20分钟后，代茶饮。每日1剂，不拘时频饮。

茶饮功效　养心健脾，益气摄血。

适饮症状　病后体虚，血小板减少性紫癜。

鸡血藤红枣汤

茶饮材料　鸡血藤20克，红枣15枚。

泡饮方法　将以上两味茶材放入锅中，以清水煎后弃鸡血藤药渣，吃枣饮汤。每日1剂。

茶饮功效　益气摄血，补血。

适饮症状　血小板减少性紫癜，症见反复出血，兼有鼻衄、齿衄、头晕目眩，面色苍白，唇甲不华，神疲体倦，食欲不振，心悸，动则心跳气短，震颤多汗。

圆肉花生饮

茶饮材料　龙眼肉12克，带衣花生25克，红枣15克。

泡饮方法　将红枣去核，与带衣花生、龙眼肉一同放入锅中，加水同煮后，食汤吃肉，每日1剂。

茶饮功效　健脾补心，养血止血。

适饮症状　血小板减少性紫癜，贫血，脾虚肌衄，虚劳。

红枣仙鹤汤

茶饮材料　红枣10枚，仙鹤草30克。

仙鹤茶

泡饮方法　将以上二味茶材放入锅中，加水煎汤，代茶饮。每日1剂，连服12天。

茶饮功效　补血止血。

适饮症状　血小板减少性紫癜。

鲜绿豆芽茶

茶饮材料　鲜绿豆芽500克，白糖适量。

泡饮方法　将绿豆芽淘净，以洁净纱布包好，绞取汁液调入白糖，代茶饮。

茶饮功效　清热，解毒，利湿。

适饮症状　红斑狼疮，症见关节疼痛，灼热红肿，发热口渴，心烦，面部可见斑色红赤，皮下紫斑等。

（二）过敏症茶饮

过敏症是一个十分宽泛的词汇，它包罗了所有因过敏而产生的症状。各种过敏症的产生根源于过敏性疾病。过敏性疾病是一种免疫变态反应，随着工业化程度加剧，环境污染问题愈演愈烈，过敏症的发病率在全世界范围内尤其是发达国家呈逐年增高的趋势，已成为人们关注的全球性健康问题。鼻痒、喷嚏、流涕，是过敏性鼻炎人群的烦恼；日夜不安，喘息不定，是过敏性哮喘人群的烦恼；难食海鲜、牛羊肉等味美的皮肤“发物”，遇冷、热时皮肤出现红疹、疱疹、斑疹、瘙痒，是皮肤过敏人群的烦恼。一年四季，周而复始，服用各类中西成药，四处求医仍不治。从传统医学的理论出发，提高机体自身的免疫力才是对抗过敏症的根本之道，正所谓“正气存内，邪不可干”。一些养生茶饮正具有增强体质，提高免疫力的功效。常用于过敏症的茶饮材料有百合、薏苡仁、芡实、山药、黄芪等。

绿豆百合薏苡仁茶

茶饮材料　绿豆30克，百合30克，薏苡仁15克，芡实15克，淮山药15克，冰糖适量。

泡饮方法　将绿豆、百合、薏苡仁、芡实、淮山药一起下锅，加水适量，烂熟后，加冰糖即成。每日分2次服完，连服数日。

茶饮功效　清热解毒，健脾除湿。

适饮症状　过敏性皮炎，症见皮损不红。

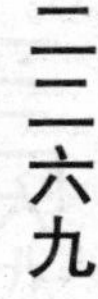

芡实

辛夷花茶

茶饮材料　辛夷花 2 克，紫苏叶 6 克。

泡饮方法　将以上两味茶杯放入杯中，用沸水冲泡，代茶饮。

茶饮功效　宣肺利气通窍。

适饮症状　过敏性鼻炎。

玉屏风茶

茶饮材料　黄芪 60 克，白术 30 克，防风 10 克，生姜 15 克。

泡饮方法　先将前两味茶材放入锅中，加水煎煮 30 分钟后，再放入防风、生姜丁煎汤取汁，代茶饮。

茶饮功效　益气固表，祛风散寒。

适饮症状　体虚畏寒，易感风寒。

苍耳子茶

茶饮材料　苍耳子 12 克，白芷 9 克，葱白 13 根，茶叶 12 克。

泡饮方法　将以上四味茶材放入杯中，用沸水冲泡，代茶饮。

茶饮功效　通鼻窍止痛。

适饮症状　过敏性鼻炎。

苍耳子

九、肌肉及骨骼系统疾病茶饮

（一）腰背痛茶饮

腰背痛是十分常见的症状，占骨科门诊总数的1/3或更多，几乎人的一生中都发生过，不过是病程的长短和病情的轻重不一而已。病因可以是先天性的，如脊柱先天性畸形、椎管狭窄等，也可以为后天性的，如脊柱退行性病变、骨质增生、腰肌劳损等。这里我们主要介绍后天因素造成的腰背痛的茶饮方法。常用于腰、背痛的茶饮材料有白术、泽兰、红花、木瓜等。

醋茶

茶饮材料　食醋5克，茶叶10克。

泡饮方法　将茶叶放入锅中，加水煎汤取汁后，与醋混合。

茶饮功效　利湿化滞，下气散结。

适饮症状　腰痛难以转侧。

白术茶

茶饮材料　炒白术60~90克。

泡饮方法　将炒白术放入锅中，用水适量浸泡10分钟，之后煎汤，去渣取汁代

茶饮。

茶饮功效　健脾，燥湿，和中。

适饮症状　脾湿腰痛，兼有食欲不振、大便溏泻。

相关禁忌　阴虚燥渴，气滞胀闷者忌饮。

泽兰叶茶

茶饮材料　泽兰叶 9 克。

泡饮方法　将泽兰叶放入锅中，加水煎汤，去渣取汁，代茶饮。

茶饮功效　调肝理气，活血通经。

适饮症状　肝郁腰痛，兼有胁肋胀痛，忽散忽聚，不能久立行走。

红花木瓜茶

茶饮材料　红花 15 克，木瓜 30 克，桑寄生 30 克。

泡饮方法　将以上茶材放入锅中，加入沸水，浸泡 20 分钟，取汁代茶饮用。每日 1 剂，频频冲泡饮用。连服 15~30 日。

茶饮功效　祛风湿，强腰膝，通络止痛。

适饮症状　腰痛。

（二）颈椎病茶饮

颈椎病是指因颈椎退行性病变引起颈椎管或椎间孔变形、狭窄，刺激、压迫颈部脊髓、神经根、交感神经造成其结构或功能性损害所引起的疾病。它主要表现有颈背疼痛、上肢无力、手指发麻、头晕、恶心甚至视物模糊、吞咽困难，多见于 40 岁以上患者。到目前为止，全世界对这种令人头痛的疾病尚无有效方法。中医治疗颈椎病以温补肝肾、养血益精为主，祛风胜湿、活血通络为辅。加上外治法和推拿按摩，一般能起到较好疗效。日常茶饮对于改善症状也具有一定的效果。常用于颈椎病的茶饮材料有银耳、葛根、川芎、百合、胡桃肉等。

醋冰糖

茶饮材料　食醋 100 毫升，冰糖 500 克。

泡饮方法　将二者置于锅中，加少量水煎煮，水开即可。每餐饭后饮 1 汤匙。

茶饮功效　散瘀止痛。

适饮症状　颈椎病。

相关禁忌　若患者兼有胃溃疡、胃酸过多不宜饮服。

葛根赤豆茶

茶饮材料　葛根15克，赤小豆20克。

泡饮方法　将二者置于锅中，加少量水煎煮，至赤小豆熟即可，每日1剂，代茶饮。

葛根

茶饮功效　平肝止眩，止痛。

适饮症状　颈椎病以眩晕为主要症状者。

三白茶

茶饮材料　银耳、生葛根、川芎、百合各9克。

泡饮方法　将以上四味茶材放入锅中，加水煎煮30分钟即可，代茶饮。

茶饮功效　安神，止痛。

适饮症状　颈椎病项强痛。

胡桃荷蒂茶

茶饮材料　胡桃肉3个，鲜荷蒂8个。

泡饮方法　将胡桃肉及鲜荷蒂捣碎后放入锅中，加水煎煮20分钟即可，每日1剂，水煎服。

茶饮功效　补益肝肾，通筋脉。

适饮症状　颈椎病以手足拘挛为特征。

（三）关节炎茶饮

老年人最常见的一种疾病就是骨关节炎疾病。骨关节炎的发生多是由于年龄的增长，骨骼的弹性和韧性减弱，软骨变薄，骨与软骨连接区修复和重建的能力越来越差，当关节软骨承受的压力过大时，导致软骨的退行性改变，形成骨关节炎。还有一些是由于致病因素侵害关节组织而引起的关节病变。关节炎茶饮具有改善症状的功效。常用于关节炎的茶饮材料有威灵仙、木瓜、独活、桑枝等。

灵仙木瓜茶

茶饮材料　威灵仙 10 克，木瓜 10 克。
泡饮方法　将以上两味茶材放入锅中，加水煎汤，去渣取汁代茶饮。
茶饮功效　祛风除湿，舒筋通络，止痛。
适饮症状　关节疼痛，四肢麻木。

淫羊藿木瓜茶

茶饮材料　淫羊藿 15 克，川木瓜 12 克，甘草 9 克。
泡饮方法　将以上三味茶材磨成粗末，放入杯中，用沸水冲泡，代茶饮。
茶饮功效　补肾壮阳，祛风除湿，舒筋活络，健脾和中。

淫羊藿

适饮症状　风湿痹痛，四肢麻木。

鸭跖草茶

茶饮材料　鸭跖草20克（鲜品100克）。

泡饮方法　将鸭跖草放入锅中，加入500毫升水，煎煮至一半的量，分3次服用，每日1剂。

茶饮功效　清热利湿。

适饮症状　湿热痹痛，关节红肿，屈伸不利。

独活茶

茶饮材料　独活20克。

泡饮方法　将独活放入锅中，用水适量浸泡10分钟后，煎汤取汁代茶饮。

茶饮功效　祛风胜湿，散寒止痛。

适饮症状　风痹，关节疼痛，痛无定处。

相关禁忌　阴虚血燥者慎饮。

五味茶

茶饮材料　南五味根茎30克，黄酒适量。

泡饮方法　将南五味根放入锅中，加水适量煎汤，去渣取汁，加入少量黄酒，代茶饮，早晚一次，每日1剂。

茶饮功效　除湿止痛。

适饮症状　风湿性关节炎，症见关节肿胀、筋骨疼痛者。

木瓜汤

茶饮材料　木瓜4个，白蜜100克。

泡饮方法　将木瓜蒸熟去皮，捣烂如泥，合白蜜调匀。每日晨起用开水冲调1~2匙，代茶饮用。

茶饮功效　舒筋活络，止痛。

适饮症状　风湿性关节炎之关节肿胀、筋骨疼痛。

葡萄桑蚕汤

茶饮材料　葡萄根或藤，嫩桑枝、蚕砂各50克，黄酒适量。

泡饮方法　将以上前两味茶材洗净，切成小段，蚕砂用布包成小包，一同放入锅中，加入500毫升水和500毫升黄酒一同煎煮30分钟即可。去渣取汁，代茶饮，早中晚温服。

蚕砂

茶饮功效　祛风除湿，通络止痛。

适饮症状　风湿性关节炎。

欧石楠茶

茶饮材料　欧石楠10克。

泡饮方法　将欧石楠放入杯中，冲入沸水，盖闷约10分钟即可饮用。可酌加红糖或蜂蜜调味饮用。代茶频饮。

茶饮功效　助消化，祛风湿，利小便。

适饮症状　风湿疼痛，小便不利等。

相关禁忌　放在阴凉干燥的地方，注意远离有腥味的地方。

（四）佝偻病茶饮

维生素D缺乏性佝偻病简称佝偻病，在婴儿期较为常见，是由于维生素D缺乏引起体内钙磷代谢紊乱，而使骨骼钙化不良的一种疾病。佝偻病发病缓慢，不容易引起重视。它使小儿抵抗力降低，容易合并肺炎及腹泻等疾病影响小儿生长发育，必须积极防治。

中医学认为脾肾虚弱、肾气不足、少见阳光、营养不良都有可能导致本病的发生，治疗以补虚扶正为主要方法。常用于佝偻病的茶饮材料有黄精、豆蔻、五加皮等。

蜜饯黄精茶

茶饮材料　干黄精100克，蜂蜜200克。

泡饮方法　将干黄精洗净放在砂锅内，加水浸泡透发，再以小火煎煮至熟烂，去渣取汁，加入蜂蜜煮沸，调匀即成。待冷，装瓶备用。每次取5克，用沸水冲泡，代茶饮。

茶饮功效　补益精气，强筋壮骨。

适饮症状　小儿佝偻病，下肢萎软无力。

豆蔻奶茶

茶饮材料　白豆蔻3克，生姜3克；牛奶100毫升。

白豆蔻

泡饮方法　将上述前两味茶材放入锅中，加水煎汤取汁30毫升，加牛奶100毫升混合，每次服用20毫升，1日3次。

茶饮功效　补脾温阳。

适饮症状　佝偻病，伴手足不温，哭时四肢卷曲，哭声小者。

木瓜五加皮茶

茶饮材料　五加皮10克，木瓜10克，牛膝10克。

泡饮方法　将以上茶材一同研成粗末，每次取10克，用沸水冲泡，代茶饮，1日

3次。

茶饮功效　强筋壮骨。

适饮症状　佝偻病。

珍珠散茶

茶饮材料　珍珠母粉、白糖各50克。

泡饮方法　将上述茶材一同研成细末，每次取0.5克，以沸水冲服，每日3次。

茶饮功效　补钙。

适饮症状　佝偻病。

竹叶灯芯奶茶

茶饮材料　竹叶卷心6克，灯芯草1克，牛奶100毫升。

泡饮方法　将以上两味茶材放入锅中，加水煎汤取汁50毫升，加入牛奶，代茶饮，每日1剂，分3次服完。

茶饮功效　清心宁神。

适饮症状　佝偻病，症见夜间啼哭，白天吃奶正常者。

（五）骨质疏松症茶饮

骨质疏松的意思就是骨变松了，变“酥”了。妇女从绝经开始以及男女两性进入老年以后，骨骼中的矿物质逐渐减少，骨的支架——骨小梁也会变细、变薄甚至断裂，使骨的脆性增加，很容易发生骨折，尤其是腰椎、髋部和前臂的骨折。这种骨折有时在很轻微的外力下，如咳嗽、弯腰拾东西、翻身时就可能发生。但在骨折发生之前，骨质疏松可能是无痛的，是静悄悄逐步发展的。换句话说，你可能经年累月地流失骨骼中的钙质却毫无所知，突然有一天你在不经意的跌倒中发生了骨折才意识到它的存在。从科学研究的角度，准确地说，当骨质疏松不表现出症状时我们就不能将其称为疾病，只能称为“骨质疏松”，它反映的是人体生理性退变的一种状态。如果由于骨质疏松引起了明显的腰背疼、神经症状或病理性骨折时，这时的骨质疏松才应视为疾病，而称为“骨质疏松症”。平时坚持饮用中药茶饮，能够达到预防和治疗骨质疏松的目的。常用于骨质疏松症的茶饮材料有枸杞子、五味子、沙苑子等。

二子延年茶

茶饮材料　枸杞子、五味子各6克，冰糖适量。

枸杞子

泡饮方法　将枸杞子、五味子捣烂，放入杯中，加冰糖适量，用开水冲泡，不拘时代茶徐饮。

茶饮功效　补虚滋阴。

适饮症状　骨质疏松症。

香菇茶

茶饮材料　干香菇 9 克。

泡饮方法　将干香菇先用开水泡发，发透后再洗净切成丝，放入锅中，加水适量，并将泡发香菇的水去掉沉淀物后，一起倒入锅内煎煮，去渣取汁，代茶饮，早中晚分 3 次服用。

茶饮功效　强壮骨骼。

适饮症状　骨质疏松的预防。

沙苑子茶

茶饮材料　沙苑子 10 克。

泡饮方法　将沙苑子洗净捣碎，放入杯中，用沸水冲泡，代茶饮。

茶饮功效　补肾强腰。

适饮症状　骨质疏松症之腰痛。

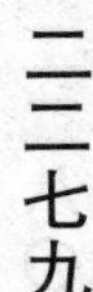

（六）骨折茶饮

骨折大都由外伤所致，但过强的肌肉拉力或肌肉突然猛烈收缩可拉断肌肉附着点处的骨骼。亦可因长期、反复、轻微直接或间接的伤力集中在某一点上发生骨折，少数病人因骨髓有病，如骨髓炎、骨肿瘤等遭受轻微外力即断裂，称病理性骨折。如果是多发性骨折或较大的骨骼骨折，可发生脉搏加快，血压下降，亦可有体温升高（但通常不超过38℃），骨折发生后，在骨折处往往有疼痛与压痛，局部有肿胀及斑痕，局部活动受限，功能发生障碍。局部还可发生畸形和出现不正常的活动，骨折断端尚可出现骨擦音及骨摩擦感，发生骨折的可疑征象应及时到医院进一步诊断治疗，但茶饮疗法对加快骨折的愈合，尽早恢复肢体的功能可以起到一定的促进作用。常用于骨折的茶饮材料有核桃仁、芡实、莲子、黄芪、山药等。

核桃莲子饮

茶饮材料　核桃仁 10 克，芡实 10 克，莲子 10 克。

泡饮方法　将以上茶材放入锅中，加适量水煎煮 40 分钟后，代茶饮。

茶饮功效　补肾健骨。

适饮症状　骨折愈合迟缓。

相关禁忌　中满痞胀及大便燥结者忌饮。

菱角骨粉茶

茶饮材料　骨粉 10 克，菱角粉 10 克，白糖适量。

泡饮方法　将以上茶材和匀，放入杯中，先用少量凉白开搅拌均匀，再用沸水冲服。早晚各一次。

茶饮功效　滋阴，补肾，壮骨。

适饮症状　骨折愈合迟缓。

黄芪山药红枣饮

茶饮材料　黄芪 20 克，鲜山药 100 克，红枣 6 枚，白糖适量。

泡饮方法　将黄芪放入锅中，加水适量煎煮，去渣留汁；鲜山药去皮切小块；红枣去核。用药汁煮山药、红枣，加入白糖，代茶饮，早晚分服。

茶饮功效　补益气血。

适饮症状　体虚骨折愈合迟缓。

鲜山药

续骨茶

茶饮材料　生晒参250克，黄芪250克，当归100克，川芎100克，鹿角粉50克，蛋壳粉50克，红枣250克（去核切细），核桃仁250克（炒香研碎），冰糖300克。

当归

泡饮方法　将前四味茶材放入锅中，加水煎两次去渣留汁，加入鹿角粉、蛋壳粉、红枣、核桃仁、冰糖收膏，贮罐中。每次取5克用沸水冲服，代茶饮，每日2次。

茶饮功效　补虚益肾，续筋接骨。

适饮症状　骨折愈合迟缓。

相关禁忌　本品偏于温热，素体阴虚内热者慎服，避开炎热夏季。

十、循环系统疾病茶饮

（一）高血压茶饮

据全国统计资料显示，我国现有的高血压患者已达1亿，每年新增300万以上。高血压是以动脉压升高尤其是舒张压持续升高为特点的全身性、慢性血管疾病。正常人的血压有一定程度波动，但收缩压不应超过18.7kPa（140毫米汞柱）；舒张压不超过12kPa（90毫米汞柱），或者单纯舒张压超过12.6kPa（95毫米汞柱）者即为高血压。高血压分原发性和继发性两种，继发性高血压是由其他疾病如心血管、肾脏、神经系统疾病所引起；如果查不出其他原因的高血压，那就是原发性高血压病。本病病因目前尚不十分清楚，长期精神紧张、有高血压家族史、肥胖、饮食中含盐量高和大量吸烟者发病率高。临床上以头晕、头痛、耳鸣、健忘、失眠多梦、血压升高等为基本特征。晚期病人常伴有心脑肾等器质性损害。中医认为本病主要为阴阳失调所致，病位主要在肝肾，还会产生肝风、瘀血、痰浊等症。常用于高血压的茶饮材料有决明子、荷叶、罗布麻叶等。

决明子茶

茶饮材料　决明子15克。

泡饮方法　将决明子炒黄碾碎，放入杯中，以沸水冲泡，代茶饮，每日1剂。

茶饮功效　清热，明目，通便。

适饮症状　高血压，高血脂症等。

芹菜饮

茶饮材料　芹菜500克，白糖适量。

泡饮方法　将芹菜洗净，放入锅中，加水煎取汁液，加入适量白糖，代茶频服，每日1剂。

茶饮功效　清热，利水，降压。

适饮症状　早期高血压，血管硬化。

决明菊花茶

茶饮材料　决明子30克，野菊花15克。

泡饮方法　将上述两味茶材研成粗末，放入杯中，以沸水冲泡，代茶频饮，每日1剂。

茶饮功效　平肝阳，降压。

适饮症状　高血压所致的头痛。

野菊花

相关禁忌　素有胃寒胃痛、慢性腹泻便溏者勿饮。

山楂荷叶茶

茶饮材料　山楂15克，荷叶20克。

泡饮方法　将上述两味茶材研成粗末，放入锅中，加水适量煎汤代茶饮，每日1剂。

茶饮功效　降压减脂。

适饮症状　早期高血压，高血脂所致的头痛、目眩。

菊花山楂茶

茶饮材料　菊花10克，山楂10克，茶叶10克。

泡饮方法　将以上三味茶材放入杯中，用沸水冲泡，代茶频饮，每日1剂。

茶饮功效　清热，降压降脂，消食健胃。

适饮症状　高血压，高血脂。

玉米须菊花茶

茶饮材料　玉米须15克，菊花10克。

泡饮方法　将玉米须洗净，与菊花一同放入锅中，加水煎煮，取汁代茶饮。

茶饮功效　清热，平肝，明目。

适饮症状　高血压肝阳上亢者。

普洱罗汉果茶

茶饮材料　普洱茶 3 克，菊花 3 克，罗汉果 5 克。

泡饮方法　将以上三味茶材共研粗末，放入杯中，用沸水冲泡，代茶频饮，每日 1 剂。

茶饮功效　降压，降脂。

适饮症状　高血压、高血脂属肝阳上亢，头晕头痛。

葛根钩藤茶

茶饮材料　葛根 15 克，钩藤 10 克。

泡饮方法　将以上两味茶材研成粗末，分成 5 份，每次取 1 份用沸水冲泡，加盖闷 15 分钟，去渣取汁代茶频饮，每日 1 剂。

茶饮功效　平肝熄风，生津。

适饮症状　高血压伴有烦躁，口渴，肩背不适。

相关禁忌　虚者慎饮。

桂花茶

茶饮材料　桂花数朵，少量冰糖。

桂花茶

泡饮方法　将桂花用盐水反复清洗、沥干后置于杯中，冲入沸水，加入冰糖，盖上杯盖，闷约3分钟，香味溢出即可饮用。

茶饮功效　散寒破结，化痰止咳。

适饮症状　高血压症属阳虚者。对虚寒型胃痛、瘀滞疼痛、疝气者也适用。

相关禁忌　不宜多服。

银菊降压茶

茶饮材料　菊花10克，金银花10克，茶叶5克，山楂15克。

泡饮方法　将以上四味茶材放入锅中，加水适量煎汤取汁，代茶频饮，每日1剂。

茶饮功效　清肝热，化瘀积，活血脉。

适饮症状　高血压，高血脂，冠心病。

三七花茶

茶饮材料　三七花4~5朵。

泡饮方法　将三七花置入杯中，冲入沸水泡10分钟左右后，即可饮用。可加入蜂蜜或冰糖调味。

三七花

茶饮功效　清热，平肝，降压。

适饮症状　高血压。对高血脂，头痛，失眠等也适用。

相关禁忌　外感风寒及肠胃虚寒者忌用。

菊槐龙胆茶

茶饮材料　菊花 2 克，槐花 2 克，龙胆草 2 克，绿茶 2 克。

泡饮方法　将以上四味茶材放入杯中，用沸水冲泡，代茶频饮，每日 1 剂。

茶饮功效　平肝阳，降压。

适饮症状　高血压所致的眩晕。

决明罗布麻茶

茶饮材料　炒决明子 15 克，罗布麻 10 克。

泡饮方法　将上述两味茶材放入杯中，用沸水冲泡，加盖闷 15 分钟即可。代茶频饮，每日 1 剂。

茶饮功效　清热平肝，降压。

适饮症状　高血压属肝阳上亢。

茺蔚子桑叶茶

茶饮材料　桑叶 2 克，茺蔚子 2 克。

茺蔚子

泡饮方法　将上述两味茶材研成粗末，放入杯中，用沸水冲泡，加盖闷 15 分钟即可。代茶频饮。

茶饮功效　清热，活血，平肝，明目，降血压。

适饮症状　高血压所致的头晕。

相关禁忌　孕妇忌饮。

罗布麻茶

茶饮材料　罗布麻叶 5 克。

泡饮方法　将罗布麻叶洗净切碎，放入杯中，以沸水冲泡，代茶频饮。

茶饮功效　降压利尿，清火强心。

适饮症状　高血压。

（二）低血压茶饮

低血压是指体循环动脉血压偏低，主要表现为头晕、气短、心慌、乏力、健忘、失眠、神疲易倦、注意力不集中等。女性可有月经量少、持续时间短的表现。需要注意的是，近年来老年人的低血压症有所增加。一般老年人收缩压低于 100 毫米汞柱，舒张压低于 60 毫米汞柱即称为低血压症。低血压一般有两种类型：一种是体位性低血压，也称为直立性低血压，多发生于由平卧位、座位突然起立时或者长时间站立之后，引起血压急剧下降，其主要原因是由于老年人神经调节功能低下，动脉硬化，大脑供血机能减退。另一种是排尿性低血压或称排尿昏厥，多发生在排尿当时或排尿后突然晕倒，神志不清，1~2 分钟后可自行恢复。中医学认为，本病与素体虚弱、气血不足有关。常用于低血压的茶饮材料有旱莲草、女贞子、黄精、当归等。

桂枝甘草五味饮

茶饮材料　桂枝、甘草各 15 克，五味子 25 克。

桂枝

泡饮方法　将以上三味茶材研成粗末，分成 10 份，每次取 1 份放入杯中，用沸水冲泡，加盖闷 15 分钟即可。代茶饮。

茶饮功效　补阳升压。

适饮症状　阳气不足的低血压。

相关禁忌　孕妇忌饮。

黄精沙参饮

茶饮材料　南、北沙参各 10 克，黄精 30 克，桑叶 8 克，川芎 5 克。

泡饮方法　将以上五味茶材放入锅中，加水煎煮，代茶饮，每日 1 剂。

茶饮功效　补气养阴，升压。

南沙参

适饮症状　气阴不足导致的低血压头晕头痛。

相关禁忌　中寒泄泻，痰湿痞满气滞者忌饮。

黄芪二至饮

茶饮材料　炙黄芪 30 克，旱莲草、女贞子各 20 克，当归 12 克。

泡饮方法　将以上四味茶材放入锅中，加水煎煮 30 分钟，去渣取汁代茶饮，每日 1 剂。

茶饮功效　滋补肾阴，固本培元。

适饮症状　低血压。

太子参肉桂茶

茶饮材料　太子参 10 克，肉桂 3 克，炙甘草 3 克。

泡饮方法　将以上三味茶材放入杯中，用沸水冲泡后代茶饮用，每日 1 剂。

太子参

茶饮功效　助阳益气，回升血压。

适饮症状　低血压之精神不振、头晕体倦及胃疼、腹痛属虚寒。

相关禁忌　表实邪盛者不宜饮。

参杞饮

茶饮材料　党参、枸杞子各 10 克，黄芪 30 克，陈皮 15 克。

泡饮方法　将以上四味茶材放入锅中，加水适量煎汤取汁，代茶饮，每日 1 剂。

茶饮功效　益气养血升压。

适饮症状　低血压，自觉劳累或登高时头晕、心慌气短。

十一、妇科疾病茶饮

（一）月经不调茶饮

月经不调是因各种因素导致卵巢、激素调节功能紊乱，从而使月经量、色、质、周期发生变化。中医认为因先天肾气亏虚，后天七情外伤所致冲任亏虚，血海不能按期充盈，行经规律失常。月经不调的症状较复杂，有月经先期、错后、经期各种不适表现等。治疗重在调经治本为主，准确诊断，根据不同的病因采取不同的茶饮疗法，可以收到不错的效果。常用于月经不调的茶饮材料有川芎、月季花等。

川芎调经茶

茶饮材料　川芎 3 克，茶叶 6 克。

泡饮方法　将上述两味茶材放入锅中，加水 500 毫升，煎至 250 毫升，去渣取汁，代茶饮。

茶饮功效　行气，活血，调经止痛。

适饮症状　痛经，月经不调，闭经，产后腹痛。

相关禁忌　阴虚火旺，上盛下虚及气弱之人忌饮。

月季花茶

茶饮材料　月季花 15~20 克。

月季花

泡饮方法　将月季花放入杯中，用沸水冲泡，代茶频服。

茶饮功效　解郁活血调经。

适饮症状　月经不调，经期腹痛，跌打损伤的疼痛。

番红花茶

茶饮材料　番红花（干品）1~3 克，蜂蜜适量。

泡饮方法　将番红花干品放入杯中，冲入沸水闷泡，待凉后滤去残渣，加入适量蜂蜜调匀后即可饮用。

茶饮功效　活血祛瘀，散郁开结，凉血解毒。

适饮症状　月经不调。对痛经，经闭，产后恶露不尽，腹中包块疼痛等也适用。

番红花

相关禁忌　孕妇、月经过多、出血性患者禁服。不宜量多久用。

杜鹃花茶

茶饮材料　杜鹃花（干品）3~4 朵。

泡饮方法　先将杜鹃花剥瓣，反复清洗、沥干后置于杯中，冲入沸水约 200 毫升，盖杯盖闷 5 分钟左右，待香味溢出后即可饮用，也可酌加冰糖或蜂蜜调味。

茶饮功效　和血调经，止咳，祛风湿，解疮毒。

适饮症状　月经不调。

相关禁忌　血分有热或阴虚火旺者慎用。黄色的杜鹃花有毒，勿用。

蔷薇花茶

茶饮材料　蔷薇花 2~3 朵，茶包 1 个。

泡饮方法　剥去蔷薇花外缘破损的花瓣，将其放入盐水中浸泡，反复清洗后，再将其与茶包一同放入杯中，倒入沸水，待花瓣泡开变色、溢出香味即可。

茶饮功效　清暑，和胃，活血止血，解毒。

适饮症状　月经不调。

相关禁忌　孕妇慎用。

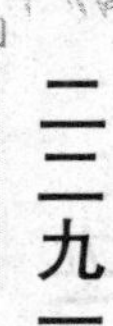

（二）痛经

痛经是妇科常见病和多发病，未婚女青年及月经初期少女更为普遍，表现为妇女经期或行经前后，周期性发生下腹部胀痛、冷痛、灼痛、刺痛、隐痛、坠痛、绞痛、痉挛性疼痛、撕裂性疼痛，疼痛延至骶腰背部，甚至涉及大腿及足部。痛经分原发性和继发性两种。经过详细妇科临床检查未能发现盆腔器官有明显异常者，称原发性痛经，也称功能性痛经。继发性痛经则指生殖器官有明显病变者，如子宫内膜异位症、盆腔炎、肿瘤等。中医痛经辨证分五种证型：气滞血瘀、寒湿凝滞、湿热瘀阻、气血虚弱、肝肾亏损。痛经患者在治疗中，要注重自我保健，经期要防寒保暖，避免淋雨、下水，忌食生冷食品；情绪稳定，精神愉悦；膳食合理平衡；生活规律，劳逸结合，保证睡眠；适度参加运动锻炼，但忌干重活及剧烈运动。做到以上几点，有利减少痛经发作，促进康复。常用于痛经的茶饮材料有香附、乌药、延胡、肉桂等。

痛经茶

茶饮材料　香附 10 克，乌药 10 克，延胡 10 克，肉桂 3 克。

泡饮方法　将以上四味茶材放入锅中，加水煎煮，去渣取汁，代茶频服，每日 1 剂，连服 3~5 天。

茶饮功效　温经理气，活血止痛。

适饮症状　痛经，症见少腹冷痛，时有胀满，得热则减者。

乌药

芝麻盐茶

茶饮材料　芝麻 2 克，盐 1 克，粗茶叶 3 克。

泡饮方法　将茶叶放入杯中，用沸水冲泡，加入碾碎的芝麻盐。
茶饮功效　通血脉，养脾肾。
适饮症状　经期下腹痛、腰痛。

玫瑰花茶

茶饮材料　玫瑰花15克。
泡饮方法　将玫瑰花放入杯中，用沸水冲泡，代茶频服。
茶饮功效　理气解疏，活血散瘀。
适饮症状　肝郁气滞型痛经。
相关禁忌　玫瑰花性温，故阴虚有火、内热炽盛者慎用。

当归茶

茶饮材料　当归10克。
泡饮方法　将当归放入锅中，加水煎煮，去渣取汁，代茶饮，每日1剂。
茶饮功效　补血活血，调经止痛。
适饮症状　血虚血瘀有寒型痛经，症见经血量少，色暗有瘀块。
相关禁忌　湿阻中满及大便溏泄者慎饮。

凌霄花饮

茶饮材料　凌霄花5克左右。

凌霄花

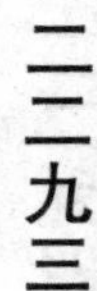

泡饮方法　将凌霄花放入杯中，冲入沸水泡2~3分钟后即可饮用。也可放入适量蜂蜜或冰糖，调味饮用。

茶饮功效　行血祛瘀，凉血祛风。

适饮症状　血瘀所致的痛经。

相关禁忌　孕妇慎用。素有气血虚弱、内无瘀热及脾虚便溏者勿用。

山楂葵子茶

茶饮材料　山楂50克，葵花子仁50克，红糖100克。

泡饮方法　将以上三味茶材放入锅中，加水适量煎汤，每日1剂，分2次饮服，于经前2~3日饮用。

茶饮功效　健脾胃，补中益气。

适饮症状　虚寒型痛经。

（三）盆腔炎茶饮

盆腔炎是指女性盆腔内脏器与组织（包括子宫、输卵管、盆腔腹膜及盆腔结缔组织）的某一部分或几部分同时发生的炎性病变。这些炎性病变包括子宫内膜炎、输卵管炎、卵巢炎及附件炎等。多见于已婚妇女，常因经期盆浴或不禁房事，处理分娩、流产、阴道手术时消毒不严，以及阑尾炎的蔓延等原因所造成。盆腔炎的主要症状是恶寒发热，下腹部疼痛及腰骶部酸痛，带下量多，色黄白。有一些茶饮方对于盆腔炎具有不错的疗效，常用于盆腔炎的茶饮材料有益母草、蒲公英、金银花等。

荔枝核蜜饮

茶饮材料　荔枝核30克，蜂蜜20克。

泡饮方法　将荔枝核敲碎后放入砂锅，加水浸泡片刻，煎煮30分钟，去渣取汁，趁温热调入蜂蜜，拌和均匀即可。早晚两次分服。

茶饮功效　理气，止痛。

适饮症状　慢性盆腔炎，症见下腹及小腹两侧疼痛，带下量多。

银花冬瓜仁蜜茶

茶饮材料　冬瓜籽仁20克，金银花20克，黄连2克，蜂蜜50克。

泡饮方法　先煎金银花，去渣取汁，用药汁煎冬瓜籽仁15分钟后加入黄连、蜂蜜即可。每日1剂，连服1周。

茶饮功效　清热解毒，除湿。

适饮症状　湿热瘀毒型盆腔炎。

苦菜萝卜饮

茶饮材料　苦菜100克，金银花20克，蒲公英25克，青萝卜200克（切片）。

泡饮方法　将以上四味茶材放入锅中，加水煎煮，去药后吃萝卜喝汤。每日1剂。

苦菜

茶饮功效　清热解毒，消肿。

适饮症状　湿热瘀毒型盆腔炎，兼见发热，下腹胀痛，小腹两侧疼痛拒按，带下色黄量多者。

青皮红花茶

茶饮材料　青皮10克，红花10克。

泡饮方法　将青皮晾干后切成丝，与红花一同放入砂锅，加水浸泡30分钟，煎煮30分钟，去渣取汁。代茶频饮，或早晚2次分服。

茶饮功效　理气活血。

适饮症状　气滞血瘀型盆腔炎，症见下腹部及小腹两侧疼痛如针刺，腰骶酸痛。

相关禁忌　孕妇忌用。不宜大量、久服。

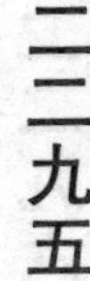

山楂柴胡茶

茶饮材料　柴胡10克，生山楂15克，当归10克，白糖适量。

泡饮方法　将前三味茶材放入锅内，加水煎煮，去渣取汁，服用时调入适量白糖，每日2次。

柴胡

茶饮功效　疏肝活血，止痛。

适饮症状　慢性盆腔炎。

相关禁忌　真阴亏损，肝阳上升者忌饮。

益母甘草茶

茶饮材料　益母草200克，甘草3克，绿茶2克，红糖3克。

泡饮方法　将以上四味茶材放入锅中，加水500毫升，煎煮5分钟后，取汁代茶温饮，每日1剂。

茶饮功效　活血祛瘀，利水消肿。

适饮症状　盆腔炎。

十二、孕产妇营养保健茶饮

（一）害喜茶饮

害喜又称为“孕吐”，是指怀孕初期的孕妇所产生的恶心、呕吐等现象，通常在清晨起床时其症状最为严重。由于女性在怀孕之后，体内的荷尔蒙分泌增加，因此容易引起恶心、呕吐的发生。此外，在怀孕期间，孕妇体内会分泌大量的黄体素来稳定子宫，减少子宫平滑肌的收缩，但同时也会影响胃肠道平滑肌的蠕动，造成消化不良，出现反胃、呕酸水等现象。孕妇体质、精神状况的不同，害喜程度也会有相当差距，通常体质较差、较容易紧张的孕妇，其害喜症状也会比较严重。害喜现象通常会持续到孕期第十六周，过了第十六周之后，恶心、呕吐等症状就会慢慢缓解。有些孕妇在害喜期间，会出现体重减轻的状况，但因为宝宝在初期所需要的养分有限，只要减轻的体重未超过怀孕前体重的5%，仍属于可接受的范围。由于孕期不宜服用药物，茶饮可以帮助缓解症状。常用于害喜的茶饮材料有紫苏梗、陈皮、生姜、核桃、鲜芦根等。

核桃茶

茶饮材料　核桃10个。

泡饮方法　将核桃打碎，连壳放入锅中，加水煎汤，去渣取汁，代茶饮，每日1剂。

茶饮功效　补肾，强腰。

适饮症状　肾虚胎动不安，腰酸。

苏姜陈皮茶

茶饮材料　紫苏梗6克，陈皮3克，生姜2克，红茶1克。

泡饮万法　将前三味茶材研为粗末，与红茶一同放入杯中，用沸水冲泡，加盖闷10分钟后，代茶饮，每日1剂。

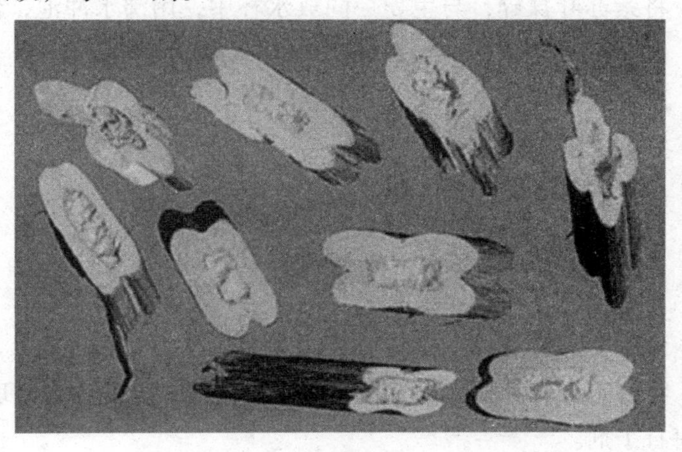

紫苏梗

茶饮功效　理气和胃，降逆安胎。

适饮症状　妊娠恶阻，恶心呕吐，头晕，厌食或食入即吐。

黄连苏叶茶

茶饮材料　黄连3克，紫苏叶8克。

泡饮方法　将黄连捣碎，紫苏叶揉碎，放入杯中，用沸水冲泡，加盖闷10分钟即可，代茶频饮，每日1剂。

茶饮功效　清热燥湿，泻火解毒，理气安胎。

适饮症状　妊娠呕吐，证属胃热者。

相关禁忌　胃虚呕恶、脾虚泄泻、五更肾泻慎服。

橘皮竹茹茶

茶饮材料　橘皮5克，竹茹10克。

泡饮方法　将以上两味茶材一同研为粗末，放入杯中，用沸水冲泡，代茶饮，每日1剂。

茶饮功效　理气和胃，降逆安胎。

适饮症状　妊娠反应，胃气上逆之呕吐。

苏叶生姜茶

茶饮材料　紫苏叶5克，生姜数片。

泡饮方法　将紫苏叶揉碎，与生姜一同放水杯中，用沸水冲泡，代茶频饮，每日1剂。

茶饮功效　理气和胃安胎。

适饮症状　妊娠恶阻较轻者。

相关禁忌　内热及表虚多汗者忌服。

佛手茶

茶饮材料　佛手10克，生姜2片，白糖适量。

泡饮方法　将以上两味茶材放入锅中，加水煎煮30分钟，去渣取汁调入白糖温服。代茶饮，每日1剂。

茶饮功效　理气，和胃止呕。

适饮症状　肝胃不和所致妊娠恶阻。

止酸茶

茶饮材料　紫苏梗 5 克，黄芩 10 克。

泡饮方法　将以上两味茶材放入锅中，加水煎煮 30 分钟，去渣取汁，代茶饮，每日 1 剂。

紫苏梗

茶饮功效　理气安胎，和胃止呕。

适饮症状　妊娠呕吐，兼胸闷胁痛，嗳气吞酸。

相关禁忌　脾肺虚热者忌饮。

芦根竹茹茶

茶饮材料　鲜芦根 100 克，竹茹 20 克。

泡饮方法　将以上两味茶材放入锅中，加水煎煮 30 分钟，去渣取汁，代茶频饮，每日 1 剂。

茶饮功效　清肺胃热，生津止渴，止呕除烦。

适饮症状　妊娠呕吐，证属胃热者。

韭菜茶

茶饮材料　鲜韭菜汁 10 克，生姜汁 5 克，白糖适量。

泡饮方法　将上述茶材放入杯中，拌匀即成，饭前服，少饮之。

茶饮功效　和胃止呕。

适饮症状　脾胃虚弱之恶阻。

甘蔗茶

茶饮材料　甘蔗500克，生姜50克。

泡饮方法　将甘蔗、生姜榨汁，放入锅中，加水200毫升煮沸温服。代茶饮，每日1剂。

茶饮功效　和胃止呕。

适饮症状　肝胃不和之妊娠恶阻。

（二）妊娠水肿茶饮

妊娠水肿是指孕妇在妊娠期间发生的面目、肢体肿胀，而无蛋白尿和高血压，中医称为“子肿”。如有蛋白尿和高血压，应考虑为妊娠肾炎。妊娠7~8月以后，仅出现踝部浮肿，无其他不适者，可以不治疗，产后将自然消退。羊水过多，腹大异常，胸膈满闷者，中医称“子满”。西医认为，本病主要是营养障碍和静脉回流不畅所致。妊娠期发生水肿，开始时可以是隐性的，也就是孕妇体内水分已经增加，但不表现水肿，而是表现体重增加过多、过快，每周增长超过500克以上，这是由于水分潴留在各器官间隙和深部结缔组织中，再进一步就可出现可凹性水肿，也就是水肿的部位，压之出现凹陷而不能很快复原。这种水肿一般由踝部开始，逐渐上升至小腿、大腿、腹部乃至全身。妊娠水肿有时是妊娠期全身疾病的一种症状，应引起注意。常用于妊娠水肿的茶饮材料有冬瓜皮、玉米须、灯芯草、鲜竹叶等。

白术陈皮茶

茶饮材料　白术15克，陈皮、茯苓、大腹皮各10克。

大腹皮

泡饮方法　将上述四味茶材研成粗末，用沸水冲泡，加盖闷 30 分钟，代茶饮用。每日 1 剂。

茶饮功效　健脾益气，利水消肿。

适饮症状　妊娠水肿。

加味白术茯苓茶

茶饮材料　白术 15 克，茯苓 15 克，白芍 12 克，附子 6 克，生姜 5 克，陈皮 6 克。

茯苓

泡饮方法　将上述茶材研成粗末，放入大茶壶中，冲入沸水，加盖闷 30 分钟，代茶饮用。每日 1 剂。

茶饮功效　补气温肾，利水消肿。

适饮症状　妊娠水肿，症见四肢不温，气短懒言，食欲不振，口淡无味者。

五皮芪术茶

茶饮材料　茯苓皮 15 克，五加皮 6 克，大腹皮 10 克（或冬瓜皮 15 克），桑白皮 6 克，生姜皮 6 克，生黄芪 10 克，白术 10 克。

泡饮方法　将上述茶材研成粗末，分成 10 份，每次取 1 份放入杯中，用沸水冲泡，加盖闷 30 分钟，代茶饮用。每日 1 剂。

茶饮功效　健脾益气，利水消肿。

适饮症状　妊娠水肿，症见面目四肢浮肿或遍及全身。

茯苓冬瓜子茶

茶饮材料　茯苓 10 克，冬瓜子 10 克。

泡饮方法　将以上两味茶材研成粗末，放入杯中，用沸水冲泡，加盖闷 30 分钟，代茶饮用。每日 1 剂。

冬瓜子

茶饮功效　健脾祛湿，利尿消肿。

适饮症状　妊娠水肿。

消肿茶

茶饮材料　冬瓜皮 50 克，玉米须 30 克，灯芯草 5 克。

泡饮方法　将以上三味茶材放入锅中，加水煎煮，去渣取汁，代茶饮，每日 1 剂。

茶饮功效　清心降火，利尿通淋。

适饮症状　妊娠水肿，小便不利。

陈皮竹叶茶

茶饮材料　陈皮、陈葫芦瓢各 10 克，鲜竹叶 20 片，白糖适量。

泡饮方法　将以上前三味茶材放入锅中，加水煎煮，去渣取汁加入白糖，代茶饮用。每日 1 剂。

茶饮功效　行气利水消肿。

适饮症状　气滞导致的妊娠水肿，症见胸胁烦闷胀满，常常叹气，精神疲惫。

（三）预防流产茶饮

妊娠2~8周之前，阴道少量出血，伴有轻度下腹疼痛，子宫颈口未开，子宫增大与妊娠月份相符者，称为先兆流产，中医称为“胎漏、胎动不安”。有些妇女常因流产而导致不孕，为此很苦恼。究竟是什么原因导致流产的呢？其实，流产的起因很多，如黄体功能不全，甲状腺功能低下，子宫颈口松弛，先天发育异常，子宫肌瘤，中期妊娠后羊水太多，宫腔内压过高，胎囊自宫颈内口突出，子宫颈管缩短、扩张，胎膜破裂等都会导致流产。如果自然流产连续3次以上，就成为习惯性流产，其多发生在同妊娠月份，表现为腹胀腹坠，腰酸腿软，气短乏力，面色萎黄，食少不化。中医称“滑胎”，治疗本病以预防为主，补肾健脾，固气养血，肾气固，则胎自安。常用于保胎的茶饮材料有南瓜蒂、桑寄生、莲子、艾叶等。

南瓜蒂茶

茶饮材料　南瓜蒂3个。

泡饮方法　将南瓜蒂切片放入锅中，加水煎汤，去渣取汁。从怀孕后半个月起代茶饮，每日1剂，连服5个月。

茶饮功效　安胎。

适饮症状　习惯性流产。

葡萄蜜枣茶

茶饮材料　葡萄干30克，蜜枣25克，红茶1克。

蜜枣

泡饮方法　将以上三味茶材放入锅中，加水400毫升，煎煮30分钟，代茶饮，每日 1 剂。

茶饮功效　益气养血，除烦安胎。

适饮症状　胎动不安。

莲子葡萄茶

茶饮材料　莲子 90 克，葡萄干 30 克。

泡饮方法　将莲子去皮和芯，洗净，与葡萄干一同放入锅中，加水 800 毫升煎煮至莲子熟透即可，每日 1 剂。

茶饮功效　健脾益肾，安胎。

适饮症状　脾肾虚型的胎动不安。

相关禁忌　中满痞胀及大便燥结者，忌饮。

艾叶茶

茶饮材料　艾叶 5 克，红茶 3 克，白糖 10 克。

泡饮方法　将以上三味茶材放入杯中，加沸水冲泡，代茶频饮，每日 1 剂。

茶饮功效　温经散寒，理气止血，安胎。

适饮症状　虚寒型胎动不安。

桑寄生艾叶茶

茶饮材料　桑寄生 30 克，艾叶 15 克。

桑寄生

泡饮方法　将以上两味茶材放入锅中，加水煎煮，去渣取汁，代茶饮。

茶饮功效　补肾益肝，安胎止血。

适饮症状　胎漏血崩。

天冬茶

茶饮材料　天门冬（连皮）50 克（鲜品 150 克），红糖适量。

泡饮方法　将天门冬洗净后放入锅中，加水约 1000 毫升，煎取 500 毫升，加入红糖，代茶饮，每日 1 剂，连服数日。

茶饮功效　清热安胎。

适饮症状　血热所致的胎漏、胎动不安。

相关禁忌　虚寒泄泻及风寒咳嗽者禁饮。

（四）妊娠期贫血茶饮

妊娠期由于血浆增加较红细胞增加相对为多，致血液稀释，血红蛋白值及红细胞数相对下降，出现所谓“生理性贫血”。当血红蛋白低于 10g/dl，红细胞数低于每立方毫米 350 万时，或细胞压积在 30% 以下时，则视为病理性贫血，应予治疗。常见的妊娠贫血可分为缺铁性及巨幼红细胞性贫血两类。轻度贫血对妊娠无明显影响，严重者可引起早产或死产，分娩时易出现宫缩乏力，产后易发生乏力性子宫出血，有时较少量的出血即可引起休克或死亡，产后易感染。因铁的储备不足，新生儿日后亦容易发生贫血。所以首先应加强预防措施，孕妇应当注意营养，特别是蛋白质及新鲜蔬菜的补充。常用于妊娠期贫血的茶饮材料有人参、荔枝、红枣、当归等。

当归藕节茶

茶饮材料　藕节 20 克，当归 10 克，红糖少许。

藕节

泡饮方法　将以上前两味茶材放入锅中，加水煎汤，加入红糖，代茶饮，每日1剂。

茶饮功效　补血止血。

适饮症状　妊娠期贫血。

香菇红枣茶

茶饮材料　香菇20克，红枣20枚，冰糖适量。

香菇

泡饮方法　将香菇用水泡发，洗净切丝，和红枣一同放入锅中，加水煎煮30分钟，加入冰糖取汁代茶饮，每日1剂。

茶饮功效　补气养血。

适饮症状　妊娠期贫血。

红枣糖茶

茶饮材料　红枣10枚，茶叶5克，白糖10克。

泡饮方法　将红枣、白糖放入锅中，加水煎煮，去渣取汁，冲泡茶叶，代茶饮，每日1剂。

茶饮功效　补血养精，健脾和胃。

适饮症状　妊娠期贫血，预防维生素缺乏。

当归黄精茶

茶饮材料　当归10克，黄精10克，茶叶5克，红糖少许。

泡饮方法　将以上三味茶材一同研成粗末，放入杯中，用沸水冲泡，加盖闷10分钟，调入红糖即可，代茶饮，每日1剂。

茶饮功效　补血填髓。

适饮症状　妊娠期贫血。

花生龙眼茶

茶饮材料　花生20克，龙眼肉15克，冰糖适量。

泡饮方法　将以上三味茶材放入锅中，加适量水煎汤，代茶饮，每日1剂。

茶饮功效　补中益气，养血安神。

适饮症状　妊娠期贫血。

人参荔枝红枣饮

茶饮材料　人参2克，荔枝干、红枣各7枚。

泡饮方法　将上三味加水适量煎汤，代茶饮。

茶饮功效　益气补血。

适饮症状　气虚之妊娠期贫血。

（五）乳腺炎茶饮

乳腺炎是指乳房部位发生的一种急性化脓性疾病，多发生于产后3~4周的妇女，尤其是初产妇多见。其发病原因，多由细菌，如葡萄球菌及链球菌从裂开的乳头侵入，或乳汁淤积，阻塞不通，细菌迅速繁殖而引起。中医称为"乳痈""奶痈"，中医认为本病的发生多因乳头破裂，不能吸尽乳汁；或乳头内陷，影响哺乳，乳汁积滞；或产后情志不舒，肝气郁结，乳络不通，郁而化热，热盛肉腐；或产后乳络阻塞，外流不畅，瘀而成痈。本病可分为初期、成脓期、破溃期。治疗分不同的时期，对症治疗，同时可采用内服加外用配合治疗。乳痈发病急，来势猛，如果治疗不及时，就会很快化脓，因此应抓紧早期治疗，以消为贵，以通为主，治宜采用清热解毒，通络散结，舒肝解郁，调达气血之法。常用于乳腺炎的茶饮材料有王不留行、南瓜须、紫花地丁等。

王不留行茶

茶饮材料　王不留行15克。

泡饮方法　将王不留行放入锅中，加水煎煮，去渣取汁，代茶饮。
茶饮功效　活血消肿，通乳散结。
适饮症状　乳腺炎初起。
相关禁忌　孕妇忌服。

牛蒡子叶茶

茶饮材料　牛蒡子叶 10 克（鲜品 30 克）。
泡饮方法　将牛蒡子叶放入锅中，加水煎煮，去渣取汁，代茶饮。
茶饮功效　疏散风热，散结解毒。
适饮症状　急性乳腺炎。

橘叶茶

茶饮材料　橘叶 10 克。
泡饮方法　将橘叶放入锅中，加水煎煮，去渣取汁，代茶饮。
茶饮功效　行气，解郁，散结。
适饮症状　乳腺炎，胁痛。

南瓜须茶

茶饮材料　南瓜须 1 把，食盐少许。
泡饮方法　将南瓜须放入锅中，以沸水冲泡，加入食盐，代茶频饮。
茶饮功效　清热消肿。
适饮症状　乳头缩入疼痛。

银花地丁茶

茶饮材料　金银花 30 克，紫花地丁 30 克。
泡饮方法　将以上两味茶材放入锅中，加水煎汤，去渣取汁，代茶饮。
茶饮功效　清热解毒。
适饮症状　乳痈初起热毒较甚者。
相关禁忌　脾胃虚寒及气虚疮疡脓清者忌服。

紫花地丁

刘寄奴茶

茶饮材料　刘寄奴 60 克。
泡饮方法　将刘寄奴放入锅中，加水煎煮，去渣取汁，代茶饮。
茶饮功效　清热利湿，活血行瘀，通经止痛。
适饮症状　乳腺炎，肠炎，中暑，闭经腹痛。
相关禁忌　气血虚弱，脾虚作泄者忌服。

野菊花茶

茶饮材料　野菊花 15 克。
泡饮方法　将野菊花放入杯中，以沸水冲泡，代茶频饮。
茶饮功效　清热解毒。
适饮症状　乳痈初起红肿较明显者。
相关禁忌　脾胃虚寒者，孕妇慎用。

（六）产后腹痛茶饮

产后以小腹疼痛为主症者，称“产后腹痛”。临床主要表现为新产后，下腹部疼痛，且多为阵发性疼痛，不伴有寒热等症，应与伤食腹痛和感染细菌的腹痛等相鉴别。中医认为，本病主要是气血运行不畅，迟滞而痛。临床表现为血虚和血瘀两种证型。血虚型，症见产后小腹隐隐作痛，喜按，恶露，量少色淡，头晕耳鸣，便燥，舌质淡红、苔薄，脉虚细，治宜补血益气；血瘀型，症见产后小腹疼痛，拒按，或得热症稍

减，恶露量少，涩滞不畅，色紫黯有块，或胸胁胀痛，面色青白，四肢不温，舌质黯、苔白滑，治宜活血祛瘀，散寒止痛。因为产妇大多需要哺乳，选择适当的茶饮会更加安全有效。常用于产后腹痛的茶饮材料有胡椒、白菊花、桂皮、山楂等。

红糖胡椒茶

茶饮材料　红糖 15 克，胡椒 1.5 克，红茶 3 克。

泡饮方法　将胡椒研末，红糖炒焦，与茶叶一同放入杯中，用沸水冲泡。

茶饮功效　清热化滞，止痢止痛。

适饮症状　产后下痢腹痛。

相关禁忌　阴虚有火者忌服。

肉桂红糖饮

茶饮材料　桂皮 6 克，红糖 12 克。

泡饮方法　将桂皮放入锅中，加水煎煮 20 分钟，去渣取汁加入红糖，代茶饮，连续服 5 天。

茶饮功效　补血益气，祛寒止痛。

适饮症状　产后腹痛，属血虚型，症见小腹隐隐作痛，喜温，喜揉，手足不温，恶露量少，色淡。

菊花根茶

茶饮材料　白菊花根 3 枚。

泡饮方法　将白菊花根洗净后放入杯中，以沸水冲泡，代茶饮，每日 1 剂。

茶饮功效　利水，化瘀，解毒。

适饮症状　产后感受湿热邪气所致的小腹疼痛。

赤豆南瓜茶

茶饮材料　赤小豆 100 克，生姜 30 克，南瓜 200 克。

泡饮方法　将以上三味茶材一同焙干，研成细末，每次取 3 克，以沸水冲泡，顿饮，每日 1 剂，连服 10 天。

茶饮功效　补血止痛。

适饮症状　产后腹痛，属血虚型，症见小腹隐隐冷痛，喜揉，面色白，头晕耳鸣，

南瓜

恶露量少色淡。

干芹菜红糖饮

茶饮材料　干芹菜（连根茎汁）100 克，红糖适量。

泡饮方法　将干芹菜洗净，放入锅中，加水煎煮 20 分钟，去渣取汁加入红糖，空腹代茶饮，连续服 5 天。

茶饮功效　止痛。

适饮症状　缓解产后腹痛。

白茄根汤

茶饮材料　白茄根 4 条，红糖适量，米酒适量。

白茄根

泡饮方法　将白茄根洗净，放入锅中，加水煎汤取汁，加入红糖和米酒，代茶饮，每日1剂。

茶饮功效　止痛。

适饮症状　产后腹痛。

山楂酒茶

茶饮材料　山楂100克，红糖50克，黄酒50毫升。

泡饮方法　将山楂去核去皮放入锅中，加水煎煮至烂，加入红糖、黄酒。每次取2勺用沸水冲服，连服1周。

茶饮功效　活血止痛。

适饮症状　产后腹痛，属血瘀型，症见小腹疼痛，拒按，恶露不畅，紫黯有块，面色青白，舌质黯、苔白滑，脉沉紧。

红糖姜饮

茶饮材料　红糖适量，鲜生姜10克。

泡饮方法　将鲜生姜洗净，放入锅中，用适量水煎煮20分钟，加入红糖即可，代茶饮，每日1剂。

茶饮功效　散寒止痛。

适饮症状　产后腹痛和胃痛。

苋菜籽茶

茶饮材料　苋菜籽60克，红糖适量。

苋菜籽

泡饮方法　将苋菜籽焙干炒黄后，研细末，放入杯中，用沸水冲泡，加入红糖即可，代茶饮，7~10天为1个疗程。

茶饮功效　补虚止痛。

适饮症状　产后腹痛。

桃仁茶

茶饮材料　桃仁9克，红糖20克。

泡饮方法　将桃仁放入锅中，用适量水煎煮20分钟，加入红糖即可，代茶饮，每日1剂。

茶饮功效　补虚化瘀止痛。

适饮症状　产后腹痛。

相关禁忌　孕妇忌服。

桃仁

（七）产后便秘茶饮

产后便秘是指产后大便艰涩，或数日不解，或排便时干燥疼痛，难以解出者，亦称“产后大便难”，属新产三病之一。产后便秘很常见，原因包括：内分泌变化、体质虚弱、腹壁肌肉松弛、肛门周围肌肉收缩力不足、缺乏活动等，这些因素都会导致肠蠕动减弱，无力推动大便。此外，分娩时和分娩后失血多、出汗多，体内津液不足，也会导致大便难以排出。茶饮对于改善便秘的症状具有不错的效果。常用于产后便秘的茶饮材料有鲜生地、葱白、松子仁、番薯、柏子仁等。

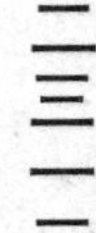

杏仁米茶

茶饮材料　苦杏仁、白粳米各 6 克，白糖适量。

泡饮方法　将杏仁用沸水泡片刻，去皮、尖，与粳米加水磨成浆，加白糖适量，煮熟，代茶饮，每日 1 剂。

茶饮功效　润燥通便。

适饮症状　产后津亏大便秘结。

柏子仁茶

茶饮材料　柏子仁 15 克。

泡饮方法　将柏子仁炒香，轻轻捣破，放入杯中，用沸水冲泡，加盖闷 10 分钟即可，代茶饮。

茶饮功效　生津润燥，宽中下气。

适饮症状　产后肠燥便秘。

导气通便茶

茶饮材料　茶末 3 克，葱白 5 克。

泡饮方法　将以上两味茶材放入杯中，以沸水冲泡，代茶温饮，每日 1 剂。

葱白

茶饮功效　导气通便。

适饮症状　产后气结便难等便秘症。

相关禁忌　忌服大黄。

松仁茶

茶饮材料　松子仁 9 克，白糖 30 克。

泡饮方法　将松子仁放入锅中，用沸水 700 毫升煎成 500 毫升，调入白糖，代茶饮。

茶饮功效　润肠通便。

适饮症状　产后便秘。

生地萝卜茶

茶饮材料　鲜生地汁 100 克，鲜白萝卜汁 100 克，冰糖适量。

泡饮方法　将前两味茶材混匀，加入冰糖，代茶饮。

白萝卜

茶饮功效　生津润燥，清热凉血，宽中下气。

适饮症状　产后面色萎黄，大便数日不解，或解时艰涩难下，但无腹部胀痛，饮食正常。

蜜茶

茶饮材料　茶叶 3 克，蜂蜜 2 克。

泡饮方法　将以上两味茶材放入杯中，以沸水冲泡即可。

茶饮功效　补中润燥。

适饮症状　产后便秘。

麻仁苏子茶

茶饮材料　紫苏子10克，火麻仁15克，蜂蜜适量。

泡饮方法　将以上两味茶材放入锅中，加水适量煎汤取汁，调入蜂蜜，代茶频饮。

茶饮功效　滋阴润燥通便。

适饮症状　产后便秘。

番薯茶

茶饮材料　番薯500克，红糖适量，生姜2片。

泡饮方法　将番薯削去外皮，切成小块，放入锅中，加水适量，煮至熟透时，放入红糖、生姜继续煮片刻，去渣取汁，代茶饮。

番薯

茶饮功效　生津润燥，宽中下气。

适饮症状　产后便秘，老人肠燥便秘。

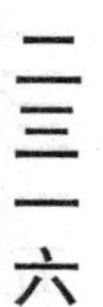

松仁糯米茶

茶饮材料　松子仁30克，糯米50克，蜂蜜适量。

泡饮方法　将松子仁捣成泥状，同糯米放入锅中，加水，文火煎煮成糊状，冲入蜂蜜。每次取2勺用沸水冲服。早晚各一次。

茶饮功效　润肠通便。

适饮症状　产后大便困难。

芝麻橘饼茶

茶饮材料　黑芝麻、冰糖各150克，大米100克，糖橘饼1只。

泡饮方法　将芝麻洗净炒香，大米浸泡1小时，两味混合后加水磨成浆，冰糖加水煮沸后改用文火，调入芝麻大米浆，不断搅拌直至成稠糊，撒上切成米粒大小的橘饼。每次取2勺用沸水冲服，代茶频饮。

茶饮功效　清热润燥通便。

糖橘饼

适饮症状　产后燥热便秘。

（八）产后汗证茶饮

产后汗证包括产后自汗和产后盗汗两种。产妇于产后出现涔涔汗出，持续不止者，称为"产后自汗"；若寐中汗出湿衣，醒来即止者，称为"产后盗汗"。产妇在妊娠期间，体内水分积蓄，仅是血液就比孕前增加30%左右。分娩之后这些液体就需要被排泄出来，体内的水分排泄有三个主要途径：一是通过肾脏由尿液排出；二是通过肺的呼吸排出；三是通过汗腺由皮肤表面的毛孔蒸发。这就是产后汗多的原因之一。此外，产妇甲状腺机能亢进，尚未恢复，脂肪、糖、蛋白质代谢旺盛，故出汗多。总之，产后出汗是一种正常的生理现象，不必担忧。需要注意的是，有一种病理性出汗，表现为汗出湿衣，持续不断，常兼气短懒言，倦怠嗜睡，或是睡中多汗，醒来即止，五心烦热，口干咽燥，头晕耳鸣等症状。这是病理性出汗，是生产时的气阴亏损造成的。常用于产后汗证的茶饮材料有浮小麦、糯稻须根等。

浮小麦茶

茶饮材料　浮小麦 30 克，红糖适量。

泡饮方法　将浮小麦放入锅中，加水煎煮，去渣取汁，加入红糖，代茶频饮。每日 1 剂。

茶饮功效　益气止汗。

浮小麦

适饮症状　产后虚汗症，盗汗。

糯稻根茶

茶饮材料　糯稻根 50 克，红枣 50 克。

泡饮方法　将以上两味茶材放入锅中，加水煎汤，代茶频饮，每日 1 剂，连服 4~5 日。

茶饮功效　益气养血止汗。

适饮症状　产后自汗盗汗。

（九）产后缺乳茶饮

分娩后，乳汁开始分泌，产后第 2~3 天，乳汁增多，是正常产妇最初出现乳胀的时间，有少数产妇第 2~3 天仍乳汁稀少，乳房无胀感，甚至以后更长的日子都不会出现乳胀的感觉，奶汁不能满足婴儿的需要，这就是产后缺乳症。此为产时耗伤气血，而出现产后气血虚弱，因而影响乳汁的生成，虽有乳汁分泌，但乳汁稀少，远不够婴儿所需。哺乳期产妇用药关系到新生儿的健康，需谨慎对待，我国民间流传的食补方对此有很好的疗效，也可以使用产后催乳的茶饮加以调理，效果良好。常用于产后缺乳的茶饮材料有猕猴桃根、萵苣子、王不留行等。

催乳汤

茶饮材料　党参15克，北芪12克，当归10克，红枣10克，王不留行10克。
泡饮方法　将以上五味茶材放入锅中，加水煎煮30分钟，去渣取汁，代茶温饮。
茶饮功效　通乳。

北芪

适饮症状　产后乳汁迟缓或乳汁稀少。

赤豆饮

茶饮材料　赤小豆250克。
泡饮方法　将赤小豆洗净放入锅中，加水煎汤，代茶温饮。
茶饮功效　通乳。
适饮症状　产后气血壅滞，乳房充胀所致的乳汁不下，乳汁少。

瞿麦下乳茶

茶饮材料　麦冬、瞿麦、王不留行各12克，炮山甲、甘草各10克。
泡饮方法　将以上五味茶材放入锅中，加水适量煎汤取汁，代茶饮，每日1剂，连服5天。如奶水增多后又见少，可再服3~5剂。

茶饮功效　通乳。

适饮症状　产后乳汁不下。

猕猴根茶

茶饮材料　猕猴桃根50克，白糖30克。

泡饮方法　将猕猴桃根放入锅中，加水煎煮40分钟，去渣取汁，加入白糖，代茶温饮。

茶饮功效　清热解毒，活血消肿，祛风利湿。

适饮症状　产后缺乳。

莴苣子茶

茶饮材料　莴苣子20克，白糖少许。

泡饮方法　将以上两味茶材放入锅中，加水同煎，去渣取汁，代茶温饮。

茶饮功效　通乳。

适饮症状　产后缺乳。

豌豆红糖饮

茶饮材料　豌豆100克，红糖适量。

豌豆

泡饮方法　将豌豆用温水浸泡数日，放入锅中，用微火煮60分钟，取汁，调入红糖，代茶饮。

茶饮功效　通乳。

适饮症状　脾胃不和所致乳汁不下。

（十）回乳断奶茶饮

回乳对于许多妇女来说是一件十分麻烦和痛苦的事。挤出时间求医问药是一个苦恼，大剂量激素药物回乳可能带来的副作用又是一个苦恼，更苦不堪言的是那种由于回乳效果不佳，双乳肿胀，又不可再次吮吸的疼痛难忍感觉。中医药学在多年实践中积累了大量的经验，逐步摸索出许多简单且有效的回乳茶饮，深受广大妇女的欢迎。用这些价格便宜、容易购买的中草药，以及简单的方法，妈妈们在家也能轻轻松松回乳了。常用于回乳断奶的茶饮材料有炒麦芽、山楂、花椒、莱菔子等。

枇杷回乳茶

茶饮材料　枇杷叶60克。

泡饮方法　将枇杷叶放入锅中，加水700毫升，微火煎至400毫升，去渣取汁，代茶饮，早晚各一次。连续服用2~6日。

茶饮功效　回乳。

适饮症状　断奶回乳。

相关禁忌　服用期间减少汤水的摄入，不要再让孩子吸吮。

麦芽茶

茶饮材料　炒麦芽60~100克。

泡饮方法　将炒麦芽放入锅中，加水煎煮，去渣取汁，代茶温饮，每日1剂。

茶饮功效　消食和中，下气散结，健脾开胃。

适饮症状　断奶回乳。

相关禁忌　服用期间减少汤水的摄入，不要再让孩子吸吮。

麦芽蝉衣茶

茶饮材料　麦芽60克，蝉衣15克。

泡饮方法　将上述两味茶材放入锅中，用沸水冲泡，加盖闷10分钟后，取汁，代茶饮，每日1剂，连服3剂。

茶饮功效　回乳。

适饮症状　断奶回乳。

相关禁忌　服用期间减少汤水的摄入，不要再让孩子吸吮。

花椒红糖茶

茶饮材料　花椒 12 克，红糖 30 克。

泡饮方法　将花椒放入锅中，加水 400 毫升煎成 250 毫升，加红糖，代茶饮，每日 1 剂，连服 3 剂。

茶饮功效　回乳。

适饮症状　断奶回乳。

相关禁忌　服用期间减少汤水的摄入，不要再让孩子吸吮。

花椒

山楂茶

茶饮材料　山楂 12 克，炒麦芽 60 克。

炒麦芽

泡饮方法　将以上两味茶材放入锅中，加水煎煮，代茶饮。

茶饮功效　回乳。

适饮症状　断奶回乳。

相关禁忌　服用期间减少汤水的摄入，不要再让孩子吸吮。

红糖炒麦麸茶

茶饮材料　小麦麸 20 克，红糖 30 克。

泡饮方法　将麦麸炒黄后加入红糖再炒匀后备用，每次取 10 克放入杯中，用沸水冲服，用至乳回为止。

茶饮功效　回乳。

适饮症状　断奶后乳房胀痛，乳汁不回。

相关禁忌　服用期间减少汤水的摄入，不要再让孩子吸吮。

莱菔回乳茶

茶饮材料　莱菔子 15 克。

泡饮方法　将莱菔子打碎，放入杯中，用沸水冲泡，加盖闷 20 分钟，代茶饮，早晚各 1 剂，连服 3 剂。

莱菔子

茶饮功效　回乳。

适饮症状　断奶回乳。

相关禁忌　服用期间减少汤水的摄入，不要再让孩子吸吮。

陈皮回乳茶

茶饮材料　陈皮30克，柴胡10克。

泡饮方法　将以上两味茶材研成粗末，分成等份，取1份放入杯中，用沸水冲泡，加盖闷20分钟，代茶饮，连服3剂。

茶饮功效　回乳。

适饮症状　断奶回乳。

相关禁忌　服用期间减少汤水的摄入，不要再让孩子吸吮。

八角茴香回乳茶

茶饮材料　八角茴香6克。

泡饮方法　将八角茴香放入锅中，加水煎煮，去渣取汁，代茶饮，早晚各1次，每日1剂，连服3天。

茶饮功效　回乳。

适饮症状　断奶后乳房胀痛，乳汁不回。

相关禁忌　服用期间减少汤水的摄入，不要再让孩子吸吮。

八角茴香

十三、亚健康疾病茶饮

（一）失眠茶饮

睡眠是人生活中重要的一部分，每个人一生中大约三分之一的时间是在睡眠中度过。而失眠则是得不到充分睡眠的一种症状。其原因可能包括睡眠条件差、循环系统或脑部疾病、呼吸系统疾病（如呼吸暂停）、精神忧虑（如紧张、抑郁）或心理不安。轻度失眠可用改善睡眠条件、睡觉之前洗热水澡、喝一些牛奶或全身松弛疗法等方法治疗。严重或慢性失眠，则需暂时应用巴比妥酸盐类、安定药等药物来协助，这些药物不宜长期服用，否则会产生有害作用，机体会产生耐药性，甚至成瘾。其他治疗方法还有催眠疗法和心理治疗。

中医学历来重视睡眠科学，认为人体休息关键在于睡眠质量。所谓“不觅仙方觅睡方”，针对失眠也有多种运动治疗精神调节等方法。常用于失眠的茶饮材料有石菖蒲、灯芯草、莲子心、酸枣仁等。

安神茶

茶饮材料　龙齿9克，石菖蒲3克。

泡饮方法　将龙齿放入锅中，加水煎煮10分钟后，再加入石菖蒲同煎15分钟，去渣取汁。代茶饮，每日1~2剂。

茶饮功效　宁心安神。

适饮症状　心神不安，失眠，心悸。

莲心枣仁茶

茶饮材料　莲子心5克，酸枣仁10克。

泡饮方法　将以上两味茶材放入杯中，沸水冲泡，加盖闷10分钟，代茶饮。

茶饮功效　清心安神。

适饮症状　心火亢盛型心烦失眠。

莲心甘草茶

茶饮材料　莲子心2克，生甘草3克。

泡饮方法　将以上两味茶材放入杯中，以沸水冲泡，代茶饮。

茶饮功效　清心火，除烦躁。

适饮症状　心火内积所致的烦躁不眠。

红参交藤茶

茶饮材料　红参3克，夜交藤30克。

泡饮方法　将红参和夜交藤放入锅中，加水煎汤，代茶饮，每日 1 剂。

茶饮功效　补气血，安神智。

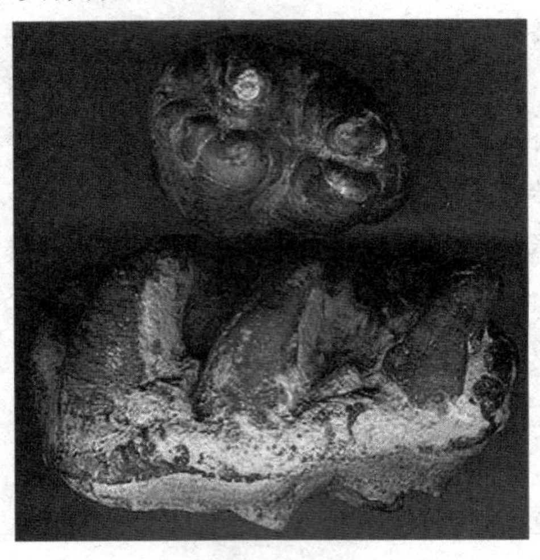

夜交藤

适饮症状　气血双亏型失眠。

相关禁忌　不宜与藜芦、五灵脂配伍食用。也不可与茶叶、山楂、萝卜、黑豆同食。实症、热症忌服（如由于突然气壅而得的喘症；由于燥热引起的咽喉干燥症；一时冲动引发的吐血鼻衄等症）。

柏子仁茶

茶饮材料　炒柏子仁 15 克。

泡饮方法　将炒柏子仁放入杯中，以开水冲泡，加盖闷 5 分钟，代茶饮。每日 1 次，随量饮之。

茶饮功效　养心安神。

适饮症状　心气不足，失眠多梦。

相关禁忌　脾虚便溏者慎用。

菩提茶

茶饮材料　菩提叶 5 克。

泡饮方法　将菩提叶置于杯中，冲入沸水 200 毫升，闷泡 10 分钟后，代茶饮用。

茶饮功效　清心安神。

适饮症状　慢性失眠患者。

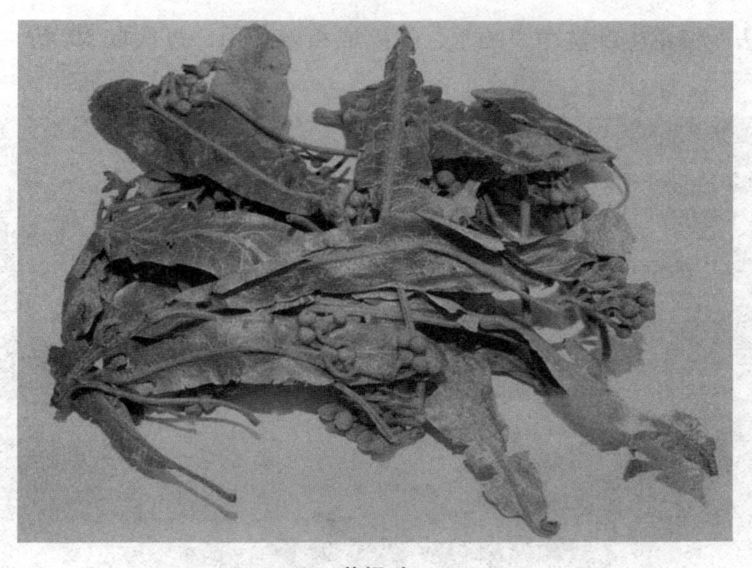

菩提叶

相关禁忌　不宜大量服用，以免影响食欲。

灯芯草茶

茶饮材料　灯芯草 20 克。

泡饮方法　将灯芯草放入锅中，加水煎汤，去渣取汁，代茶饮，每日 1 剂。

茶饮功效　清心降火。

适饮症状　内热失眠、心烦、夜不安寐，以及小儿夜啼。

相关禁忌　虚寒者慎饮；中寒小便不禁、气虚小便不禁者忌饮。

静心提神茶

茶饮材料　菩提子 3 克，迷迭香 3 克，洋甘菊 3 克，薄荷 3 克，适量蜂蜜或冰糖。

泡饮方法　将上述前四味茶材放入杯中，以沸水浸泡 3~5 分钟后，加入适量的蜂蜜或冰糖即可。

茶饮功效　静心安神，清热润喉。

适饮症状　失眠。对头晕乏力，咽喉肿痛也适用。

相关禁忌　脾胃虚寒者慎用。

花生叶茶

茶饮材料　花生叶若干。

泡饮方法　将花生叶洗净，晒干，揉碎成粗末备用，每次取 10 克，以沸水冲泡，代茶饮。

花生叶

茶饮功效　宁心安神。

适饮症状　心神不宁的失眠症。

合欢花茶

茶饮材料　合欢花 9~15 克。

泡饮方法　将合欢花放入杯中，以沸水冲泡。

茶饮功效　解郁安神。

适饮症状　胸胁胀满，失眠多梦。

相关禁忌　阴虚津伤者慎饮。

龙眼洋参茶

茶饮材料　龙眼肉 30 克，西洋参 6 克，白糖适量。

泡饮方法　将西洋参浸润切片，龙眼肉去杂质洗净，放入盆内，加入白糖，再加适量水，上锅蒸 40 分钟，取汁代茶饮。

茶饮功效　养心血，宁心神。

适饮症状　失眠，心悸，气短，健忘。

相关禁忌　内有痰火、阴虚火旺、湿滞停饮、大便溏泻、风寒感冒、消化不良、痤疮、痈肿疔疮、盆腔炎、尿道炎、糖尿病忌用，小儿与青少年不宜饮用。

（二）神经衰弱茶饮

神经衰弱是由于某些长期存在的精神因素引起大脑活动过度紧张，从而产生脑力活动能力的减弱。主要表现为容易兴奋和迅速疲劳，如头昏、头痛、脑涨、失眠、多梦，近事记忆减退，注意力不集中，工作效率低下，烦躁易怒，疲乏无力，怕光，怕声音，耳鸣、眼花、精神萎靡等，并常常有各种躯体不适感，如心跳、气急、食欲不振、尿频、遗精等。药物对这些情况的改善有一定效果，但是容易形成一定的依赖，用茶饮调理则更加自然，更加安全，效果也是非常明显的。常用于神经衰弱的茶饮材料有百合、莲子心、红枣、菖蒲等。

芝麻红糖茶

茶饮材料　芝麻 5 克，红糖 25 克，绿茶 1 克。

泡饮方法　将芝麻炒熟研末，与红糖、绿茶一同放入杯中，以沸水冲泡 5 分钟即成。每日 1 剂，分 3 次服饮。

芝麻

茶饮功效　养心安神。

适饮症状　记忆力减退，入睡困难。

茉莉菖蒲茶

茶饮材料　茉莉花 6 克，石菖蒲 6 克，绿茶 10 克。

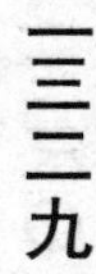

泡饮方法　将上述三味茶材一同研成粗末，用沸水冲泡，盖闷 10 分钟左右即成。每日 1 剂。

茶饮功效　理气，化湿，安神。

适饮症状　心悸健忘，失眠多梦，神经官能症。

莴笋饮

茶饮材料　带皮莴笋 3~5 片。

泡饮方法　把莴笋带皮切片放入锅中，加水煮熟，煎汤取汁，代茶饮。睡前服用。

茶饮功效　安神助眠。

适饮症状　神经衰弱引起的入睡困难。

百合红枣饮

茶饮材料　生熟枣各 15 克，百合 1 个。

泡饮方法　将红枣放入锅中，用水适量煎煮，去渣取汁，用汁将百合煮熟，连汤食用。

茶饮功效　养心安神。

适饮症状　血虚失眠多梦。

莲心茶

茶饮材料　干莲子心 3 克，绿茶 1 克。

泡饮方法　将干莲子心放入杯中，用沸水冲泡 5 分钟后即成，每日 1 剂，多次服饮。

茶饮功效　清心火，安心神。

适饮症状　神经官能症。

百合蜂蜜饮

茶饮材料　鲜百合 60~90 克，蜂蜜适量。

泡饮方法　将百合与蜂蜜拌和，蒸熟，睡前冲沸水饮服。

茶饮功效　养阴，清心，安神。

适饮症状　心虚失眠。

（三）记忆力减退茶饮

记忆力是人类自然赋有的能力，它是人类大脑的基本功能之一。但实际生活中，记忆力的强弱却因人而异，即使是同一个人，在不同的年龄阶段也会有较大差异。造成记忆力减退的原因有很多，年龄是影响记忆力的一个很重要的指标。研究表明，个人的记忆随着年龄的增长而产生并不断增强，而后又随着年龄的不断增长逐渐减退。随着年龄的增长，出现记忆力下降的现象，完全是种很自然的生理规律。年轻人记忆力减退的原因不同于老年人，由疾病所引起的占极少数，一般都是由于学习生活等因素造成精神高度紧张或连续用脑过度使神经疲劳所致。这是可以通过茶饮加以调节和改善的。常用于记忆力减退的茶饮材料有龙眼肉、酸枣仁、芡实等。

龙眼枣仁茶

茶饮材料　龙眼肉、炒枣仁各10克，芡实12克。

泡饮方法　将以上三味茶材洗净放入锅中，加适量清水，合煮2次，每次30分钟，取汁代茶饮。

茶饮功效　补脾安神，健脑益智。

适饮症状　心脾血虚的健忘、心悸、乏力、失眠。

相关禁忌　内热及大便秘结者忌用。

核桃苹果茶

茶饮材料　核桃仁60克，苹果2个，红糖适量。

苹果

泡饮方法　将苹果洗净，去皮剁碎，与核桃仁一起放入容器中，加水适量，先用大火煮沸，再改用小火煨煮30分钟后，加入红糖稍煮即可，每日2次，代茶饮用。

茶饮功效　滋补养神，健脑益智。

适饮症状　心脾气虚的心慌健忘、夜寐多梦。

香蕉绞股蓝茶

茶饮材料　香蕉2根，绞股蓝30克。

泡饮方法　将绞股蓝洗净晒干，切碎，放入杯中，用沸水冲泡2次，每次加盖闷20分钟，合并绞股蓝液。将香蕉捣烂如泥，倒入绞股蓝液中，充分搅拌即可饮用，每日2次。

茶饮功效　提神健脑。

适饮症状　中老年脑力劳动者疲乏、头昏、记忆力减退、多梦失眠。

灵芝益智茶

茶饮材料　灵芝20克。

泡饮方法　将灵芝洗净，晾干，切成饮片，放入杯中，用沸水冲泡，加盖闷20分钟即可频饮。

茶饮功效　益气宁心，益智安神。

适饮症状　头昏健忘，心悸疲乏，面色萎黄，容颜憔悴。

（四）忧郁症茶饮

忧郁症，是一种阴霾般的低潮情绪笼罩的心理疾病，宛如织网般地难以挥去。每个人一生中或多或少都会碰到极大的挫折与压力，或因人际因素（特别是情感事件）、家庭因素、经济因素、工作或学业的困扰等诸多压力事件，情绪无法获得有效的纾解，一再累积，很快就会产生忧郁情绪。还有些人因为遗传因子或个性使然，再加上压力的累积，而又缺乏适当的情绪调节与良好的社会支持，会将情绪状态延伸为一种病态，以至于心情与行为都受到影响，于是产生无法脱离的低落情绪；严重者甚至以自杀结束宝贵的生命。重度抑郁必须在医生的指导下用药或进行心理治疗，而配合适当的茶饮则能使你更快重获快乐人生。常用于忧郁症的茶饮材料有茯神、紫苏叶、厚朴、枳实等。

甘麦安神茶

茶饮材料　炙甘草 10 克，淮小麦 30 克，红枣 12 克，酸枣仁 15 克，夜交藤 10 克，合欢皮 10 克。

炙甘草

泡饮方法　将以上六味茶材放入锅中，用水适量煎汤，去渣取汁，代茶饮，每日 1 剂。

茶饮功效　疏肝解郁，宁心安神。

适饮症状　失眠多梦，心悸盗汗，烦躁焦虑。

枸杞百地茶

茶饮材料　枸杞子 10 克，百合 12 克，生地黄 10 克。

泡饮方法　将以上三味茶材放入锅中，加水同煮，去渣取汁，代茶饮。

茶饮功效　养阴清热，补虚安神。

适饮症状　情绪不稳，潮热盗汗，失眠烦躁。

玫瑰花茶

茶饮材料　玫瑰花 10 克。

泡饮方法　将玫瑰花放入杯中，用沸水冲泡，盖闷 20 分钟，代茶饮用，每日 1 剂。

茶饮功效　理气解郁。

适饮症状　情绪抑郁。

玫瑰花

相关禁忌　玫瑰花性温，故阴虚有火、内热炽盛者慎用。

茯神解郁茶

茶饮材料　茯神 12 克，生姜 9 克，紫苏叶 6 克，厚朴 9 克，陈皮 6 克，枳实 6 克。

泡饮方法　将以上六味茶材放入锅中，加水煎煮，去渣取汁，代茶饮，每日 1 剂。

茶饮功效　理气安神，健胃和中。

适饮症状　抑郁症患者，症见胸闷、喉中异物感、情志不舒、胃肠功能紊乱。

舒眠茶

茶饮材料　薰衣草、紫罗兰、粉玫瑰花各 3 克，柠檬 2 片。

泡饮方法　将紫罗兰与粉玫瑰的花瓣剥下，与薰衣草一起放入钵中混匀，并装入袋中绑紧成茶包，将茶包放入杯中，冲入热开水，静置 3~5 分钟，待香味溢出后，再将柠檬挤汁滴入，再整片一起放入杯中饮用。

茶饮功效　促进新陈代谢，舒压，助眠。

适饮症状　抑郁症，症见失眠，情绪低落。

薰衣草茶

茶饮材料　薰衣草 3~5 克，蜂蜜或冰糖适量。

泡饮方法　将薰衣草放入杯中，用沸水冲泡，闷 5~10 分钟，代茶饮。

茶饮功效　缓和焦虑，松释压力。

适饮症状　躁郁症与忧郁症。

薰衣草茶

（五）慢性疲劳综合征茶饮

慢性疲劳综合征是现代医学新发现的一种疾病。该病主要症状表现为神疲乏力、失眠多梦、耳鸣健忘、腰酸背痛、头发脱落及须发早白等。其特点是症状持续反复发作，持续时间 6 个月以上，充分休息也不能解除。病人会经常感到疲惫不堪，是典型的“亚健康状态”。疲劳是人体一种生理性预警反应，提示人们应该休息。短时间过度活动所产生的疲劳，经过休息是可以很快恢复的。但长时间地超负荷工作，再加上休息不好，就会产生疲劳的积累——过劳。过劳会损害身体健康，使健康透支，长期下去，必引发疾病。在日常生活中我们可以选择具有放松、调节身心紧张状态的茶饮来纠正这些症状。常用于慢性疲劳综合征的茶饮材料有西洋参、麦冬等。

枸汁滋补饮

茶饮材料　鲜枸杞叶 100 克，苹果 200 克，胡萝卜 150 克，蜂蜜 15 克。

鲜枸杞叶

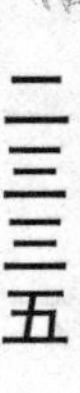

泡饮方法　将鲜枸杞叶、苹果、胡萝卜洗净。苹果去皮、核，将鲜枸杞叶切碎，苹果、胡萝卜切片，同放入搅汁机内，加冷开水制成汁，调入蜂蜜搅匀即可。每日1剂，可长期饮服。

茶饮功效　强身，美颜，抗疲劳。

适饮症状　工作过于劳累或运动过量，困倦疲劳。

天门冬萝卜饮

茶饮材料　天门冬15克，白萝卜300克，火腿肉100克。

泡饮方法　将天门冬切成2~3毫米厚的片，放入锅中，加水以中火煎至1杯量时，用布过滤，留汁备用。将火腿肉先下锅煮，煮沸后将萝卜丝放入，并将煎好的天门冬药汁加入即可。

茶饮功效　润肺止咳，消食健脾，抗疲劳。

适饮症状　增强呼吸系统功能，充沛精力，消除疲劳。

胡萝卜

西洋参茶

茶饮材料　西洋参10克。

泡饮方法　将西洋参放入锅中，加水煎汤取汁，代茶饮。

茶饮功效　补气养阴，清火生津。

适饮症状　慢性疲劳综合征，证属气阴两虚有火者。

人参花茶

茶饮材料　人参花5克，适量冰糖或红糖。

泡饮方法　将人参花及适量冰糖或红糖一同置入锅中，加水煎煮，过滤后即可饮用。若以蜂蜜取代冰糖，则待过滤后再添加，搅匀即可。

茶饮功效　补气安神，补肾健胃，清热生津。

适饮症状　疲劳综合征。

相关禁忌　阴虚火旺者慎用。

（六）疲劳茶饮

生理性疲劳包括体力疲劳、脑力疲劳、心理（精神）疲劳和混合性疲劳四种，是由于体力、脑力或心力等耗损过甚所致，经过合理的休息，症状会逐渐消除。而综合几种因素产生的混合性疲劳应采取综合性的休息方法，避免病情发展严重形成“慢性疲劳综合征”。病理性疲劳则多伴有相应疾病的症状，如肝炎还会伴有食欲不振、恶心、尿黄、肝区疼痛等；肺结核伴有低热、盗汗、干咳、消瘦等；糖尿病伴有多食、多饮、多尿和体重下降等症状。病理性疲劳仅靠一般的休息效果并不显著，还须配合对症的药物，当疾病治愈之后疲劳才会完全消除。无论是生理性疲劳还是病理性疲劳都应当引起重视，积极防治。常用于缓解疲劳的茶饮材料有刺五加、人参、薰衣草、枸杞子等。

强力补心茶

茶饮材料　刺五加根茎15克，仙鹤草10克，枸杞子10克，红茶3克。

仙鹤草

泡饮方法　将刺五加根茎切碎后，与其余三味茶材一并放入锅中，加入适量清水煎煮，取水代茶频饮。

茶饮功效　补肾壮骨，提神醒脑，缓解疲劳。

适饮症状　神经衰弱，肾虚腰酸，劳累过度等。

相关禁忌　失眠者禁用。

太子乌梅茶

茶饮材料　太子参 15 克，乌梅 15 克，甘草 6 克，白糖适量。

泡饮方法　将太子参、乌梅和甘草一同置于锅中，加水煎煮后，去渣取汁，加适量白糖即可。代茶频饮。每日 1 剂。

乌梅

茶饮功效　健脾益肺，补气生津。

适饮症状　体虚乏力，纳谷不佳，肺虚咳嗽，心悸，时有自汗者。

薰衣草花茶

茶饮材料　薰衣草 5 克，冰糖适量。

泡饮方法　将薰衣草放入杯中，以沸水冲泡，闷约 5 分钟后，加入冰糖，搅匀即可。代茶频饮。

茶饮功效　镇静安神，舒缓压力。

适饮症状　压力过大所引起的精神紧张，睡眠欠佳等。

龙眼碧螺春茶

茶饮材料　龙眼肉6克，碧螺春茶3克。

泡饮方法　将龙眼肉和碧螺春茶一同放入锅中，加水煎煮，去渣取汁后代茶饮，每天1剂。

茶饮功效　养心安神健脑。

适饮症状　失眠，健忘，头晕乏力。

相关禁忌　龙眼肉宜用干品。有的水果摊销售的进口鲜龙眼色偏白，这是因为其在生产国就被人使用硫磺进行熏制漂白，二氧化硫残留量严重超标的结果。给龙眼喷涂硫磺，为的是给龙眼除色、防腐，使肉色增白，卖相好。食用这些毒龙眼会出现头晕、呕吐和腹泻等中毒症状，在购买时要注意。

洋甘菊花茶

茶饮材料　洋甘菊3~5朵，冰糖适量。

泡饮方法　将洋甘菊放入杯中，冲入沸水，闷泡5分钟左右后，加入冰糖，搅拌均匀即可。频饮。

茶饮功效　镇静安神，助消化。

适饮症状　困乏，健忘，失眠，多种疼痛，高血压，饮食欠佳等。

人参核桃茶

茶饮材料　人参3克，核桃仁10克。

泡饮方法　将人参与核桃仁洗净，人参切片，一同放在锅中，再加适量清水，烧开后转文火煎约1小时即可。取水代茶饮用。

茶饮功效　益气固肾。

适饮症状　神经衰弱，体虚气弱，症见喘息，气短，自汗，面色㿠白，形体羸瘦等。

枸杞决明茶

茶饮材料　枸杞子3克，决明子3克。

泡饮方法　将枸杞子和决明子一并放入杯中，冲入沸水，闷约10分钟即可。代茶频饮。

茶饮功效　补肝益肾，清热明目，补脑髓，益筋骨。

适饮症状　体乏，眼睛酸涩，疲劳等。

大英雄茶

茶饮材料　刺五加根茎（切碎，干品）12 克，鸡血藤 10 克，乌龙茶 5 克。

鸡血藤

泡饮方法　将刺五加根茎与鸡血藤和乌龙茶一并放入锅中，加清水煎煮。取水代茶不拘时频饮。

茶饮功效　强骨壮筋，补肾安神，抗疲劳，驱风湿。

适饮症状　体力劳动过度以致体虚乏力，腰腿酸痛者。

蒲公英绿茶

茶饮材料　蒲公英 10 克，绿茶 2 克。

泡饮方法　将蒲公英与绿茶一并放入杯中，冲入沸水，盖闷约 5 分钟即可饮用，每日 1 剂。

茶饮功效　清热解毒，清肝明目，提神醒脑。

适饮症状　用脑用目过度，导致头晕眼花，腰背酸痛，头昏脑涨，精神不振。

相关禁忌　阳虚外寒、脾胃虚弱者忌饮。

（七）性冷淡茶饮

性欲减退及性冷淡是指性欲淡漠，在与过去同等性刺激的条件下未做出相应的性反应，无性交欲望产生，男性表现为阴茎勃起欠佳及性欲低下，女性表现为对性生活欲望不强烈、无性交欲望产生。绝大多数患者是由于精神、社会性原因，如忧虑和精神抑制、生活压力过大或事业上遭受打击、夫妇之间长期不和以及过去有痛苦性生活史等而致性欲减退及性欲丧失，部分患者则是由于性腺功能严重不足，垂体腺瘤分泌泌乳素等器质性病变引起。因性腺功能减退，而采用相应药品、药物或饮酒等手段影响性欲者，应立即停药或戒酒。同时结合心理治疗，夫妻双方找出潜在因素，打消隐忧和顾虑，应用浪漫的性想象力以加强性感。也可以试用性感集中练习法，同时在治疗过程中应听之自然，不能强求有性高潮出现。性欲低下和性欲丧失在两性间都存在着。茶饮调理在这方面具有一定的效果。常用于性冷淡的茶饮材料有枸杞子、人参、胡萝卜、杜仲、五味子等。

改善男性性功能低下茶饮

人参茶

茶饮材料　人参15克，红茶5克。

泡饮方法　将人参放入锅中，加水煎30分钟后泡茶。代茶频饮，若味浓可再冲入沸水，直至冲淡为止。

茶饮功效　补气助阳。

适饮症状　肾阳不足，性欲低下，阳痿，兼有神疲乏力、气短懒言、畏寒肢冷、腰酸腿软、舌淡、脉沉迟。

相关禁忌　炎热天气慎服。

莲蕊须饮

茶饮材料　莲须3~5克，莲子心约5克，冰糖适量。

泡饮方法　将莲须和莲子心一同放入杯中，冲入沸水泡10分钟左右后，加入冰糖调味，搅溶即可。每日1剂，不拘时代茶饮。

茶饮功效　固肾涩精，清心，止血。

适饮症状　男子遗精梦泄、精滑不禁。

相关禁忌　因其性涩，故小便不利者勿用。

金樱子茶

茶饮材料　金樱子10克。

泡饮方法　将金樱子去净子毛，捣碎，纱布包，放入大茶杯中，以沸水适量冲泡，盖闷15分钟，代茶频饮。每日1剂。

茶饮功效　固精缩尿，涩肠止泻。

适饮症状　男子遗精早泄，症见腰酸膝软、眩晕、耳鸣等。对妇女体虚白带多也适用。

相关禁忌　体质偏热的人慎用。

胡萝卜饮

茶饮材料　胡萝卜150克，苹果200克，牛乳100毫升，鸡蛋黄1个，人参酒30毫升，蜂蜜适量。

泡饮方法　将固体茶材切碎后，与液体茶材一同放入果汁机制汁，并可酌加冷开水即成。每日代茶饮用。

茶饮功效　滋补强壮。

适饮症状　性功能低下、阳痿。

覆盆子壮阳保肝茶

茶饮材料　覆盆子5~10克。

泡饮方法　将覆盆子放入杯中，冲入沸水泡2~3分钟后饮用，也可在茶杯中放入几颗冰糖调味一同饮用。

覆盆子

茶饮功效　补肝益肾，固精缩尿，明目。

适饮症状　肾虚症见阳痿、遗精、早泄、小便频数、夜间多尿或遗尿、女子带下；肝虚症见目暗晕花、视物不清。

相关禁忌　肾虚有火，小便短涩者慎服。

杜仲五味茶

茶饮材料　杜仲20克，五味子9克。

泡饮方法　将上述茶材研为粗末，纳入茶壶中，用沸水适量冲泡，盖闷15~20分钟。代茶频饮，于一日内饮完。

茶饮功效　补肝益肾，滋肾涩精，强健筋骨。

适饮症状　肝肾不足的性功能低下，症见腰痛，头昏脑涨，头昏失眠，腰腿乏力，阳痿，遗精，精神不振，如神经衰弱。

相关禁忌　因湿热蕴结下焦所致之遗精、腰痛患者不宜饮用。

杞子绿茶

茶饮材料　枸杞子15克，绿茶3克。

泡饮方法　将枸杞子和绿茶放入杯中，用沸水冲服，趁热频饮。每日1剂，代茶饮用。

茶饮功效　益肝明目，补肾润肺。

适饮症状　肝肾不足、性欲减退、腰膝酸软、潮热盗汗、头晕耳鸣。

活力茶

茶饮材料　冬虫夏草5克，人参2克，淫羊藿15克。

泡饮方法　将以上三味茶材放入锅中，用水煎煮30分钟，去渣取汁，代茶饮，早晚各一次。

茶饮功效　补精髓，益气血，抗衰老。

适饮症状　气血两虚的性功能减退，性欲低下，兼有神疲乏力、健忘失眠、面色白、头晕目眩等。

改善女性性功能低下茶饮

女贞子茶

茶饮材料　山萸肉5克，女贞子15克，淫羊藿12克，核桃30克，炒杜仲20克，沙苑15克，素馨花9克。

泡饮方法　将上述茶材放入锅中，加适量水，煎汤取汁，空腹服用，每周3次。

女贞子

茶饮功效　补气助阳。

适饮症状　女性性冷淡，腰酸腿软倦怠者。

相关禁忌　炎热天气慎服。

黑豆饮

茶饮材料　黑豆15克，花茶5克，冰糖适量。

泡饮方法　将黑豆放入锅中，加适量水煎煮30分钟后，取汁泡茶。放入适量冰糖，代茶频饮，若味浓可再冲入沸水，直至冲淡为止。

茶饮功效　提高性欲，美容。

适饮症状　女性性欲低下，快感缺失者。

枸杞红枣茶

茶饮材料　枸杞子15克，红枣5枚。

泡饮方法　将上述茶材放入杯中，用沸水冲泡，代茶频饮，直至冲淡为止。

茶饮功效　滋补肝肾，益精明目，和血润燥，泽肤悦颜，培元乌发。

适饮症状　男女性功能低下。

相关禁忌　性欲亢进者不宜服用。

附录一：陆羽古传记

《文苑英华》卷七百九十三《陆文学自传》

陆子，名羽，字鸿渐，不知何许人也。或云字羽，名鸿渐，未知孰是。有仲宣、孟阳之貌陋，相如、子云之口吃，而为人才辩，为性褊躁，多自用意，朋友规谏，豁然不惑。凡与人宴处，意有所适，不言而去，人或疑之，谓生多瞋。又与人为信，纵冰雪千里，虎狼当道，而不諐也。

上元初，结庐于苕溪之湄，闭关读书，不杂非类，名僧高士，谈讌永日。常扁舟往来山寺，随身唯纱巾、藤鞋、短褐、犊鼻。往往独行野中，诵佛经，吟古诗，杖击林木，手弄流水，夷犹徘徊，自曙达暮，至日黑兴尽，号泣而归。故楚人相谓，陆子盖今之接舆也。

始三岁茕露，育于竟陵大师积公之禅院。自九岁学属文，积公示以佛书出世之业。子答曰："终鲜兄弟，无复后嗣，染衣削发，号为释氏，使儒者闻之，得称为孝乎？羽将授孔圣之文。"公曰："善哉！子为孝，殊不知西方染削之道，其名大矣。"公执释典不屈，子执儒典不屈。公因矫怜抚爱，历试贱务，扫寺地，洁僧厕，践泥污墙，负瓦施屋，牧牛一百二十蹄。

竟陵西湖无纸，学书以竹画牛背为字，他日于学者得张衡《南都赋》，不识其字，但于牧所仿青衿小儿，危坐展卷，口动而已。公知之，恐渐渍外典，去道日旷，又束于寺中，令芟剪卉莽，以门人之伯主焉。或时心记文字，懵然若有所遗，灰心木立，过日不作，主者以为慵堕，鞭之。因叹曰："恐岁月往矣，不知其书。"呜呼不自胜。主者以为蓄怒，不鞭其背，折其楚乃释。因倦所役，舍主者而去。卷衣诣伶党，著《谑谈》三篇，以身为伶正，弄木人、假吏、藏珠之戏。公追之曰："念尔道丧，惜哉！吾本师有言：我弟子十二时中，许一时外学，令降伏外道也。以吾门人众多，今从尔所欲，可捐乐工书。"

天宝中，郢人酺于沧浪，邑吏召子为伶正之师。时河南尹李公齐物黜守，见异，提手抚背，亲授诗集，于是汉沔之俗亦异焉。后负书于火门山邹夫子别墅，属礼部郎中崔公国辅出守竟陵，因与之游处，凡三年。赠白驴乌犎牛一头，文槐书函一枚。“白驴犎牛，襄阳太守李憕见遗，文槐函，故卢黄门侍郎所与。此物皆己之所惜也。宜野人乘蓄，故特以相赠。”

洎至德初，秦人过江，子亦过江，与吴兴释皎然为缁素忘年之交。少好属文，多所讽谕。见人为善，若己有之；见人不善，若己羞之。忠言逆耳，无所回避，由是俗人多忌之。

自禄山乱中原，为《四悲诗》，刘展窥江淮，作《天之未明赋》，皆见感激，当时行哭涕泗。著《君臣契》三卷，《源解》三十卷，《江表四姓谱》八卷，《南北人物志》十卷，《吴兴历官记》三卷，《湖州刺史记》一卷，《茶经》三卷，《占梦》上中下三卷，并贮于褐布囊。

上元年辛丑岁子阳秋二十有九日

《新唐书》卷一百九十六《陆羽传》

陆羽，字鸿渐，一名疾，字季疵，复州竟陵人，不知所生，或言有僧得诸水滨，畜之。既长，以《易》自筮，得“蹇”之“渐”，曰：“鸿渐于陆，其羽可用为仪。”乃以陆为氏，名而字之。

幼时，其师教以旁行书，答曰：“终鲜兄弟，而绝后嗣，得为孝乎?”师怒，使执粪除污塓以苦之，又使牧牛三十，羽潜以竹画牛背为字。得张衡《南都赋》不能读，危坐效群儿嗫嚅，若成诵状，师拘之，令薙草莽。当其记文字，懵懵若有所遗，过日不作，主者鞭苦，因叹曰：“岁月往矣，奈何不知书!”呜咽不自胜，因亡去，匿为优人，作诙谐数千言。

天宝中，州人酺，吏署羽伶师，太守李齐物见，异之，授以书，遂庐火门山。

貌悦陋，口吃而辩。闻人善，若在己，见有过者，规切至忤人，朋友燕处，意有所行辄去，人疑其多嗔。与人期，雨雪虎狼不避也。

上元初，更隐苕溪，自称桑苎翁，阖门著书。或独行野中，诵诗击木，裴回不得意，或恸哭而归，故时谓今接舆也。久之，诏拜羽太子文学，徙太常寺太祝，不就职。贞元末，卒。

羽嗜茶，著经三篇，言茶之源、之法、之具尤备，天下益知饮茶矣。时鬻茶者，至陶羽形置炀突间，祀为茶神。有常伯熊者，因羽论复广著茶之功。御史大夫李季卿宣慰江南，次临淮，知伯熊善煮茶，召之，伯熊执器前，季卿为再举杯。至江南，又有荐羽者，召之，羽衣野服，挈具而入，季卿不为礼，羽愧之，更著《毁茶论》。

其后，尚茶成风，时回纥入朝，始驱马市茶。

《唐才子传》卷三《陆羽》

羽，字鸿渐，不知所生。初，竟陵禅师智积得婴儿于水滨，育为弟子。及长，耻从削发，以《易》自筮，得“蹇”之“渐”曰：“鸿渐于陆，其羽可用为仪。”始为姓名。有学，愧一事不尽其妙。性诙谐。少年匿优人中，撰《谈笑》万言。天宝间，署羽伶师，后遁去。古人谓洁其行而秽其迹者也。上元初，结庐苕溪上，闭门读书。名僧高士，谈讌终日。貌寝，口吃而辩，闻人善，若在己，与人期，虽阻虎狼不避也。自称桑苎翁，又号东岗子。工古调歌诗，兴极闲雅，著书甚多。扁舟往来山寺，唯纱巾、藤鞋、短褐、犊鼻，击林木，弄流水。或行旷野中，诵古诗，裴回至月黑，兴尽恸哭而返。当时以比接舆也。与皎然上人为忘言之交。有诏拜太子文学。羽嗜茶，造妙理，著《茶经》三卷，言茶之源、之法、之具，时号茶仙，天下益知饮茶矣。鬻茶家以瓷陶羽形，祀为神，买十茶器，得一“鸿渐”。初，御史大夫李季卿宣慰江南，喜茶，知羽，召之，羽野服挈具而入。李曰：“陆君善茶，天下所知。扬之中泠，水又殊绝。今二妙千载一遇，山人不可轻失也。”茶毕，命奴子与钱，羽愧之，更著《毁茶论》。与皇甫补阙善，时鲍尚书防在越，羽往依焉。冉送以序曰：“君子究孔、释之名理，穷歌诗之丽则。远墅孤岛，通舟必行；鱼梁钓矶，随意而往。夫越地称山水之乡，辕门当节钺之重。鲍侯知子爱子者，将解衣推食，岂徒尝镜水之鱼，宿耶溪之月而已！”集并《茶经》今传。

附录二：《茶经》序跋

唐·皮日休《茶中杂咏序》（《松陵集》卷四）

案《周礼》酒正之职辨四饮之物，其三曰浆；又浆人之职，供王之六饮——水、浆、澧、凉、医、酏，入于酒府。郑司农云：以水和酒也。盖当时人率以酒澧为饮，谓乎六浆，酒之醨者也，何得姬公制？《尔雅》云：槚，苦荼。即不撷而饮之，岂圣人之纯于用乎？草木之济人，取舍有时也。

自周已降，及于国朝茶事，竟陵子陆季疵言之详矣。然季疵以前，称茗饮者，必浑以烹之，与夫瀹蔬而啜者无异也。季疵之始为《经》三卷，由是分其源、制其具、教其造、设其器、命其煮，俾饮之者，除痟而去疠，虽疾医之，不若也。其为利也，于人岂小哉！

余始得季疵书，以为备矣。后又获其《顾渚山记》二篇，其中多茶事；后又太原温从云、武威段碣之各补茶事十数节，并存于方册。茶之事，由周至于今，竟无纤遗矣。

昔晋杜育有《荈赋》，季疵有《茶歌》，余缺然于怀者，谓有其具而不形于诗，亦季疵之馀恨也。遂为十咏，寄天随子。

宋·陈师道《茶经序》（《后山集》卷十一）

陆羽《茶经》，家传一卷，毕氏、王氏书三卷，张氏书四卷，内外书十有一卷。其文繁简不同，王、毕氏书繁杂，意其旧文；张氏书简明，与家书合，而多脱误；家书近古，可考证，自七之事，其下亡。乃合三书以成之，录为二篇，藏于家。

夫茶之著书自羽始，其用于世亦自羽始，羽诚有功于茶者也。上自宫省，下迨邑里，外及戎夷蛮狄，宾祀燕享，预陈于前，山泽以成市，商贾以起家，又有功于人者也。可谓智矣。

《经》曰："茶之否臧，存之口诀。"则书之所载，犹其粗也。夫茶之为艺下矣，至其精微，书有不尽，况天下之至理，而欲求之文字纸墨之间，其有得乎？

昔先王因人而教，同欲而治，凡有益于人者，皆不废也。世人之说，曰先王诗书道德而已，此乃世外执方之论，枯槁自守之行，不可群天下而居也。史称羽持具饮李季卿，季卿不为宾主，又著论以毁之。夫艺者，君子有之，德成而后及，乃所以同于民也。不务本而趋末，故业成而下也。学者谨之！

明·鲁彭《刻茶经叙》（嘉靖二十一年柯双华竟陵本卷首）

粤昔己亥，上南狩郢，置荆西道。无何，上以监察御史青阳柯公来莅厥职。越明年，百废修举，乃观风竟陵，访唐处士陆羽故处龙盖寺。公喟然曰："昔桑苎翁名于唐，足迹遍天下，谁谓其产兹土耶？"因慨茶井失所在，乃即今井亭而存其故，已复构亭其北，曰茶亭焉。他日，公再往索羽所著《茶经》三篇，僧真清者，业录而谋梓也，献焉。公曰："嗟，井亭矣！而《经》可无刻乎？"遂命刻诸寺。夫茶之为经，要矣，行于世，脍炙千古。乃今见之《百川学海》集中，兹复刻者，便览尔，刻于竟陵者，表羽之为竟陵人也。

按羽生甚异，类令尹子文，人谓子文贤而仕，羽虽贤，卒以不仕。又谓楚之生贤大类后稷云。今观《茶经》三篇，其大都曰源、曰具、曰造、曰饮之类，则固具体用之学者。其曰"伊公羹，陆氏茶"，取而比之，寔以自况，所谓易地皆然者，非欤？向使羽就文学、太祝之召，谁谓其事不伊且稷也！而卒以不仕，何哉？昔人有自谓不堪流俗，非薄汤武者，羽之意，岂亦以是乎？厥后茗饮之风行于中外，而回纥亦以马易茶，由宋迄今，大为边助，则羽之功固在万世，仕不仕奚足论也！

或曰：酒之用视茶为要，故北山亦有《酒经》三篇，曰酒始诸祀，然而妹也已有酒祸，惟茶不为败，故其既也《酒经》不传焉。

羽器业颠末，具见于传。其水味品鉴优劣之辨，又互见于张、欧浮槎等记，则并附之《经》，故不赘。僧真清者，新安之歙人，尝新其寺，以嗜茶，故业《茶经》云。

皇明嘉靖二十一年岁在壬寅秋重九日景陵后学鲁彭叙

明·陈文烛《茶经序》（明程福生竹素园本）

先通奉公论吾沔人物，首陆鸿渐，盖有味乎《茶经》也。夫茗久服，令人有力悦志，见《神农食经》，而昙济道人与子尚设茗八公山中，以为甘露，是茶用于古，羽神而明之耳。人莫不饮食也，鲜能知味也。稷树艺五谷而天下知食，羽辨水煮茶而天下知饮，羽之功不在稷下，虽与稷并祠可也。及读《自传》，清风隐隐起四座，所著《君臣契》等书，不行于世，岂自悲遇不禹、稷若哉！窃谓禹、稷、陆羽，易地则皆然。昔之刻《茶经》、作郡志者，岂未见兹篇耶？今刻于《经》首，次《六羡歌》，则羽之品流概见矣。玉山程孟孺善书法，书《茶经》刻焉，王孙贞吉绘茶具，校之者，余与郭次甫。结夏金山寺，饮中泠第一泉。

明万历戊子夏日郡后学陈文烛玉叔撰

明·王寅《茶经序》（明孙大绶秋水斋本）

茶未得载于《禹贡》《周礼》而得载于《本草》，载非神农，至唐始得附入之。陆羽著《茶经》三篇，故人多知饮茶，而茶之名为益显。

噫！人之嗜各有所好也，而好由于性若之。好茶者难以悉数，必其人之泊澹玄素者而茶乃好，不啻于金茎玉露羹之，以其性与茶类也。好肥甘而溺腥膻者，不知茶之为何物，以其性与茶异也。

《茶经》失而不传久矣，幸而羽之龙盖寺尚有遗经焉。乃寺僧真清所手录也。吾郡倜傥生孙伯符者，博雅士也，每有茶癖，以为作圣乃始于羽，而使遗经不传，亦大雅之罪人也。乃捡斋头藏本，仍附《茶具图赞》，全梓以传，用视海内好事君子。噫！若伯符者，可谓有功于茶而能振羽之流风矣。又以经不口于茶之所产、水之所品而已，至于时用，或有未备而多不合，再采《茶谱》兼集唐宋篇什于今人日用者，合为一编，付诸梓。人毋论其诣，即意致足嘉也。由是古今制作之法，悉得考见于千载之下，其为幸于后来，不亦大哉！

予性好茶为独甚，每笑卢仝七碗不能任，而以大卢君自号，以贬仝。今已买山南原而种茶以终老。伯符当弱冠亦好茶而同于予，又能表而出之，其嗜好亦可谓精博矣。伯符于予有交道也，故以其序请之于予。倜傥生乃予知伯符而赠者，予故乐闻不辞而序诸首简。

万历戊子年七夕十岳山人王寅撰并书

明·徐同气《茶经序》（光绪《沔阳州志》卷十一《艺文》）

余曾以屈、陆二子之书付诸梓，而毁于燹，计再有事。而屈，郡人。陆，里人也，故先镌《茶经》。

客曰："子之于《茶经》奚取？"曰："取其文而已。陆子之文，奥质奇离，有似《货殖传》者，有似《考工记》者，有似《周王传》者，有似《山海》《方舆》诸记者。其简而赅，则《檀弓》也。其辨而纤，则《尔雅》也。亦似之而已，如是以为文，而能无取乎？"

客曰："其文遂可为经乎？"曰："经者，以言乎其常也。水以源之盈竭而变，泉以土脉之甘涩而变，瓷以壤之脆坚、焰之浮烬而变，器以时代之刓削、事工之巧利而变，其骘之为经者，亦以其文而已。”

客曰：“陆子之文，如《君臣契》《源解》《南北人物志》及《四悲歌》《天之未明赋》诸书，而蔽之以《茶经》，何哉？”曰：“诸书或多感愤，列之经传者，犹有猥冠、伧父气。《茶经》则杂于方技，迫于物理，肆而不厌，傲而不忤，陆子终古以此显，足矣。”

客曰：“引经以绳茶，可乎？”曰：“凡经者，可例百世，而不可绳一时者也。孔子作《春秋》，七十子惟口授传其旨，故《经》曰：‘茶之臧否，存之口诀。’则书之所载，犹其粗者也。抑取其文而已。”

客曰：“文则美矣，何取于茶乎？”曰：“茶何所不取乎？神农取其悦志，周公取其解酲，华佗取其益意，壶居士取其羽化，巴东人取其不眠，而不可概于经也。陆子之经，陆子之文也。”

明·乐元声《茶引》（明乐元声倚云阁本）

余漫昧不辨淄渑，浮慕竟陵氏之为人。已而得苕溪编有欣赏备茶事图记，致足观也。余惟作圣乃始季疵，独其遗经不多行于世，博雅君子踪迹之无由也。斋头藏本，每置席间，津津有味不能去。窃不自揣，新之梓，人敢曰附臭味于达者，用以传诸好事云尔。

槜李长水县乐元声书

明·李维桢《茶经序》（民国西塔寺本卷首，明喻政《茶书》卷首，康熙《湖广通志》卷六十二《艺文》）

温陵林明甫治邑之三年，政通人和。讨求邑故实而表章之，于唐得处士陆鸿渐，井泉无恙，而《茶经》漶灭不可读，取善本复校，锲诸梓，而不佞为之序。

盖茶名见于《尔雅》，而《神农食经》、华佗《食论》、壶居士《食忌》、桐君及陶弘景《录》《魏王花木志》胥载之，然不专茶也。晋杜育《荈赋》、唐顾况《茶论》，然不称经也。韩翃《谢茶启》云：吴主礼贤置茗，晋人爱客分茶，其时赐已千五百串。常鲁使西番，番人以诸方产示之，茶之用已广，然不居功也。其笔诸书，尊为经而人又以功归之，实自鸿渐始。

夫扬子云、王文中一代大儒，《法言》《中说》，自可鼓吹六经，而以拟经之故，为世诟病。鸿渐品茶小技，与六经相提而论，安得人无异议？故溺其好者，谓“穷《春秋》，演河图，不如载茗一车”，称引并于禹、稷。而鄙其事者，使与佣保杂作，不具宾主礼。《氾论训》曰：“伯成子高辞诸侯而耕，天下高之。”今之时，辞官而隐处为乡邑下，于古为义，于今为笑矣，岂可同哉！鸿渐混迹牧竖优伶，不就文学、太祝之拜，自以为高者，难为俗人言也。

所著《君臣契》三卷、《源解》三十卷、《江表四姓谱》十卷、《南北人物志》十卷、《占梦》三卷，不尽传，而独传《茶经》，岂以他书人所时有，此为觭长，易于取名，如承蜩、养鸡、解牛、飞鸢、弄丸、削鐻之属，警世骇俗耶？李季卿直技视之，能无辱乎哉？无论季卿，曾仲明《隐逸传》且不收矣。费衮云：巩县有瓷偶人，号陆鸿渐，市沽茗不利，辄灌注之，以为偏好者戒。李石云：鸿渐为《茶论》并煎炙法，常伯熊广之，饮茶过度，遂患风气，北人饮者，多腰疾偏死。是无论儒流，即小人且多求矣。后鸿渐而同姓鲁望嗜茶，置园顾渚山下，岁收租，自判品第，不闻以技取辱。

鸿渐问张子同："孰为往来？"子同曰："大虚为宝，明月为烛，与四海诸公共处，未尝稍别，何有往来？"两人皆以隐名，曾无尤悔。僧昼对鸿渐，使有宣尼博议，胥臣多闻，终日目前，矜道侈义，适足以伐其性。岂若松岩云月，禅坐相偶，无言而道合，志静而性同。吾将入杼山矣，遂束所著毁之。度鸿渐不胜伎俩磊块，沾沾自喜，意奋飞扬，体大节疏，彼夫外饰边幅，内设城府，宁见客耶？圣人无名，得时则泽及天下，不知谁氏。非时则自埋于名，自藏于畔，生无爵，死无谥。有名则爱憎、是非、雌雄片合纷起。鸿渐殆以名诲诟耶？虽然，牧竖优伶，可与浮沉，复何嫌于佣保？古人玩世不恭，不失为圣，鸿渐有执以成名，亦寄傲耳！宋子京言：放利之徒，假隐自名，以诡禄仕，肩摩于道，终南嵩山，仕途捷径。如鸿渐辈各保其素，可贵慕也。

太史公曰："富贵而名磨灭，不可胜数，惟俶傥非常之人称焉。"鸿渐穷厄终身，而遗书遗迹，百世之下宝爱之，以为山川邑里重，其风足以廉顽立懦，胡可少哉！夫酒食禽鱼，博塞樗蒲，诸名经者夥矣，茶之有经也，奚怪焉！

清·曾元迈《茶经序》（清仪鸿堂本）

人生最切于日用者有二，曰饮，曰食。自炎帝制耒耜，后稷教稼穑，烝民乃粒，万世永赖，无俟覙缕矣。惟饮之为道，酒正著于《周礼》，茶事详于季疵。然禹恶旨酒，先王避酒祸，我皇上万言谕曰：酒之为物，能乱人心志，求其所以除痛去疠，风生两腋者，莫韵于茶。茶之事其来已旧，而茶之著书始于吾竟陵陆子，其利用于世亦始于陆子。由唐迄今，无论宾祀燕飨，宫省邑里，荒陬穷谷，脍炙千古。逮茗饮之风行于中外，而回纥亦以马易茶，大为边助。不有陆子品鉴水味，为之分其源，制其具、教其造与饮之类，神而明之，笔之于书而尊为经，后之人乌从而饮其和哉！

余性嗜茶，喜吾友王子闲园宅枕西湖，其所筑仪鸿堂竹木阴森，与桑苎旧址相望。月夕花晨，余每过从，赏析之馀，常以西塔为遣怀之地，或把袂偕往，或放舟同济，汲泉煎茶，与之共酌于茶醉亭之上，凭吊季疵当年，披阅所著《茶经》，穆然想见其为人。昔人谓其功不稷下，其信然与！迩时余即忻然相订有重刻《茶经》之约，而赀斧难办。厥后予以一官匏系金台，今秋奉命典试江南，复蒙恩旨归籍省觐，得与王子焚香煮茗，共话十馀载离绪。王子出平昔考订音韵、正其差伪，亲手楷书《茶经》一帙示余，欲重刻以广其传，而问序于余。余肃然曰：《茶经》之刻，向来每多脱误，且漶灭不可读，余甚憾之。非吾子好学深思，留心风雅韵事，何能周悉详核至此。亟宜授之梓人，公诸天下，后世岂不使茗饮远胜于酒，而与食并重之，为最切于日用者哉！同人闻之，应无不乐襄盛事，以志不朽者。是为序。

雍正四年岁次丙午仲冬秋月之既望日

民国·常乐《重刻陆子茶经序》（民国西塔寺本）

邑之胜在西湖，西湖之胜在西塔寺，寺藏菰芦、杨柳、芙蓉中，境邃且幽焉。寺东桑苎庐，陆子旧宅，野竹萧森，莓苔蚀地，幽为尤最也，游者无不憩，憩者无不问《茶经》。经续刻自道光元年，附邑志，志无存，经岂得见乎？

予虽缁流，性好书。每载酒从西江逋叟七十七岁源老游，语及《茶经》，叟曰："读书须识字，《尔雅》：'槚，苦荼。'槚即茗，荼音戈奢反，古正字，其作茶者，俗也，释文可证也。字改于唐开元时，卫包圣经犹误，况陆子书'草木并'一语，疑后人窜入，议者归狱，季疵冤矣。"予心慨然，遂欲有《茶经》之刻。叟曰："刻必校，经无善本，校奚从？注复不佳，仪鸿堂更浅陋。"予曰："予校其知者，然窃有说也。佛法广大，予不能无界限；佛空诸相，予不能无鉴别。王刻附诸茶事与诗，松陵唱和，朱存理十二先生题词，与陆子何干？予心必乙之。予传陆子，不传无干于陆子者。予生长西湖，将老于西湖，知陆子而已。"叟曰："是也。"校成，遍质诸宿老名士，皆以为可。遂石印而传之。

时去道光辛巳已九十九年岁在己未仲秋吉日竟陵西塔寺住持僧常乐序

明·汪可立《茶经后序》（嘉靖二十一年柯双华竟陵本）

侍御青阳柯公双华，莅荆西道之三年，化行政洽，乃访先贤遗逸而追崇之。巡行所至郡邑，至景陵之西禅寺，问陆羽《茶经》，时僧真清类写成册以进，属校雠于余。将完，柯公又来命修茶亭。噫！千载嘉会也。按陆羽之生也，其事类后稷之于稼穑，羽之于茶，是皆有相之道存乎我者也。后稷教民稼穑，至周武王有天下，万世赖粒食者，春之祈，秋之报，至今祀不衰矣。夫饮犹食也，陆之烈犹稷也。不千馀年，遗迹湮灭，其《茶经》仅存诸残编断简中，是不可慨哉！及考诸经，为目凡十，其要则品水土之宜，利器用之备，严采造之法，酌煮饮之节，务聚其精腴钦美，以致其隽永焉。其味于茶也，不既深乎？矧乃文字类古拙而实细腻，类质殼而实华腴，盖得之性成者不诬，是可以弗传耶？余闻昔之鬻茶者陶陆羽形，祀之为茶神，是亦祀稷之遗意耳。何今之不尔也？虽然，道有显晦，待人而彰，斯理之在人心不死，有如此者？柯公《茶经》之问、茶亭之树，岂偶然之故哉？今经既寿诸梓，又得儒先之论，名史之赞，群哲之声诗，汇集而彰厥美焉。要皆好德之彝有不容默默焉者也，予敢自附同志之末云。

嘉靖壬寅冬十月朔祁邑芝山汪可立书

明·吴旦《茶经跋》（嘉靖二十一年柯双华竟陵本）

予闻陆羽著《茶经》旧矣，惜未之见。客景陵，于龙盖寺僧真清处见之，三复披阅，大有益于人。欲刻之而力未逮。乃率同志程子伯容，共寿诸梓，以公于天下，使冀之者无遗憾焉。刻完，敬叙数语，纪岁节于末简。

嘉靖壬寅岁一阳节望日新安县令后学吴旦识

明·张睿卿《茶经跋》（明喻政《茶书》著录）

余尝读东坡《汲江煎茶》诗，爱其得鸿渐风味，再读孙山人太初《夜起煮茶》诗，又爱其得东坡风味。试于二诗三咏之，两腋风生，云霞泉石，磊块胸次矣。要之，不越鸿渐《茶经》中。《经》旧刻入《百川学海》。竟陵龙盖寺有茶井在焉，寺僧真清嗜茶，复掇张、欧浮槎等记并唐宋题咏附刻于《经》。但《学海》刻非全本，而竟陵本更烦秽，余故删次雕于埒参轩。时于松风竹月，宴坐行吟，眠云吸花，清谈展卷，兴自不减东坡、太初，奚止“六腑睡神去，数朝诗思清”哉！以茶侣者，当以余言解颐。

西吴张睿卿书

清·徐篁《茶经跋》（康熙《景陵县志》卷十二《杂录》）

茶何以经乎？曰：闻诸余先子矣。先子于楚产得屈子之骚、陆子之茶、杜陵之诗、周元公之太极。骚也、茶也而经矣，杜诗则史也，太极则图也。古人视图、史犹刺经也。河洛奥府，图也；《尚书》《春秋》，史也；《太玄》《中说》，何经之有，则僭矣。

虽然，禽也、宅相也、水也、山海也、六博也，皆经矣。经者，常也，即物命则为后起之不能易耳。夫茶也，荼也，槚也，古元以别，则神农不识其名矣。衣之有木棉也，谷之有占粒也，皆季世耳。茶之减价，自君谟始。抑茶为南方之嘉木，古中国北地将浆医之饮，无挈瓶专官者耶？陆子，竟陵人，故邑人如鲁孝廉、陈太理、李宗伯皆为之立说。近人钟学使、潭徵君曾无所发明，岂亦如皮日休怪其不形于诗乎？陆子岂不能诗？以技掩耳。两先生，吾乡笃行君子，而以诗掩其行。诗亦技耳！余因先子有未就读陆子《四悲诗》，而谨志焉。

民国·新明《茶经跋》（民国西塔寺本）

《茶经》之刻，今传陆子也，而陆子不待今始传其校字也。人疑师借陆子传也，而师不欲传，亦不知陆子可假借也。其倏使成事也，逋叟也，而逋叟老益落落，亦无所用其传。四大皆空，彩云忽见。因念陆子当日，非僧非俗，亦僧亦俗，无僧相，亦无无僧相，无俗相，亦无无俗相。师于陆子，无处士相，亦无无处士相。逋叟于师，无和尚相，亦无无和尚相。僧于逋叟，无佚老相，亦无无佚老相。如诸菩萨天，镜亦无镜，花亦无花，水亦无水，月亦无月，无一毫思议，无一毫罣碍，何等通明，何等自在！一切僧众，师叔常福，莫不合掌诵曰：善哉！善哉！如是！如是！即茶之经亦当粉碎，虚空杳杳冥冥，而不尽然也。茶之有经，无翼无胫，不飞不走，而亦飞亦走，充塞布满阎浮世界。空仍是色，则又不得不染之楷墨以为跋也。

弟子新明沐浴敬跋中华民国二十二年岁次癸酉阴历小阳月中浣之吉日

附录三：陆廷灿《茶法》

《唐书》：德宗纳户部侍郎赵赞议，税天下茶、漆、竹、木，十取一以为常平本钱。及出奉天，乃悼悔，下诏亟罢之。及朱泚平，佞臣希意兴利者益进，贞元八年，以水灾减税。明年，诸道盐铁使张滂奏：出茶州县若山及商人要路，以三等定估，十税其一；自是岁得钱四十万缗。穆宗即位，盐铁使王播图宠以自幸，乃增天下茶税，率百钱增五十。天下茶加斤至二十两，播又奏加取焉。右拾遗李珏上疏谓："榷率本济军兴，而税茶自贞元以来方有之，天下无事，忽厚敛以伤国体，一不可；茗为人饮，盐粟同资，若重税之，售必高，其弊先及贫下，二不可；山泽之产无定数，程斤论税，以售多为利，若腾价则市者寡，其税几何？三不可。"其后王涯判二使，置榷茶使，徙民茶树于官场，焚其旧积者，天下大怨。令狐楚代为盐铁使兼榷茶使，复令纳榷，加价而已。李石为相，以茶税皆归盐铁，复贞元之制。武宗即位，崔珙又增江淮茶税。是时，茶商所过州县有重税，或夺掠舟车，露积雨中；诸道置邸以收税，谓之塌地钱。大中初，转运使裴休著条约，私鬻如法论罪，天下税茶，增倍贞元。江淮茶为大模，一斤至五十两，诸道盐铁使于悰，每斤增税钱五，谓之剩茶钱；自是斤两复旧。

元和十四年，归光州茶园于百姓，从刺史房克让之请也。

裴休领诸道盐铁转运使，立茶税十二法，人以为便。

藩镇刘仁恭禁南方茶，自撷山为茶，号山曰"大恩"以邀利。

何易于为益昌令，盐铁官榷取茶利诏下，所司毋敢隐。易于视诏曰："益昌人不征茶且不可活，矧厚赋毒之乎！"命吏阁诏。吏曰："天子诏，何敢拒？吏坐死，公得免窜耶？"易于曰："吾敢爱一身移暴于民乎？亦不使罪及尔曹。"即自焚之，观察使素贤之，不劾也。

陆贽为宰相，以赋役繁重，上疏云："天灾流行四方，代有税茶钱积户部者，宜计诸道户口均之。"

《五代史》：杨行密，字化源，议出盐、茗，俾民输帛幕府。高勖曰："创破之馀，不可以加敛，且帑赀何患不足。若悉我所有，以易四邻所无，不积财而自有馀矣。"行密纳之。

《宋史》：榷茶之制，择要会之地，曰江陵府，曰真州，曰海州，曰汉阳军，曰无为军，曰蕲之蕲口，为榷货务六。初京城、建安、襄、复州皆有务，后建安、襄、复之务废，京城务虽存，但会给交钞往还而不积茶货。在淮南则蕲、黄、庐、舒、光、寿六州，官自为场，置吏总之，谓之山场者十三。六州采茶之民皆隶焉，谓之园户。岁课作茶输租，馀则官悉市之，总为岁课八百六十五万馀斤。其出鬻者，皆就本场。在江南则宣、歙、江、池、饶、信、洪、抚、筠、袁十州。广德、兴国、临江、建昌、南康五军。两浙则杭、苏、明、越、婺、处、温、台、湖、常、衢、睦十二州。荆湖则江陵府，潭、澧、鼎、鄂、岳、归、峡七州，荆门军。福建则建、剑二州。岁如山场输租折税，总为岁课，江南百二十七万馀斤，两浙百二十七万九千馀斤，荆湖二百四十七万馀斤，福建三十九万三千馀斤，悉送六榷货务鬻之。

茶有二类：曰片茶，曰散茶。片茶蒸造，实卷模中串之；唯建、剑则既蒸而研，编竹为格，置焙室中，最为精洁，他处不能造。有龙凤、石乳、白乳之类十二等，以充岁贡及邦国之用。其出虔、袁、饶、池、光、歙、潭、岳、辰、澧州，江陵府，兴国、临江军，有仙芝、玉津、先春、绿芽之类二十六等。两浙及宣、江、鼎州，又以上中下或第一至第五为号。散茶出淮南、归州、江南、荆湖，有龙溪、雨前、雨后之类十一等。江浙又有上中下或第一至第五为号者，民之欲茶者，售于官。给其食用者，谓之食茶；出境者，则给券。商贾贸易，入钱若金帛京师榷货务，以射六务十三场。愿就东南入钱若金帛者听。凡民茶匿不送官及私贩鬻者，没入之，计其直论罪。园户辄毁败茶树者，计所出茶，论如法。民造温桑伪茶，比犯真茶计直，十分论二分之罪。主吏私以官茶贸易及一贯五百者，死。自后定法，务从轻减。太平兴国二年，主吏盗官茶贩鬻钱三贯以上，黥面送阙下。淳化三年，论直十贯以上，黥面配本州牢城。巡防卒私贩茶，依旧条加一等论。凡结徒持杖贩易私茶，遇官司擒捕抵拒者，皆死。太平兴国四年，诏鬻伪茶一斤，杖一百；二十斤以上弃市。[*厥后，更改不一，载全史。*]

陈恕为三司使，将立茶法，召茶商数十人，俾条陈利害，第为三等，具奏太祖曰：“吾视上等之说，取利太深，此可行于商贾，不可行于朝廷。下等之说，固灭裂无取。惟中等之说，公私皆济，吾裁损之，可以经久，行之数年，公用足而民富实。”

太祖开宝七年，有司以湖南新茶异于常岁，请高其价以鬻之。太祖曰：“道则善，毋乃重困吾民乎？”即诏第复旧制，毋增价值。

熙宁三年，熙河运使以岁计不足，乞以官茶博籴。每茶三斤，易粟一斛，其利甚溥。朝廷谓茶马司本以博马，不可以博籴于茶。马司岁额外，增买川茶两倍，朝廷别出钱二万给之，令提刑司封椿，又令茶马官程之邵兼转运使，由是数岁，边用粗足。

神宗熙宁七年，干当公事李杞入蜀经画买茶，秦、凤、熙、河博马。王之韶言，西人颇以善马至边交易，所嗜惟茶。

自熙、丰以来，旧博马皆以粗茶，乾道之末，始以细茶遗之。成都利州路十二州，产茶二千一百二万斤，茶马司所收，大较若此。

茶利，嘉祐间禁榷时，取一年中数，计一百九万四千九十三贯八百八十五钱。治平间通商后，计取数一百一十七万五千一百四贯九百一十九钱。

琼山邱氏曰：后世以茶易马，始见于此；盖自唐世回纥入贡，先已以马易茶，则西北之嗜茶，有自来矣。

苏辙《论蜀茶状》：园户例收晚茶，谓之秋老黄茶，不限早晚，随时即卖。

沈括《梦溪笔谈》：乾德二年，始诏在京、建州、汉、蕲口各置榷货务。五年，始禁私卖茶，从不应为情理重。太平兴国二年，删定禁法条贯，始立等科罪。淳化二年，令商贾就园户买茶，公于官场贴射，始行贴射法。淳化四年，初行交引，罢贴射法。西北入粟给交引，自通利军始。是岁，罢诸处榷货务，寻复依旧。至咸平元年，茶利钱以一百三十九万二千一百一十九贯为额。至嘉祐三年，凡六十一年，用此额，官本杂费皆在内，中间时有增亏，岁入不常。咸平五年，三司使王嗣宗始立三分法，以十分茶价，四分给香药，三分犀象，三分茶引。六年，又改支六分香药、犀象，四分茶引。景德二年，许人入中钱帛金银，谓之三说。至祥符九年，茶引益轻，用知秦州曹玮议，就永兴、凤翔以官钱收买客引，以救引价，前此累增加饶钱。至天禧二年，镇戎军纳大麦一斗，本价通加饶，共支钱一贯二百五十四。乾兴元年，改三分法，支茶引三分，东南见钱二分半，香药四分半。天圣元年，复行贴射法。行之三年，茶利尽归大商，官场但得黄晚恶茶，乃诏孙奭重议，罢贴射法。明年，推治元议，省吏计覆官、旬献等皆决配沙门岛，元详定枢密副使张邓公、参知政事吕许公、鲁肃简各罚俸一月，御史中丞刘筠、入内内侍省副都知周文质、西上閤门使薛昭廓、三部副使各罚铜二十斤，前三司使李谘落枢密直学士，依旧知洪州。皇祐三年，算茶依旧只用见钱。至祐占四年二月五日，降敕罢茶禁。

洪迈《容斋随笔》：蜀茶税额，总三十万。熙宁七年，遣三司干当公事李杞经画买茶，以蒲宗闵同领其事，创设官场，增为四十万。后李杞以疾去，都官郎中刘佐继之，蜀茶尽榷，民始病矣。知彭州吕陶言：天下茶法既通，蜀中独行禁榷。杞、佐、宗闵作为弊法，以困西南生聚。佐虽罢去，以国子博士李稷代之，陶亦得罪。侍御史周尹复极论榷茶为害，罢为河北提点刑狱。利路漕臣张宗谔、张升卿复建议废茶场司，依旧通商，皆为稷劾坐贬。茶场司行札子，督绵州彰明知县宋大章缴奏，以为非所当用，又为稷诋坐冲替。一岁之间，通课利及息耗至七十六万缗有奇。

熊蕃《宣和北苑贡茶录》：陆羽《茶经》、裴汶《茶述》，皆不第建品。说者但谓二子未尝到闽，而不知物之发也，固自有时。盖昔者山川尚閟，灵芽未露。至于唐末，然后北苑出为之最。是时，伪蜀词臣毛文锡作《茶谱》，亦第言建有紫笋，而蜡面乃产于福。五代之季，建属南唐。岁率诸县民，采茶北苑，初造研膏，继造蜡面，既又制其佳者，号曰京铤。圣朝开宝末，下南唐。太平兴国初，特制龙凤模，遣使即北苑造团茶，以别庶饮，龙凤茶盖始于此。又一种茶，丛生石崖，枝叶尤茂，至道初，有诏造之，别号石乳。又一种号的乳，又一种号白乳。此四种出，而蜡面斯下矣。

真宗咸平中，丁谓为福建漕，监御茶，进龙凤团，始载之于《茶录》。仁宗庆历中，蔡襄为漕，改创小龙团以进，甚见珍惜，旨令岁贡，而龙凤遂为次矣。神宗元丰间，有旨造密云龙，其品又加于小龙团之上。哲宗绍圣中，又改为瑞云翔龙。至徽宗大观初，亲制《茶论》二十篇，以白茶自为一种，与他茶不同，其条敷阐，其叶莹薄，崖林之间，偶然生出，非人力可致。正焙之有者不过四五家，家不过四五株，所造止于二三銙而已。浅焙亦有之，但品格不及，于是白茶遂为第一。既又制三色细芽，及试新銙、贡新銙。自三色细芽出，而瑞云翔龙又下矣。凡茶芽数品，最上曰小芽，如雀舌、鹰爪，以其劲直纤挺，故号芽茶。次曰拣芽，乃一芽带一叶者，号一枪一旗。次曰中芽，乃一芽带两叶，号一枪两旗，其带三叶、四叶者，渐老矣。芽茶早春极少。景德中，建守周绛为《补茶经》，言芽茶只作早茶，驰奉万乘尝之可矣。如一枪一旗，可谓奇茶也。故一枪一旗号拣芽，最为挺特光正。舒王《送人官闽中诗》云“新茗斋中试一旗”，谓拣芽也。或者谓茶芽未展为枪，已展为旗，指舒王此诗为误，盖不知有所谓拣芽也。夫拣芽犹贵如此，而况芽茶以供天子之新尝者乎！

夫芽茶绝矣。至于水芽，则旷古未之闻也。宣和庚子岁，漕臣郑公可简始创为银丝水芽。盖将已拣熟芽再为剔去，只取其心一缕，用珍器贮清泉渍之，光明莹洁，如银丝然。以制方寸新銙，有小龙蜿蜒其上，号龙团胜雪。又废白、的、石乳，鼎造花銙二十馀色。初，贡茶皆入龙脑，至是虑夺真味，始不用焉。盖茶之妙，至胜雪极矣，故合为首冠。然犹在白茶之次者，以白茶上之所好也。异时，郡人黄儒撰《品茶要录》，极称当时灵芽之富，谓使陆羽数子见之，必爽然自失。蕃亦谓使黄君而阅今日之品，则前此者未足诧焉。然龙焙初兴，贡数殊少，累增至于元符，以斤计者一万八千，视初已加数倍，而犹未盛。今则为四万七千一百斤有奇矣。

白茶、胜雪以次，厥名实繁，今列于左，使好事者得以观焉：

贡新銙【大观二年】，试新銙【政和二年】，白茶【宣和二年】，龙团胜雪【宣和二年】，御苑玉芽【大观二年】，万寿龙芽【大观二年】，上林第一【宣和二年】，乙夜清供，承平雅玩，龙凤英华，玉除清赏，启沃承恩，雪英，云叶，蜀葵，金钱【宣和二年】，玉华【宣和二年】，寸金【宣和三年】，无比寿芽【大观四年】，万春银叶【宣和二年】，宜年宝玉，玉清庆云，无疆寿龙，玉叶长春【宣和四年】，瑞云翔龙【绍圣二年】，长寿玉圭【政和二年】，兴国岩銙，香口焙銙，上品拣芽【绍兴二年】，新收拣芽，太平嘉瑞【政和二年】，龙苑报春【宣和四年】，南山应瑞，兴国岩拣芽，兴国岩小龙，兴国岩小凤【以上号细色】。拣芽，小龙，小凤，大龙，大凤【以上号粗色】。又有琼林毓粹、浴雪呈祥、壑源拱秀、贡篚推先、价倍南金、旸谷先春、寿岩都胜、延平石乳、清白可鉴、风韵甚高，凡十色，皆宣和二年所制，越五岁省去。

右茶岁分十馀纲，惟白茶与胜雪，自惊蛰前兴役，浃日乃成，飞骑疾驰，不出仲春，已至京师，号为头纲。玉芽以下，既先后以次发，逮贡足时，夏过半矣。欧阳公诗云："建安三千五百里，京师三月尝新茶。"盖曩时如此，以今较昔，又为最早。因念草木之微，有瑰奇卓异，亦必逢时而后出，而况为士者哉？昔昌黎感二鸟之蒙采擢，而自悼其不如。今蕃于是茶也，焉敢效昌黎之感，姑务自警而坚其守以待时而已。

外焙

石门　乳吉　香口

右三焙，常后北苑五七日兴工，每日采茶蒸榨，以其黄悉送北苑并造。

先人作《茶录》，当贡品极盛之时，凡有四十馀色。绍兴戊寅岁，克摄事北苑，阅近所贡皆仍旧。其先后之序亦同，惟跻龙团胜雪于白茶之上，及无兴国岩小龙、小凤，盖建炎南渡，有旨罢贡三之一而省去之也。先人但著其名号，克今更写其形制，庶览之无遗恨焉。先是，壬子春，漕司再葺茶政，越十三载，乃复旧额，且用政和故事，补种茶二万株【政和周漕种三万株】。此年益虔贡职，遂有创增之目。仍改京铤为大龙团，由是大龙多于大凤之数。凡此皆近事，或者犹未之知也。三月初吉，男克北苑寓舍书。

贡新銙【竹圈，银模，方一寸二分】，试新銙【同上】，龙团胜雪【同上】，白茶【银圈，银模，径一寸五分】，御苑玉芽【银圈，银模，径一寸五分】，万寿龙芽【同上】，上林第一【方一寸二分】，乙夜清供【竹圈】，承平雅玩，龙凤英华，玉除清赏，启沃承恩【俱同上】。雪英【横长一寸五分】，云叶【同上】，蜀葵【径一寸五分】，金钱【银模，同上】，玉华【银模，横长一寸五分】，寸金【竹圈，方一寸二分】，无比寿芽【银模，竹圈，同上】，万春银叶【银模，银圈，两尖径二寸二分】，宜年宝玉【银圈，银模，直长三寸】，玉清庆云【方一寸八分】，无疆寿龙【银模，银圈，直长一寸】，玉叶长春【竹圈，直长三寸六分】，瑞云翔龙【银模，银圈，径二寸五分】，长寿玉圭【银模，直长三寸】，兴国岩銙【竹圈，方一寸二分】，香口焙銙【同上】，上品拣芽【银模，银圈】，新收拣芽【银模，银圈，俱同上】。太平嘉瑞【银圈，径一寸五分】，南山应瑞【银模，银圈，方一寸八分】，兴国岩拣芽【银模，径三寸】，小龙，小凤，大龙，大凤【俱同上】。

北苑贡茶最盛，然前辈所录，止于庆历以上。自元丰之密云龙、绍圣之瑞云翔龙相继挺出，制精于旧，而未有好事者记焉，但见于诗人句中。及大观以来，增创新镑，亦犹用拣芽。盖水芽至宣和始有，故龙团胜雪与白茶角立，岁充首贡，自御苑玉芽以下厥名实繁。先子观见时事，悉能记之，成编具存。今闽中漕台所刊《茶录》，未备此书，庶及补其阙云。淳熙九年冬十二月四日，朝散郎行秘书郎国史编修官学士院权直熊克谨记。

北苑贡茶纲次：

细色第一纲：龙焙贡新，水芽，十二水，十宿火，正贡三十銙，创添二十銙。

细色第二纲：龙焙试新，水芽，十二水，十宿火，正贡一百銙，创添五十銙。

细色第三纲：龙团胜雪，水芽，十六水，十二宿火，正贡三十銙，续添二十銙，创添二十銙；白茶，水芽，十六水，七宿火，正贡三十銙，续添五十銙，创添八十銙；御苑玉芽，小芽，十二水，八宿火，正贡一百入片；万寿龙芽，小芽，十二水，八宿火，正贡一百片；上林第一，小芽，十二水，十宿火，正贡一百銙；乙夜清供，小芽，十二水，十宿火，正贡一百銙；承平雅玩，小芽，十二水，十宿火，正贡一百镑；龙凤英华，小芽，十二水，十宿火，正贡一百銙；玉除清赏，小芽，十二水，十宿火，正贡一百銙；启沃承恩，小芽，十二水，十宿火，正贡一百銙；雪英，小芽，十二水，七宿火，正贡一百銙；云叶，小芽，十二水，七宿火，正贡一百片；蜀葵，小芽，十二水，七宿火，正贡一百片；金钱，小芽，十二水，七宿火，正贡一百片；寸金，小芽，十二水，七宿火，正贡一百銙。

细色第四纲：龙团胜雪，见前，正贡一百五十銙；无比寿芽，小芽，十二水，十五宿火，正贡五十銙，创添五十銙；万春银叶，小芽，十二水，十宿火，正贡四十片，创添六十片；宜年宝玉，小芽，十二水，十宿火，正贡四十片，创添六十片；玉清庆云，小芽，十二水，十五宿火，正贡四十片，创添六十片；无疆寿龙，小芽，十二水，十五宿火，正贡四十片，创添六十片；玉叶长春，小芽，十二水，七宿火，正贡一百片；瑞云翔龙，小芽，十二水，九宿火，正贡一百片；长寿玉圭，小芽，十二水，九宿火，正贡二百片；兴国岩銙，中芽，十二水，十宿火，正贡一百七十銙；香口焙銙，中芽，十二水，十宿火，正贡五十銙；上品拣芽，小芽，十二水，十宿火，正贡一百片；新收拣芽，中芽，十二水，十宿火，正贡六百片。

细色第五纲：太平嘉瑞，小芽，十二水，九宿火，正贡三百片；龙苑报春，小芽，十二水，九宿火，正贡六十片，创添六十片；南山应瑞，小芽，十二水，十五宿火，正贡六十镑，创添六十銙；兴国岩拣芽，中芽，十二水，十宿火，正贡五百十片；兴国岩小龙，中芽，十二水，十五宿火，正贡七百五片；兴国岩小凤，中芽，十二水，十五宿火，正贡五十片。

先春两色：太平嘉瑞，同前，正贡二百片；长寿玉圭，同前，正贡二百片。

续入额四色：御苑玉芽，同前，正贡一百片；万寿龙芽，同前，正贡一百片；无比寿芽，同前，正贡一百片；瑞云翔龙，同前，正贡一百片。

粗色第一纲：正贡：不入脑子上品拣芽小龙，一千二百片，六水，十宿火；入脑子小龙，七百片，四水，十五宿火。增添：不入脑子上品拣芽小龙，一千二百片；入脑子小龙，七百片；建宁府附发小龙茶，八百四十片。

粗色第二纲：正贡：不入脑子上品拣芽小龙，六百四十片；入脑子小龙，六百七十二片；入脑子小凤，一千三百四十片，四水，十五宿火；入脑子大龙，七百二十片，二水，十五宿火；入脑子大凤，七百二十片，二水，十五宿火。增添：不入脑子上品拣芽小龙，一千二百片；入脑子小龙，七百片；建宁府附发小凤茶，一千三百片。

粗色第三纲：正贡：不入脑子上品拣芽小龙，六百四十片；入脑子小龙，六百四十片；入脑子小凤，六百七十二片；入脑子大龙，一千八百片；入脑子大凤，一千八百片。增添：不入脑子上品拣芽小龙，一千二百片；入脑子小龙，七百片；建宁府附发大龙茶，四百片，大凤茶，四百片。

粗色第四纲：正贡：不入脑子上品拣芽小龙，六百片；入脑子小龙三百三十六片；入脑子小凤，三百三十六片；入脑子大龙，一千二百四十片；入脑子大凤，一千二百四十片；建宁府附发大龙茶，四百片；大凤茶，四百片。

粗色第五纲：正贡：入脑子大龙，一千三百六十八片；入脑子大凤，一千三百六十八片；京铤改造大龙，一千六百片；建宁府附发大龙茶，八百片；大凤茶，八百片。

粗色第六纲：正贡：入脑子大龙，一千三百六十片；入脑子大凤，一千三百六十片；京铤改造大龙，一千六百片；建宁府附发大龙茶，八百片，大凤茶，八百片；京铤改造大龙，一千二百片。

粗色第七纲：正贡：入脑子大龙，一千二百四十片；入脑子大凤，一千二百四十片；京铤改造大龙，二千三百二十片；建宁府附发大龙茶，二百四十片；大凤茶，二百四十片；又京铤改造大龙，四百八十片。

细色五纲，贡新为最上，后开焙十日入贡。龙团胜雪为最精，而建人有直四万钱之语。夫茶之入贡，圈以箬叶，内以黄斗，盛以花箱，护以重篚，花箱内外又有黄罗幕之，可谓什袭之珍矣。

粗色七纲，拣芽以四十饼为角，小龙凤以二十饼为角，大龙凤以八饼为角，圈以箬叶，束以红缕，包以红纸，缄以旧绫，惟拣芽俱以黄焉。

《金史》：茶自宋人岁供之外，皆贸易于宋界之榷场。世宗大定十六年，以多私贩，乃定香茶罪赏格。章宗承安三年，命设官制之。以尚书省令史往河南视官造者，不尝其味，但采民言，谓为温桑，实非茶也，还即白上；以为不干，杖七十罢之。四年三月，于淄、密、宁、海、蔡州各置一坊造茶。照南方例，每斤为袋，直六百文。后令每袋减三百文。五年春，罢造茶之坊。六年，河南茶树槁者，命补植之。十一月，尚书省奏禁茶，遂命七品以上官，其家方许食茶，仍不得卖及馈献。七年，更定食茶制。八年，言事者以止可以盐易茶，省臣以为所易不广，兼以杂物博易。宣宗元光二年，省臣以茶非饮食之急，今河南、陕西凡五十馀郡，郡日食茶率二十袋，直银二两，是一岁之中，妄费民间三十馀万也。奈何以吾有用之货而资敌乎？乃制亲王、公主及现任五品以上官，素蓄存者存之；禁不得买馈，馀人并禁之。犯者徒五年，告者赏宝泉一万贯。

《元史》：本朝茶课，由约而博，大率因宋之旧而为之制焉。至元六年，始以兴元交钞同知运使白赓言，初榷成都茶课。十三年，江南平，左丞吕文焕首以主茶税为言，以宋会五十贯，准中统钞一贯。次年定长引、短引，是岁征一千二百馀锭。泰定十七年，置榷茶都转运使司于江州路，总江淮、荆湖、福广之税，而遂除长引，专用短引。二十一年，免食茶税以益正税。二十三年，以李起南言，增引税为五贯。二十六年，丞相桑哥增为一十贯。延祐五年，用江西茶运副法忽鲁丁言，减引添钱，每引再增为一十二两五钱。次年，课额遂增为二十八万九千二百一十一锭矣。天历己巳，罢榷司而归诸州县，其岁征之数，盖与延祐同。至顺之后，无籍可考。他如范殿帅茶，西番大叶茶，建宁銙茶，亦无从知其始末，故皆不著。

《明会典》：陕西置茶马司四：河州、洮州、西宁、甘州，各司并赴徽州茶引所批验，每岁差御史一员巡茶马。

明洪武间，差行人一员，赍榜文于行茶所在悬示以肃禁。永乐十三年，差御史三员，巡督茶马。正统十四年，停止茶马金牌，遣行人四员巡察。景泰二年，令川、陕布政司各委官巡视，罢差行人。四年，复差行人。成化三年，奏准每年定差御史一员陕西巡茶。十一年，令取回御史，仍差行人。十四年，奏准定差御史一员，专理茶马，每岁一代，遂为定例。弘治十六年，取回御史，凡一应茶法，悉听督理马政都御史兼理。十七年，令陕西每年于按察司拣宪臣一员驻洮，巡禁私茶；一年满日，择一员交代。正德二年，仍差巡茶御史一员兼理马政。

光禄寺衙门，每岁福建等处解纳茶叶一万五千斤，先春等茶芽三千八百七十八斤，收充茶饭等用。

《博物典汇》云：本朝捐茶利予民，而不利其人。凡前代所设榷务、贴射，交引、茶由诸种名色，今皆无之，惟于四川置茶马司四所，于关津要害置数批验茶引所而已。及每年遣行人于行茶地方，张挂榜文，俾民知禁。又于西番入贡为之禁限，每人许其顺带有定数，所以然者，非为私奉，盖欲资外国之马，以为边境之备焉耳。

洪武五年，户部言：四川产巴茶凡四百四十七处，茶户三百一十五，宜依定制，每茶十株，官取其一，岁计得茶一万九千二百八十斤，令有司贮候西番易马。从之。至三十一年，置成都、重庆、保宁三府及播州宣慰司茶仓四所，命四川布政司移文天全六番招讨司，将岁收茶课，仍收碉门茶课司，馀地方就送新仓收贮，听商人交易及与西番易马。茶课岁额五万馀斤，每百加耗六斤，商茶岁中率八十斤，令商运卖，官取其半易马。纳马番族，洮州三十，河州四十三，又新附归德所生番十一，西宁十三。茶马司收贮，官立金牌信符为验。洪武二十八年，驸马都尉欧阳伦以私贩茶扑杀，明初茶禁之严如此。

《武夷山志》：茶起自元初，至元十六年，浙江行省平章高兴过武夷，制石乳数斤入献。十九年，乃令县官莅之，岁贡茶二十斤，采茶户凡八十。大德五年，兴之子久住为邵武路总管，就近至武夷督造贡茶。明年创焙局，称为御茶园。有仁风门、第一春殿、清神堂诸景。又有通仙井，覆以龙亭，皆极丹雘之盛，设场官二员领其事。后岁额浸广，增户至二百五十，茶三百六十斤，制龙团五千饼。泰定五年，崇安令张端本重加修葺，于园之左右各建一坊，扁旦茶场。至顺三年，建宁总管暗都剌于通仙井畔筑台，高五尺，方一丈六尺，名曰喊山台。其上为喊泉亭，因称井为呼来泉。旧志云：祭后群喊，而水渐盈，造茶毕而遂涸，故名。迨至正末，额凡九百九十斤。明初仍之，著为令。每岁惊蛰日，崇安令具牲醴诣茶场致祭，造茶入贡。洪武二十四年，诏天下产茶之地，岁有定额，以建宁为上，听茶户采进，勿预有司。茶名有四：探春、先春、次春、紫笋，不得碾揉为大小龙团，然而祀典贡额犹如故也。嘉靖三十六年，建宁太守钱嵘，因本山茶枯，令以岁编茶夫银二百两及水脚银二十两赍府造办。自此遂罢茶场，而崇民得以休息。御园寻废，惟井尚存。井水清甘，较他泉迥异。仙人张邋遢过此饮之，曰：不徒茶美，亦水之力也。

我朝茶法，陕西给番易马，旧设茶马御史，后归巡抚兼理。各省发引通商，止于陕境交界处盘查。凡产茶地方，止有茶利，而无茶累，深山穷谷之民，无不沾濡雨露，耕田凿井，其乐升平，此又有茶以来希遇之盛也。

雍正十二年七月既望陆廷灿识

附录四：蔡襄《茶录》

序

朝奉郎右正言同修起居注臣蔡襄上进：臣前因奏事，伏蒙陛下谕臣先任福建转运使日，所进上品龙茶最为精好。臣退念草木之微，首辱陛下知鉴，若处之得地，则能尽其材。昔陆羽《茶经》，不第建安之品；丁谓《茶图》，独论采造之本，至于烹试，曾未有闻。臣辄条数事，简而易明，勒成二篇，名曰《茶录》。伏惟清闲之宴，或赐观采，臣不胜惶惧荣幸之至。谨序。

上篇论茶

色：茶色贵白。而饼茶多以珍膏油其面，故有青黄紫黑之异。善别茶者，正如相工之视人气色也，隐然察之于内。以肉理润者为上，既已末之，黄白者受水昏重，青白者受水详明，故建安人斗试，以青白胜黄白。

香：茶有真香。而入贡者微以龙脑和膏，欲助其香。建安民间试茶皆不入香，恐夺其真。若烹点之际，又杂珍果香草，其夺益甚。正当不用。

味：茶味主于甘滑。惟北苑凤凰山连属诸焙所产者味佳。隔溪诸山，虽及时加意制作，色味皆重，莫能及也。又有水泉不甘，能损茶味。前世之论水品者以此。

藏茶：茶宜箬叶而畏香药，喜温燥而忌湿冷。故收藏之家，以箬叶封裹入焙中，两三日一次，用火常如人体温温，则御湿润。若火多则茶焦不可食。

炙茶：茶或经年，则香色味皆陈。于净器中以沸汤渍之，刮去膏油一两重乃止，以钤箝之，微火炙干，然后碎碾。若当年新茶，则不用此说。

碾茶：碾茶先以净纸密裹捶碎，然后熟碾。其大要，旋碾则色白，或经宿则色已昏矣。

罗茶：罗细则茶浮，粗则沫浮。

候汤：候汤最难。未熟则沫浮，过熟则茶沉，前世谓之蟹眼者，过熟汤也。沉瓶中煮之不可辨，故曰候汤最难。

燲盏：凡欲点茶，先须熁盏，令热，冷则茶不浮。

点茶：茶少汤多，则云脚散；汤少茶多，则粥面聚。钞茶一钱七，先注汤调令极匀，又添注入，环回击拂。汤上盏可四分则止，视其面色鲜白，著盏无水痕为绝佳。建安开试，以水痕先者为负，耐久者为胜，故较胜负之说曰，相去一水两水。

蔡襄

下篇论茶器

茶焙：茶焙编竹为之，裹以箬叶，盖其上，以收火也，隔其中，以有容也。纳火其下，去茶尺许，常温温然，所以养茶色香味也。

茶笼：茶不入焙者，宜密封裹，以箬笼盛之，置高处，不近湿气。

砧椎：砧椎盖以砧茶。砧以木为之，椎或金或铁，取于便用。

茶钤：茶钤屈金铁为之，用以炙茶。

茶碾：茶碾以银或铁为之。黄金性柔，铜及瑜石皆能生鉎，不入用。

茶罗：茶罗以绝细为佳。罗底用蜀东川鹅溪画绢之密者，投汤中揉洗以幂之。

茶盏：茶色白，宜黑盏，建安所造者绀黑，纹如兔毫，其杯微厚，熁之久热难冷，最为要用。出他处者，或薄或色紫，皆不及也。其青白盏，斗试家自不用。

茶匙：茶匙要重，击拂有力。黄金为上，人间以银铁为之。竹者轻，建茶不取。

汤瓶：瓶要小者易候汤，又点茶注汤有准。黄金为上，人间以银铁或瓷石为之。

后序

臣皇祐中修起居注，奏事仁宗皇帝，屡承天问以建安贡茶并所以试茶之状。臣谓论茶虽禁中语，无事于密，造《茶录》二篇上进。后知福州，为掌书记窃去藏稿，不复能记。知怀安县樊纪购得之，遂以刊勒行于好事者，然多舛谬。臣追念先帝顾遇之恩，揽本流涕，辄加正定，书之于石，以永其传。治平元年五月二十六日，三司使给事中臣蔡襄谨记。

附录五：黄儒《品茶要录》

总论

说者常怪陆羽《茶经》不第建安之品，盖前此茶事未甚兴，灵芽真笋，往往委翳消腐，而人不知惜。自国初以来，士大夫沐浴膏泽，咏歌升平之日久矣。夫俗世洒落，神观冲淡，惟兹茗饮为可喜。园林亦相与摘英夸异，制卷鬻新而趋时之好，故殊绝之品，始得自出于蓁莽之间，而其名遂冠天下。借使陆羽复起，阅其金饼，味其云腴，当爽然自失矣。因念草木之材，一有负瓌伟绝特者，未尝不遇时而后兴，况于人乎！然士大夫间为珍藏精试之具，非会雅好真，未尝辄出。其好事者，又尝论其采制之出人，器用之宜否，较试之汤火，图于缣素，传玩于时，独未有补于赏鉴之明尔。盖园民射利，膏油其面，色品味易辨而难评。予因阅收之暇，为原采造之得失，较试之低昂，次为十说，以中其病，题曰《品茶要录》云。

一　采造过时

茶事起于惊蛰前，其采芽如鹰爪，初造曰试焙，又曰一火，其次曰二火。二火之茶，已次一火矣。故市茶芽者，惟同出于三火前者为最佳。尤喜薄寒气候，阴不至于冻，芽茶尤畏霜，有造于一火二火皆遇霜，而三火霜霁，则三火之茶胜矣。晴不至于暄，则谷芽含养约勒而滋长有渐，采工亦优为矣。凡试时泛色鲜白、隐于薄雾者，得于佳时而然也。有造于积雨者，其色昏黄；或气候暴暄，茶芽蒸发，采工汗手熏渍，拣摘不给，则制造虽多，皆为常品矣。试时色非鲜白、水脚微红者，过时之病也。

二　白合盗叶

茶之精绝者曰斗，曰亚斗，其次拣芽。茶芽，斗品虽最上，园户或止一株，盖天材间有特异，非能皆然也。且物之变势无穷，而人之耳目有尽，故造斗品之家，有昔优而今劣、前负而后胜者。虽人工有至有不至，亦造化推移不可得而擅也。其造，一火曰斗，二火曰亚斗，不过十数銙而已。拣芽则不然，遍园陇中择其精英者尔。其或贪多务得，又滋色泽，往往以白合盗叶间之。试时色虽鲜白，其味涩淡者，间白合盗叶之病也。一鹰爪之芽，有两小叶抱而生者，白合也。新条叶之抱生而色白者，盗叶也。造拣芽常剔取鹰爪，而白合不用，况盗叶乎。

三　入杂

物固不可以容伪，况饮食之物，尤不可也。故茶有入他叶者，建人号为“入杂”。銙列入柿叶，常品人桴槛叶。二叶易致，又滋色泽，园民欺售直而为之。试时无粟纹甘香，盏面浮散，隐如微毛，或星星如纤絮者，入杂之病也。善茶品者，侧盏视之，所入之多寡，从可知矣。向上下品有之，近虽銙列，亦或勾使。

四　蒸不熟

谷芽初采，不过盈箱而已，趣时争新之埶然也。既采而蒸，既蒸而研。蒸有不熟之病，有过熟之病。蒸不熟，则虽精芽，所损已多。试时色青易沉，味为挑入之气者，蒸不熟之病也。惟正熟者，味甘香。

五　过熟

茶芽方蒸，以气为候，视之不可以不谨也。试时色黄而粟纹大者，过熟之病也。然虽过熟，愈于不熟，甘香之味胜也。故君谟论色，则以青白胜黄白；余论味，则以黄白胜青白。

六　焦釜

茶，蒸不可以逾久，久而过熟，又久则汤干而焦釜之气上。茶工有泛新汤以益之，是致熏损茶黄。试时色多昏红、气焦味恶者，焦釜之病也。建人号为热锅气。

七　压黄

茶已蒸者为黄，黄细，则已入卷模制之矣。盖清洁鲜明，则香色如之。故采佳品者，常于半晓间冲蒙云雾，或以罐汲新泉悬胸间，得必投其中，盖欲鲜也。其或日气烘烁，茶芽暴长，工力不给，其采芽已陈而不及蒸，蒸而不及研，研或出宿而后制，试时色不鲜明，薄如坏卵气者，压黄也。

八 清膏

茶饼光黄，又如荫润者，榨不干也。榨欲尽去其膏，膏尽则有如干竹叶之色。惟饰首面者，故榨不欲干，以利易售。试时色虽鲜白，其味带苦者，渍膏之病也。

九 伤焙

夫茶本以芽叶之物就之卷摸，既出卷，上笪焙之，用火务令通彻。即以灰覆之，虚其中，以热火气。然茶民不喜用实炭，号为冷火，以茶饼新温，欲速干以见售，故用火常带烟焰。烟焰既多，稍失看候，以故熏损茶饼。试时其色昏红，气味带焦者，伤焙之病也。

十 辨壑源、沙溪

壑源、沙溪，其地相背，而中隔一岭，其势无数里之远，然茶产顿殊。有能出力移栽植之，亦为土气所化。窃尝怪茶之为草，一物尔，其势必由得地而后异。岂水络地脉，偏钟粹于壑源？抑御焙占此大冈巍陇，神物伏护，得其余荫耶？何其甘芳精至而独擅天下也。观乎春雷一惊，筠笼才起，售者已担簦挈橐于其门，或先期而散留金钱，或茶才入笪而争酬所直，故壑源之茶常不足客所求。其有桀猾之园民，阴取沙溪茶黄，杂就家卷而制之，人徒趣其名，睨其规模之相若，不能原其实者，盖有之矣。凡壑源之茶售以十，则沙溪之茶售以五，其直大率放此。然沙溪之园民，亦勇于为利，或杂以松黄，饰其首面。凡肉理怯薄，体轻而色黄，试时虽鲜白不能久泛，香薄而味短者，沙溪之品也。凡肉理实厚，体坚而色紫，试时泛盏凝久，香滑而味长者，壑源之品也。

后论

余尝论茶之精绝者，白合未开，其细如麦，盖得青阳之轻清者也。又其山多带砂石而号嘉品者，皆在山南，盖得朝阳之和者也。余尝事闲，乘晷景之明净，适轩亭之潇洒，一取佳品尝试，既而神水生于华池，愈甘而清，其有助乎！然建安之茶，散天下者不为少，而得建安之精品不为多，盖有得之者亦不能辨，能辨矣，或不善于烹试，善烹试矣，或非其时，犹不善也，况非其宾乎？然未有主贤而宾愚者也。夫惟知此，然后尽茶之事。昔者陆羽号为知茶，然羽之所知者，皆今所谓草茶。何哉？如鸿渐所论"蒸笋并叶，畏流其膏"，盖草茶味短而淡，故常恐去膏；建茶力厚而甘，故惟欲去膏。又论福建为"未详"，"往往得之，其味极佳"。由是观之，鸿渐未尝到建安欤？